U0196723

质子交换膜燃料电池

关键材料与技术

刘建国 李 佳 等 编著

Key Materials and Technology
of
Proton Exchange Membrane Fuel Cells

化学工业出版社

·北京·

内 容 简 介

　　《质子交换膜燃料电池关键材料与技术》论述了质子交换膜燃料电池的基本原理、结构、性能、关键材料、发展现状以及在交通运输领域的应用。本书共分 7 章，内容包括质子交换膜燃料电池的发展史、工作原理、组成及特点；系统介绍了质子交换膜燃料电池的质子交换膜、催化剂、膜电极工艺、双极板与流场、空气压缩机和氢循环泵、低温启动技术；综述了质子交换膜燃料电池相关材料与技术的最新科研进展；总结了质子交换膜燃料电池的产业化进展；指出了质子交换膜燃料电池科学研究和产业化发展的方向。

　　本书内容力求全面，可供质子交换膜燃料电池研究和应用领域的工程技术人员、研究生、教学人员以及管理人员阅读参考，也可供对质子交换膜燃料电池发展与应用感兴趣的读者阅读。

图书在版编目（CIP）数据

　　质子交换膜燃料电池关键材料与技术/刘建国等编著 .—北京：化学工业出版社，2021.7（2023.7重印）
　　ISBN 978-7-122-39135-3

　　Ⅰ.①质…　Ⅱ.①刘…　Ⅲ.①质子交换膜燃料电池
Ⅳ.①TM911.4

　　中国版本图书馆 CIP 数据核字（2021）第 087253 号

责任编辑：成荣霞	文字编辑：林　丹　段曰超
责任校对：宋　玮	装帧设计：王晓宇

出版发行：化学工业出版社（北京市东城区青年湖南街 13 号　邮政编码 100011）
印　　装：北京建宏印刷有限公司
710mm×1000mm　1/16　印张 15¾　字数 273 千字　　2023 年 7 月北京第 1 版第 4 次印刷

购书咨询：010-64518888　　　　　　　　售后服务：010-64518899
网　　址：http://www.cip.com.cn
凡购买本书，如有缺损质量问题，本社销售中心负责调换。

定　　价：128.00 元

《质子交换膜燃料电池关键材料与技术》

编写人员名单

刘建国　李　佳　芮志岩　叶遥立
谢铭丰　解　云　梁　栋

近年来，伴随经济的快速发展，我国乃至全球面临日益严重的能源短缺和环境污染问题，迫切需要大力发展清洁、可再生的新能源技术。质子交换膜燃料电池是将化学能直接转化为电能的发电装置，具有运行温度低、能量转化效率高、能量密度高、启动快、清洁等优点，是未来清洁能源的理想选择。目前，正在着力解决以质子交换膜燃料电池为动力的电动汽车大规模产业化问题，其进一步发展很可能带来世界范围内汽车工业的革命，减少各国对化石能源的过度依赖。此外，清洁燃料电池汽车的广泛使用可大量减少汽车尾气的排放，为雾霾的根治提供一个可能的解决方案。

早在1966年，通用汽车公司就开发了世界上第一辆燃料电池公路车辆，该车使用质子交换膜燃料电池为动力源，行驶里程约为193km，最高速度可达113km/h。近年来，美国、欧盟、日本、韩国和我国都投入了大量的资金和人力推动燃料电池汽车的研究。通用、福特、巴拉德、克莱斯勒、丰田、本田、奔驰、上汽、福田、宇通等公司都相继研发出燃料电池汽车。国内外科学研究人员的深入研究，使得质子交换膜燃料电池在性能、寿命及成本等方面得到了长足的发展，并且在交通、便携式电源以及分布式发电等领域得到了广泛的应用，逐步推进了其商业化。近年来，国内外政府都在加大质子交换膜燃料电池的科学研究和产业化研究方面的投入。

质子交换膜燃料电池由催化剂材料、质子交换膜、气体扩散层、双极板、空气压缩机、增湿器、氢循环泵等关键部件组成，每个关键部件的材料、性能、运行技术都会直接影响电池的最终性能。国内外知名研究所、高校和企业研发人员进行了大量的研究工作，发表了最新的科研成果，取得了很大成绩。《质子交换膜燃料电池关键材料与技术》将这些最新的研究成果和编著者长期从事质子交换膜燃料电池关键材料、相关技术研究与开发工作的经验进行整理和总结，为从事和关注质子交换膜燃料电池研究与应用的研究人员提供参考。

本书共分为7章，向读者概述了质子交换膜燃料电池的发展史、工作原理、组成及特点；系统介绍了质子交换膜燃料电池的质子交换膜、催化剂、膜电极工艺、双极板与流场、空气压缩机和氢循环泵、低温启动技术；综述了质子交换膜燃料电池相关材料与技术的最新科研进展；总结了质子交换膜燃料电池的产业化进展；指出了质子交换膜燃料电池科学研究和产业化发展的方向。

全书框架结构由南京大学刘建国教授设计组织，并负责过程细节讨论，以及最后文字的定稿。具体由刘建国教授与李佳博士共同撰写第 1 章和第 2 章，芮志岩撰写第 3 章，叶遥立博士撰写第 4 章，谢铭丰博士撰写第 5 章，解云撰写第 6 章，梁栋博士撰写第 7 章。

由于编著者学识和能力有限，书中疏漏之处在所难免，敬请读者批评指正，编著者表示由衷感谢。

编著者
2021 年 2 月

目录

第1章
质子交换膜燃料电池简介

20世纪以来，随着经济的快速发展，能源消耗日益增大，而传统化石能源的总量正急剧减少，难以满足需求。同时，大多数传统能源的利用都是采用直接燃烧的形式，一方面由于卡诺循环的限制，这种方式的能源利用效率并不高；另一方面燃烧产生的废气也对环境造成了严重的污染。因此，发展清洁、可再生的新能源技术已成为各国关注的重点。在众多新能源中，氢能被视为清洁高效、安全可持续的二次能源，是21世纪最具发展潜力的清洁能源和人类战略能源的发展方向。燃料电池技术便是氢能的重要应用之一。

燃料电池是一种可以将储存在燃料和氧化剂中的化学能直接转化为电能的电化学储能装置，不受卡诺循环的限制，具有很高的能量转化效率（一般为40%～60%），如果将余热充分利用，甚至可以高达90%。此外，燃料电池在工作时，其反应产物一般为H_2O和少量CO_2，几乎不排放NO_x和SO_x等有害气体。因此，燃料电池对解决目前全球所面临的能源短缺和环境污染等两大难题都具有极其重要的意义。

1.1 燃料电池发展史

自1800年威廉·尼克尔森和安东尼·卡莱尔提出运用电使水分解成氢气和氧气后，一系列关于电解水的实验被演示。图1-1是选取燃料电池发展史上一些重要事件形成的时间轴。

19世纪30年代，英国化学家威廉·格罗夫（Willian Grove）在进行一系列电解水实验时萌生了这样的想法：当封有铂电极的玻璃管浸在稀硫酸中时，既然随着电流的通过水可以分解为氢气和氧气，那么反过来氢气和氧气重新结合变成

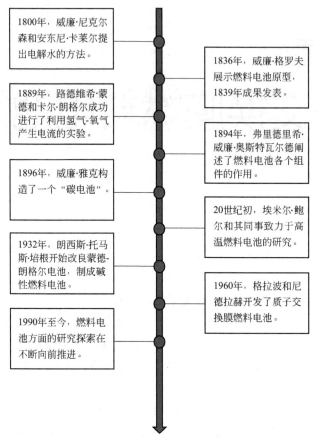

1800年，威廉·尼克尔森和安东尼·卡莱尔提出电解水的方法。

1836年，威廉·格罗夫展示燃料电池原型，1839年成果发表。

1889年，路德维希·蒙德和卡尔·朗格尔成功进行了利用氢气-氧气产生电流的实验。

1894年，弗里德里希·威廉·奥斯特瓦尔德阐述了燃料电池各个组件的作用。

1896年，威廉·雅克构造了一个"碳电池"。

20世纪初，埃米尔·鲍尔和其同事致力于高温燃料电池的研究。

1932年，朗西斯·托马斯·培根开始改良蒙德-朗格尔电池，制成碱性燃料电池。

1960年，格拉波和尼德拉赫开发了质子交换膜燃料电池。

1990年至今，燃料电池方面的研究探索在不断向前推进。

图 1-1　燃料电池发展历程示意

水的过程应该可以产生电流。事实也表明，在格罗夫切断电流后，释放出氧气和氢气的电极发生极化，两电极之间保持一定的电势差，外电路接通时有电流通过，格罗夫将此装置命名为"气体伏打电池"。1839 年 2 月，格罗夫的研究成果在当时的哲学杂志上发表，这一日期被后人视为第一个燃料电池原型的诞生日[1]。

　　燃料电池原型诞生 50 年后，著名化学家路德维希·蒙德（Ludwig Mond）和他的助手卡尔·朗格尔（Charles Langer）在 1889 年成功进行了利用氢气-氧气产生电流的实验。实验中使用了具有较大比表面积的表面镀铂的铂片作为电极，为了防止催化剂孔隙被电解质淹没而阻碍气体和催化剂表面的接触，以硫酸填充的多孔陶瓷基底作为非流动电解质。他们的电池在 0.73V 的电压下能够输出的电流密度为 $6A/ft^2$（$1ft^2 = 0.092903m^2$）。但该电池也有很大不足——造价昂贵，结果重复性较差，性能衰减很快，种种原因导致该电池的实际应用受到很大限制。但两位科学家首次提出了"燃料电池"的说法，并一直延续至今。

到了 1894 年，燃料电池的发展有了相关理论基础的指导。这一年，物理化学奠基人弗里德里希·威廉·奥斯特瓦尔德（Friedrich Wilhelm Ostwald）（图 1-2 所示）在德国电化学杂志中提出[2]：采用空气中的氧气，通过不产生热的电化学机理（被称作燃料的冷燃烧），直接将天然燃料氧化，构建一种发电装置。"在未来，电能的产生将是电化学的，不受热力学第二定律的限制。因此能量转换效率将高于热机效率。"奥斯特瓦尔德注重燃料电池热力学方面的理论研究，提出了大部分关于燃料电池如何运作的思想和理论，并且用实验方法证明了许多燃料电池组件的作用。奥斯特瓦尔德的这篇论文是燃料电池领域的基础，同时标志着大量研究工作的开始。

图 1-2 弗里德里希·威廉·奥斯特瓦尔德

1896 年，美国工程师威廉·雅克（William Jacques）[3] 称其开发出一种"煤电池"，该电池由煤阳极和铁阴极浸没在通入空气的熔融烧碱电解质中构成。450℃时，雅克得到了 $100mA/cm^2$ 的电流密度，功率为 1.5kW（100 个单电池组成的电池堆功率）。随后的研究结果表明，雅克的电池中所发生的阳极反应是铁与电解质中的水接触所产生氢气的氧化反应。而且，实际的电池效率仅为 8%，和雅克自己认为的 82% 相去甚远。同时，由于熔融氢氧化钠与生成的 CO_2 反应不断被消耗，其寿命只有 6 个月。

1912～1939 年期间，瑞士科学家埃米尔·鲍尔（Emil Bauer）及其同事在瑞士和德国的不伦瑞克（Braunschweig）进行了大量有关煤的电化学氧化和煤气化产物的研究。基于煤的电化学氧化过程只能在煤能够充分快速燃烧的温度下进行这一基本假设，鲍尔等人的早期研究使用高温熔融电解质，如碳酸钠和碳酸钾的混合物，熔融碳酸盐电解质的腐蚀性即高温下燃料电池的不稳定性使得初期的研究工作困难重重，随后的研究工作使用了高温固态电解质，固态电解质的基础是能斯特棒，它由 15% 的氧化钇和 85% 的氧化锆组成，该电解质不仅价格昂贵，而且在放电期间离子电导率会逐渐降低。无数次的研究后，通过煤的电化学氧化构造的燃料电池诞生了，该电池的实际表现在 1000 ℃电池电压可达 0.7 V，不过电池寿命十分有限。

此后的 20 世纪 30 年代，仍有一批美国和苏联的科研工作者致力于制备具有更高离子电导率和更好的机械与化学稳定性的固体电解质。不过固体电解质领域的著名专家沃特·肖特基认为，使用固体电解质的燃料电池是没有前景的。

在固体电解质被研究的同一时期，1932 年，英国剑桥大学教授弗朗西斯·托马斯·培根（Francis Thomas Bacon）对早期的蒙德-朗格尔燃料电池（Mond-Langer fuel cell）进行了改良。培根使用碱性电解质（KOH）代替酸性溶液，并采用了多孔气体扩散电极，为了阻止气体穿过电极，电极和电解质接触的一侧涂有一层不能渗透气体的阻隔层。1959 年，第一个碱性燃料电池即培根电池获得专利[4]。1960 年，培根公开展示了一个输出功率为 5～6kW 的燃料电池电堆。培根的示范导致许多国家在这一领域展开了大规模的科研活动，形成第一次燃料电池研究热潮。

20 世纪 50 年代末期，通用电气公司（General Electric Company，GE）的化学研究员格拉波（W. Thomas Grubb）设计了以磺化聚苯乙烯离子交换膜作电解质，改革原始燃料电池。三年后，通用电气公司的另一位研究员尼德拉赫（Leonard Niedrach）进一步将铂沉积在膜上，其中铂是氢气进行氧化反应和氧气进行还原反应必需的催化剂。由此，新的燃料电池——质子交换膜燃料电池诞生，也称 Grubb-Niedrach 燃料电池[5]。同时，通用电气公司为美国海军船舶局的电子部和美国陆军通信部队开发了一款小型燃料电池，该燃料电池通过混合水和氢化锂生成的氢气作为燃料。进入 20 世纪 60 年代，质子交换膜燃料电池逐步被商业化，并在其后的双子星座（Gemini）太空任务中得以使用，遗憾的是第一个由此设计的质子交换膜燃料电池由于电池内部污染和交换膜气体渗透，未能在后续的阿波罗计划（Apollo program）和太空穿梭船中应用。其后的 10 年，通用电气公司致力于质子交换膜燃料电池的研发，取得了较大的进展，质子交换膜燃料电池在军事和航空领域均有应用。

20 世纪 60 年代初期，飞机与发动机制造商 Pratt & Whitney（P&W）获得培根电堆的专利使用权并对其重新设计，通过引入浓度很高的碱溶液（85% 的 KOH），降低气体压力，使该碱性燃料电池具有较高的效率。这些 P&W 燃料电池后来被用于阿波罗计划。

到了 20 世纪 80 年代，燃料电池作为中小型独立电源的应用逐渐凸显。燃料电池能够满足城市电网无法到达的场所的需求，在交通运输、便携式设备等领域萌发出可以预见的应用前景。

人们开始认识到美国杜邦公司（DuPont）研制的 Nafion® 新型聚合物离子交换膜能够显著提高相对小型的燃料电池的性能和使用寿命，同时在降低铂载量方面效果明显。这促进了质子交换膜燃料电池重新焕发生机，在新的应用领域吸引潜在的燃料电池用户。

从 20 世纪 80 年代中期开始，与质子交换膜燃料电池有关的论文数量迅速增加，这主要有两个原因：第一，汽车数量增加导致空气污染，人们对零污染交通工具十分渴求；第二，对便携式设备大容量电池的需求。这两个原因驱使了科研工作者对燃料电池的不断研究。第二次燃料电池研究开发热潮由此开始。这一阶段最大的进展体现在质子交换膜燃料电池。

第一款用在双子座（Gemini）宇宙飞船上的输出功率 1kW 的质子交换膜燃料电池电堆，由于膜的欧姆电阻较大，化学稳定性不足，单电池在 0.6V 下电流密度低于 100mA/cm^2，比功率约 60mW/cm^2，寿命不到 2000h。随着第二次燃料电池研究热潮，1990 年，质子交换膜燃料电池的性能得到了革命性的改进，比功率高达 $600 \sim 800 \text{mW/cm}^2$，寿命长达数万小时。这一突破归功于各个组件的发展，后续在质子交换膜燃料电池的组成一节中将有更详细的介绍。改进后的中等输出功率的质子交换膜燃料电池得到了广泛的商业化应用。

氢-氧质子交换膜燃料电池的发展促进了一种新型燃料电池的发展，即直接甲醇燃料电池。由于氢气的不易存储和运输，液体甲醇燃料更为方便，被看作未来电动车的燃料。不过由于直接甲醇燃料电池是建立在质子交换膜燃料电池的基础上，很多质子交换膜燃料电池面临的有关质子交换膜和电催化剂的问题也亟待解决。

可以这么说，20 世纪 90 年代后，质子交换膜燃料电池成了主流，高温燃料电池如固体氧化物燃料电池和高温熔融碳酸盐燃料电池的研究也在继续，而碱性燃料电池的研究从 20 世纪 80 年代开始就明显减少。

进入 21 世纪，便携式燃料电池设备和民用燃料电池交通工具处于不断向前发展的过程中。燃料电池轮渡、燃料电池大巴、燃料电池轨道交通在许多国家和地区，尤其是欧洲、美国、中国、日本、韩国，有着相对成熟的战略部署和发展规划。

2014 年问世的 Mirai 车型（图 1-3 所示）是丰田公司旗下首款量产的燃料电池汽车，由于高昂的售价和缺乏加氢站等基础设施建设，目前 Mirai 车型在全球仅销售了 6000 辆。丰田 Mirai 燃料电池汽车目前在丰田日本工厂手工生产，由 13 个不同工厂生产的部件被工人手工组装在一起，工厂每天仅能生产 6.5 辆汽车。在 Mirai 燃料电池汽车中成本最高的是燃料电池电堆，每个燃料电池电堆的成本为 11000 美元，占到整车售价的 1/6。丰田公司希望能够通过产能的提升将燃料电池电堆的生产成本降低到 8000 美元以下。

燃料电池技术的发展和实际应用仍处在快速发展的阶段，我们有理由相信将来的氢能社会中，燃料电池技术将大放异彩。

图 1-3 丰田第一款上市的燃料电池汽车

1.2 燃料电池的分类

燃料电池种类众多，分类方法也较多（表 1-1），目前常用的是根据电解质类型进行分类，包括质子交换膜燃料电池（proton exchange membrane fuel cell，PEMFC）、碱性燃料电池（alkaline fuel cell，AFC）、磷酸燃料电池（phosphoric acid fuel cell，PAFC）、熔融碳酸盐燃料电池（molten carbonate fuel cell，MCFC）和固体氧化物燃料电池（solid oxide fuel cell，SOFC）。根据反应温度分类，PEMFC 和 PAFC 的反应温度一般在 200℃ 以下，归为低温燃料电池，而 MCFC 和 SOFC 的反应温度可以达到 600～1000℃，属于高温燃料电池。还可以根据燃料的不同，将燃料电池分为氢燃料电池、甲烷燃料电池、甲醇燃料电池、乙醇燃料电池和金属燃料电池。

表 1-1 燃料电池的分类

燃料电池类型	质子交换膜燃料电池（PEMFC）	碱性燃料电池（AFC）	磷酸燃料电池（PAFC）	熔融碳酸盐燃料电池（MCFC）	固体氧化物燃料电池（SOFC）
电解质	全氟磺酸型质子交换膜	氢氧化钾等碱性水溶液	磷酸水溶液	熔融态碳酸盐	氧化钇稳定的氧化锆
反应温度	50～100℃	90～100℃	150～200℃	600～700℃	700～1000℃
功率	1～100kW	10～100kW	50kW～1MW	300kW～3MW	1kW～2MW
发电效率	45%～60%	60%	40%	>40%	60%

续表

用途	备用电源 便携式电源 分布式发电 运输 特种车辆	太空 军事	分布式发电	电力公司 分布式发电	辅助电源 电力公司 分布式发电
优点	功率密度高 低温 快速启动 运行可靠	成本低 启动快 性能可靠	寿命长 技术发达	燃料适应性广 余热利用率高	全固态 无腐蚀 余热利用价值高
缺点	催化剂成本高 催化剂易中毒	寿命短 催化剂易中毒 电解质管理困难	启动时间长 余热回收率低	电解质具 有腐蚀性 寿命短 启动时间长	成本高 材料选择苛刻 运行温度高

在燃料电池发展史一节中，我们提到质子交换膜燃料电池是处于主流地位的，同时高温燃料电池如固体氧化物燃料电池、熔融碳酸盐燃料电池都有一定的研究。接下来就根据电解质的不同对燃料电池的分类，重点挑选一直以来人们研究比较普遍的类型做简单介绍。

1.2.1 质子交换膜燃料电池

质子交换膜燃料电池（PEMFC）也被称作聚合物电解质膜燃料电池，由通用电气公司在 20 世纪 50 年代末发明，并被用于 NASA 的太空任务中。

有关质子交换膜燃料电池（图 1-4）的工作原理和重要组成部件，会在接下来的两节重点介绍。在质子交换膜燃料电池中，电解质是关键材料之一，为一片很薄的聚合物膜，杜邦公司发明的商标为 Nafion® 的全氟磺酸型质子交换膜是其中的一种，这种聚合物膜能导通质子但不导电子。电极材料基本由碳组成，碳载

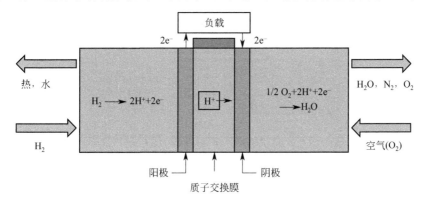

图 1-4 质子交换膜燃料电池

铂（Pt/C）作为催化阴阳极反应的催化剂。PEMFC 工作温度约 80℃，单电池能产生约 0.7V 的电压，实际使用时为了得到更高的电压，需将多个单电池串联起来组成燃料电池电堆。

目前在质子交换膜燃料电池中使用的标准电解质材料为杜邦公司于 20 世纪 60 年代为航天应用生产的基于全氟化特氟龙的材料。杜邦公司 Nafion 膜具有很好的化学和热稳定性，常用的类型有 1135、115 和 117。

质子交换膜燃料电池可以在室温条件下快速启动，产物水容易排出，寿命较长，具有较大的比功率，比能量高，体积小，是电动汽车和家用分布式发电装置的理想电源。除了以上特点，质子交换膜燃料电池具有较高的工作效率，一般能达到 40%～60%，而且动态响应好，能够快速地根据用电需求调节输出功率。不过质子交换膜燃料电池也有不足之处，其对氢气以及空气的质量要求较高，因为贵金属铂催化剂极易受到 CO 和硫化物等杂质的污染而被毒化，导致失去催化活性，致使燃料电池寿命缩短。

1.2.2 碱性燃料电池

碱性燃料电池（AFC）很早就被发展起来，20 世纪 60 年代美国 P&W 公司改良培根电池制造的碱性燃料电池在后来的阿波罗计划中起到了作用，该燃料电池效率可达到 70%。AFC 的设计与 PEMFC 类似，不同之处在于 AFC 使用的电解质为强碱水溶液，如氢氧化钾、氢氧化钠。当发生电化学反应时，氢氧根离子从阴极通过电解质溶液移动到阳极和氢气发生氧化反应生成水和电子，电子通过外电路到达阴极，和氧气、水发生还原反应生成更多的氢氧根离子。碱性燃料电池见图 1-5。

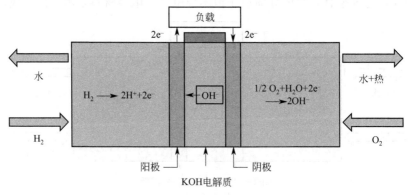

图 1-5 碱性燃料电池

AFC 和 PEMFC 的工作温度相近。AFC 具有很快的启动速度，但是其电流密度仅为 PEMFC 的 10% 左右，因而不太适合作为移动电源。AFC 是燃料电池中生产成本最低的一种类型，因此可以用作小型的固定发电装置。AFC 的电解质成本远低于 PEMFC，所需催化剂层可以使用铂或非贵金属催化剂，比如镍，所以具有较低的生产成本。

AFC 正是因为使用了强碱溶液作为电解质，所以 AFC 会受到空气中二氧化碳的影响，因此 AFC 运行过程中必须注入纯氢、纯氧。当因二氧化碳的作用使电解质溶液发生退化时，也可更新电解质溶液或清洗二氧化碳来解决。这些限制了 AFC 在更多场合的应用。

1.2.3 熔融碳酸盐燃料电池

目前美国有两大公司在积极推进熔融碳酸盐燃料电池（MCFC）的商业化，分别是燃料电池能源公司和 M-C 能源公司。MCFC 使用的电解质是碳酸锂、碳酸钠或碳酸钾的溶液，浸泡在槽中；由于在高达 $620\sim660℃$ 的温度下工作，因而效率高达 $60\%\sim85\%$。在高温下也可以更加灵活地使用多种类型的燃料和廉价的催化剂（主要是金属镍）。高的工作温度确保了电解质溶液的导电性。熔融碳酸盐燃料电池见图 1-6。

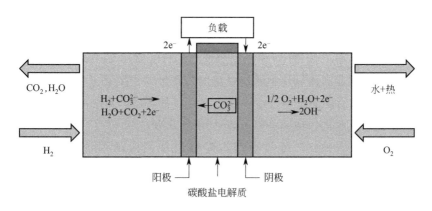

图 1-6 熔融碳酸盐燃料电池

MCFC 的燃料选择很多，氢、一氧化碳、丙烷、沼气、脱硫煤气或天然气均可，MCFC 的隔膜和电极均采用带铸方法制备，工艺成熟，可以大量生产。但是高温燃料电池带来的新问题就是启动时间的延长，不太适合作为移动式电源。此外，高温电解质的腐蚀性使得 MCFC 也不太适用于家庭发电，不过在固定式电站领域有应用前景。

1.2.4　固体氧化物燃料电池

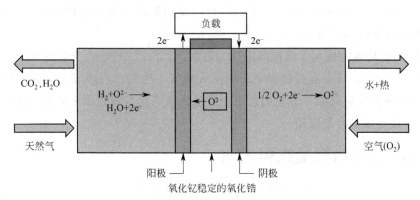

图 1-7　固体氧化物燃料电池

固体氧化物燃料电池（SOFC）是建立在能够单向传导氧离子（O^{2-}）的固体电解质基础上的（图 1-7）。人们最熟悉的固体电解质是氧化钇稳定的氧化锆（YSZ），即掺杂了五价氧化钇的氧化锆。作为掺杂离子，Y^{3+} 引入 ZrO_2 晶格中后，在晶格中产生了氧空穴，进而通过氧离子在空穴中的跃迁而起到传输作用。只有温度达到 900℃ 以上时，这种 YSZ 型电解质材料的电导率才能达到令人满意的 0.15S/cm。

阴极材料由添加了 Sr 的 $LaMnO_3$ 制成，阳极通常由 $Co\text{-}ZrO_2$ 或 $Ni\text{-}ZrO_2$ 黏合剂制成。目前制造固体氧化物燃料电池的配置形式主要有三种：管形配置、双极板配置以及平面形配置。SOFC 的制造方法多种多样，传统的管形 SOFC 的设计已经基本实现商业化，功率已经可以达到 220kW。

值得一提的是，SOFC 可与小型汽轮机组成高效的系统，功率范围可达 250kW～25MW，有望接入电网，进入发电市场。这类燃料电池将和现有的大型发电设备展开激烈竞争。

1.2.5　直接甲醇燃料电池

直接甲醇燃料电池（DMFC）和质子交换膜燃料电池结构相似，使用相同的聚合物电解质膜。市场之所以对直接甲醇燃料电池表现出如此大的兴趣，是因为工作时液态的甲醇燃料较氢气而言更加有助于燃料电池的商业化，因为对普通群众而言，液体燃料比氢气更显"安全"。此外，液体甲醇的使用可以很轻易地实现燃料电池运行过程中燃料的加注。直接甲醇燃料电池见图 1-8。

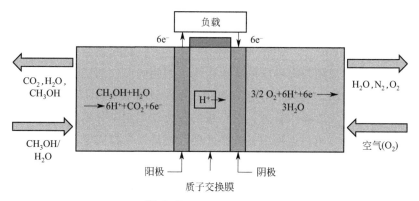

图 1-8 直接甲醇燃料电池

DMFC 工作时，甲醇和水的混合物经扩散层进入催化层，在阳极催化剂的作用下直接发生电化学反应，生成 CO_2、6 个电子和 6 个质子。质子经质子交换膜迁移到阴极区域，电子从外电路做功后到达阴极区，氧气经气体扩散层进入催化层并在阴极催化剂的作用下与流入阴极区的质子发生电化学反应生成水，电子在外电路的迁移过程中产生了电流，实现了化学能到电能的转化。

直接甲醇燃料电池的一个主要问题就是甲醇氧化产生的中间产物容易使铂催化剂被毒化。此外，电池内部常用的 Nafion 膜较易渗透甲醇，渗透到阴极区的甲醇会发生氧化反应形成混合电位，并使阴极催化剂中毒。目前常用的解决方案是对 Pt 表面进行修饰，增加对含氧物种的吸附，这样能与吸附在 Pt 表面的 CO 反应生成 CO_2，重新释放活性位点，采用 PtRu/C 就能达到这个目的。

DMFC 在空气状态下功率密度能达到 $180 \sim 250 mW/cm^2$，这对目前的应用而言是不够的，而且 DMFC 所需催化剂载量是氢氧质子交换膜燃料电池的 10 倍，所以直接甲醇燃料电池仍有许多难点需要攻克。

1.3 质子交换膜燃料电池的基本原理

质子交换膜燃料电池，也被称为聚合物电解质燃料电池。早在 20 世纪 60 年代，美国通用电气公司将其开发并在后来美国的第一个载人航天器上应用。该类型的燃料电池主要依赖一种特殊的聚合物膜，在它表面涂有高分散的催化剂颗粒，这种工艺被称作 CCM（catalyst coated membrane），后面的章节会有详细介绍。

PEMFC 的结构组成如图 1-9 所示。PEMFC 由质子交换膜（proton exchange membrane，PEM）、催化剂层（catalyst electrode layer）、气体扩散层

(gas diffusion layer，GDL) 和双极板 (bipolar plate) 等核心部件组成。气体扩散层、催化剂层和聚合物电解质膜通过热压过程制备得到膜电极组件 (membrane electrode assembly，MEA)。中间的质子交换膜起到了传导质子 (H^+)、阻止电子传递和隔离阴阳极反应的多重作用；两侧的催化剂层是燃料和氧化剂进行电化学反应的场所；气体扩散层的作用主要为支撑催化剂层、稳定电极结构、提供气体传输通道及改善水管理；双极板的主要作用则是分隔反应气体，并通过流场将反应气体导入燃料电池中，收集并传导电流，支撑膜电极，以及承担整个燃料电池的散热和排水功能。

PEMFC 的工作原理为：燃料 (H_2) 进入阳极，通过扩散作用到达阳极催化剂表面，在阳极催化剂催化作用下分解形成带正电的质子和带负电的电子，质子通过质子交换膜到达阴极，电子则沿外电路通过负载流向阴极。同时，O_2 通过扩散作用到达阴极催化剂表面，在阴极催化剂催化作用下，电子、质子和 O_2 发生氧还原反应 (oxygen reduction reaction，ORR) 生成水。电极反应如下：

阳极（氧化反应）：$2H_2 \longrightarrow 4H^+ + 4e^-$ $E_0 = 0V$ (*vs.* RHE)

阴极（还原反应）：$O_2 + 4H^+ + 4e^- \longrightarrow 2H_2O$ $E_0 = 1.23V$ (*vs.* RHE)

总反应： $O_2 + 2H_2 \longrightarrow 2H_2O$ $E_0 = 1.23V$ (*vs.* RHE)

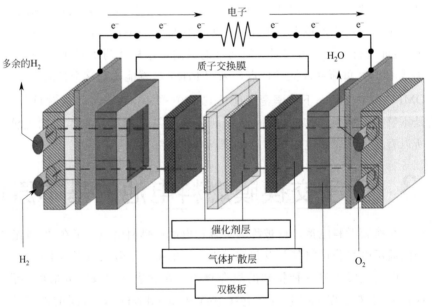

图 1-9 　质子交换膜燃料电池结构图

质子交换膜是 PEMFC 的电解质，直接影响电池的使用寿命。同时，电催化剂在燃料电池运行条件下会发生 Ostwald 熟化作用，缩短电池的使用寿命。因此，质子交换膜和电催化剂是影响燃料电池耐久性的主要因素。燃料电池中的成本比例为电催化剂（46%）、质子交换膜（11%）、双极板（24%）等。其中，由于电催化剂大量使用贵金属铂，其成本占据了燃料电池总成本的近一半。质子交换膜和双极板的高成本也同样增加了燃料电池的总成本。因此，高性能、高耐久性、低成本的质子交换膜燃料电池新材料是目前该领域的研究热点。

1.4 质子交换膜燃料电池的组成

图 1-9 中涉及质子交换膜燃料电池的重要组成部分。膜电极组件（membrane electrode assembly，MEA）包括质子交换膜、气体扩散层、催化剂层。常用的膜电极工艺有两种：一种是将催化剂均匀喷涂在气体扩散层上，称作气体扩散电极（gas diffusion electrode，GDE）；另一种是将催化剂均匀喷涂在质子交换膜上，称作 CCM（catalyst coated membrane），采用 CCM 工艺可以降低贵金属载量。气体扩散层由多孔导电材料制成，如碳布，它能使反应物扩散入或扩散出膜电极组件，而且作为电极和外部的双极板的连接点收集产生的电流。此外，气体扩散层还允许阴极产生的水离开气体通道。双极板也被称为流场板，其表面有特殊的流道，气体通过流道更为合理地透过气体扩散层到达催化剂层。双极板的通道有多种几何形状供选择，双极板还能起到结构支撑的作用，通常采用固体石墨板或表面改性的金属板，最基本的要求是具有良好的导电性、导热性及较高的力学强度和化学稳定性。

接下来的内容就分别为大家介绍质子交换膜燃料电池中最重要的几个组成部分。

1.4.1 催化剂材料

电催化剂是燃料电池的关键材料之一，其作用是降低反应的活化能，促进氢、氧在电极上的氧化还原过程，提高反应速率。催化剂层通常由电催化剂和质子交换树脂溶液制备而成，属薄层多孔结构，具有氢氧化或氧还原电催化活性，催化剂层厚度一般在 $5\sim10\mu m$。

目前 PEMFC 催化剂层中 Pt 载量较高，燃料电池汽车需要的 Pt 约为 50g/辆轿车和 100g/辆大巴车，在兼顾燃料电池成本和性能的同时，降低 Pt 用量是一个巨大的挑战。

对于酸性条件的 PEMFC，其阳极的氢氧化反应（HOR）的过电势很小，能在极低的铂载量（$0.05mg/cm^2$）下工作而不造成明显的能量损失。而阴极的氧还原反应（ORR）交换电流密度低，是燃料电池总反应的控制步骤。阴极 ORR 反应过程复杂，中间产物多，且反应速率远低于阳极燃料氧化反应。阴极复杂的 ORR 过程造成了低温燃料电池电流效率的严重损失，由此造成的电池效率下降占电池总损失效率的比例高达 80%。因此，研究具有高活性、高稳定性的 ORR 电催化剂，对推进燃料电池的大规模商业化进程具有非常重要的意义。

质子交换膜燃料电池中，常用的阴极电催化剂为商业 Pt/C 电催化剂，即 3～5nm 的 Pt 纳米颗粒担载于高比表面积碳载体上面。Johnson Matthey（JM）公司生产的 40%（质量分数）Pt/C 电催化剂在 0.9V（$vs.$ RHE）时的 ORR 质量比活性（mass activity，MA）为 0.21A/mg，面积比活性（specific activity，SA）为 0.32mA/cm^2，远低于美国能源部（US Department of Energy，DOE）2025 年的目标（MA @ 0.9V $vs.$ RHE：0.44A/mg；SA @ 0.9V $vs.$ RHE：0.72mA/cm^2）。

铂的低储量和高成本也限制了燃料电池的大规模商业化进程。目前 Pt 用量已从 10 年前的 0.8～1.0g/kW 降至现在的 0.3～0.5g/kW，希望进一步降低，达到传统内燃机尾气净化器贵金属用量水平（<0.05g/kW），近期目标是 2025 年燃料电池电堆的 Pt 用量降至 0.1g/kW 左右。铂催化剂除了受成本与资源制约外，也存在稳定性问题，通过燃料电池衰减机理分析可知，燃料电池在车辆运行工况下，催化剂会发生衰减，如在动电位作用下会发生 Pt 纳米颗粒的团聚、迁移、流失，在开路、怠速及启停过程产生氢空界面引起的高电位导致催化剂碳载体的腐蚀，从而引起催化剂流失。因此，针对目前商用催化剂存在的成本与耐久性问题，研究新型高稳定性、高活性的低 Pt 或非 Pt 催化剂是目前的热点。

常用的降低铂的用量，提高催化剂活性和稳定性的方法包括晶体结构调控、掺杂渡金属元素形成合金、制成特殊结构（如核壳结构）等，非贵金属催化剂领域也有一定的进展。更为具体的有关燃料电池电催化剂的介绍将在第 2 章中呈现给读者。

1.4.2 电解质膜

质子交换膜是 PEMFC 的关键部件，其主要作用包括：分隔燃料和氧化剂，并支撑电催化剂，保证反应的顺利进行；选择性地传导质子，并阻隔电子的传递。质子交换膜的性能对 PEMFC 的使用性能、寿命、成本等有显著的影响。根据 PEMFC 的使用条件，性能优良的电解质膜材料应具有质子传导率高、化学稳定性好、热稳定性好、机械性能好、气体渗透性小、水的电渗系数小、价格低廉、易成型加工等优点。为了满足燃料电池商业化的要求，科学家们针对不同种类的质子交换膜进行了大量研究工作。

（1）全氟磺酸质子交换膜

最早的 PEMFC 中使用的质子交换膜是聚苯乙烯磺酸膜，但是这种膜有一致命缺陷，即在实际使用中因电池发生降解而导致性能急剧下降，从而未能继续投入使用。之后，在 20 世纪 60 年代，美国杜邦公司开发了一种全氟磺酸质子交换膜（Nafion®膜），同时具有优良的稳定性和高的质子传导能力，这使得该产品享誉全球，至今仍然被广泛使用。

Nafion 膜有很多优点，如化学稳定性好、机械强度高、在高湿度下电导率高、在低温下电流密度大、质子传导电阻小等。但其也有一些缺点，如中高温时的质子传导性能差、对温度和含水量要求高、用于直接甲醇燃料电池时甲醇渗透率过高、全氟聚合物的合成和磺化都非常困难、成膜困难、价格昂贵。

（2）部分氟化质子交换膜

由于全氟磺酸质子交换膜价格一直居高不下，成为燃料电池大规模应用的障碍之一。为了降低质子交换膜的价格，改变全氟聚合物难合成的现状，很多科学家对部分氟化及无氟质子交换膜进行了研究。

部分氟化质子交换膜使用部分取代的氟化物代替全氟磺酸树脂，或者将氟化物与无机或其他非氟化物进行共混制膜。无氟质子交换膜实质上是碳氢聚合物膜，作为燃料电池隔膜材料，其价格便宜、加工容易、化学稳定性好、具有高吸水率。也有研究指出，磺化聚砜、聚醚砜、聚醚醚酮能用于制作质子交换膜，研究的难点在于如何达到质子传导性与机械强度的平衡以及延长使用寿命。

（3）复合质子交换膜

全氟磺酸质子交换膜原料合成困难，产品制备工艺复杂，膜成本较高。为了解决这个问题并提高膜的性能，各种复合质子交换膜也日益受到研究者的关注。复合质子交换膜的优点是可以增加膜在干燥状态下的机械强度和在潮湿状态下的尺寸稳定性，并且使复合质子交换膜的尺寸更薄。将全氟的非离子化微孔介质与全氟离子交换树脂结合，可制成复合膜。全氟离子交换树脂在微孔中形成质子传递通道，可以保持膜的质子传导性能，既改善原有膜的性质，又提高膜的机械强度和尺寸稳定性。

此外，添加其他一些填充材料也能够使质子交换膜的某些性能得到提升。如添加了磺酸化氧化锆的 Nafion 膜，其质子传导能力与低湿度下的保水能力都有一定的提升。添加了磺酸化氧化石墨烯（SGO）的复合膜，其气体渗透性大大降低，但由于磺酸化氧化石墨烯的层间质子传导能力较差，导致复合膜的质子传导能力大大降低。

1.4.3 气体扩散层

气体扩散层（GDL）是燃料电池系统的重要组成部分，其成本占整个燃料电池系统的 20%～25%。燃料电池的大规模商业化应用需要成本进一步降低以适应产业化的需求，气体扩散层是相对容易降低成本的。预计燃料电池汽车规模达到 1 万辆以上时，碳纸的成本可以下降 50% 以上；预计燃料电池汽车规模达到 10 万辆以上时，碳纸的成本降为目前的 10% 以下。所以，完善气体扩散层制备工艺，提升气体扩散层整体性能，实现气体扩散层的规模化、国产化制造，对我国燃料电池产业的发展具有不容忽略的推动作用。

气体扩散层位于流场和催化剂层之间，主要作用是为参与反应的气体和生成的水提供传输通道，并支撑催化剂。因此，扩散层基底材料的性能将直接影响燃料电池的性能。高性能的 GDL 必须具备良好的机械强度、合适的孔结构、良好的导电性、高的稳定性。通常气体扩散层由多孔碳纤维基底和微孔层组成。其中，多孔碳纤维基底大多是憎水处理过的多孔碳纸或碳布，厚度为 $200～400\mu m$。微孔层也叫水管理层（约 $100\mu m$），通常是由导电炭黑和憎水剂构成，作用是降低催化剂层和支撑层之间的接触电阻，使反应气体和产物水在流场和催化剂层之间实现均匀再分配，有利于增强导电性，提高电极性能。另外，GDL 起到在电极上分布反应气体并在电极和双极板之间传导电子和热量的作用。更重要的是，GDL 在燃料电池水管理中起着举足轻重的作用，这是由于膜电极中的质子交换膜需要在湿润的条件下传导质子，而过多的水分又会引起电极的水淹现象，从而气体扩散层需要平衡电极表面存在的适量水分。

选择性能优良的气体扩散层基材能直接改善燃料电池的工作性能。性能优异的气体扩散层基材应满足以下要求：①必须要有抗腐蚀性，气体扩散层与催化剂层直接接触，发生电化学反应时有高电腐蚀性；②必须为多孔性透气材料，气体扩散层扮演着将氢气/氧气或者甲醇/空气扩散至催化剂层反应的媒介；③必须为高电导率材料，因气体扩散层起电子传导作用；④必须是高导热材料，电化学反应为放热反应，若热量过高将对质子交换膜造成伤害，气体扩散层需要能将热导出，避免质子交换膜破损；⑤必须有高疏水性，燃料电池反应时生成水，会造成性能下降，因此气体扩散层要能将水导出。

由于碳材料的孔隙度较高，孔径可调，常常被用作制备气体扩散层，主要有碳纸、碳布、无纺布和炭黑纸，如图 1-10 所示。此外，也有利用泡沫金属、金属网等来制备。

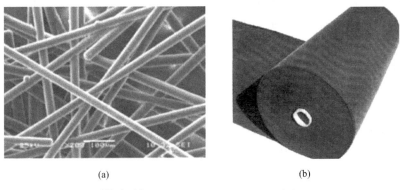

图 1-10　碳纸表面形貌（a）和碳布（b）

1.4.4　双极板

双极板是质子交换膜燃料电池的重要组成部分，其两面为加工流道。在组装电堆时，双极板的一面与一个电池的阳极相接触，为其提供阳极流场；另一面与另一个电池的阴极相接触，为其提供阴极流场。水路一般在双极板中输送，与阴阳流道相隔绝。双极板起着收集传导电流、分隔气体、支撑电池堆以及串联各单电池等作用。双极板占整个电池 70%～80% 的质量，机加工石墨流场板的成本占整个电池组加工费用的 60%～70%，而流道流场的构造以及大小也大大影响着电池性能。正因如此，双极板的设计和构造对电堆有着很大的影响。目前对双极板的研究主要集中在其材料的选择上，使其满足燃料电池商业化所需的技术指标。

由于双极板的功能及其在电堆中的重要性，其材料需满足高电导率、高机械强度、低氢渗透率、高稳定性、抗腐蚀、低成本、制造方便、质量轻等条件。根据材料不同，大致可以将双极板分为三类：石墨双极板、金属双极板以及复合材料双极板。

石墨是较早开发的一种双极板材料。石墨具有密度低、良好的导电性和化学稳定性等特点，可以满足燃料电池长期稳定运行要求。然而生产石墨双极板的过程中仍然易产生气孔，高温石墨化过程中石墨板的变形使得双极板的尺寸难以精细控制，为了达到所需的力学性能，不得不将石墨双极板制造得体积、质量大，导致石墨难以加工且加工成本高。

金属双极板强度高、韧性好，导电导热性能好，成本低，加工性能优异，可显著降低流场板厚度（良好的机械加工强度使得金属双极板厚度可达 1mm 以下），大大提高了电池功率密度，是微型燃料电池的最优选择。金属双极板在

PEMFC 的工作环境（氧化性气氛，一定的电位和弱酸性电解质）下易被腐蚀，对其表面改性或添加涂层是必然的选择。目前研究较多的是不锈钢板，不锈钢板有成本低、强度大、易成型、体积小的优点。例如，采用中空阴极放电法在不锈钢上涂上一层超薄 TiN 膜，从而提高了其抗腐蚀性。

除了石墨和金属双极板，复合材料型双极板现在也较为常用，即采用薄金属板或高强度导电板作为分隔板，边框采用塑料、聚砜和聚碳酸酯等，边框与金属板之间采用胶连接，以注塑与焙烧法制备流场板。复合材料型双极板具有石墨双极板和金属双极板的双重优点，生产价格更便宜、占用面积更小、机械强度更高、抗腐蚀性能更好，优化了燃料电池组的质量比功率和体积比功率，已成为未来双极板的发展趋势，但它的导电性能和机械性能还有待提高。

1.4.5　空气压缩机

空气压缩机（空压机）是车用燃料电池阴极供气系统的重要部件，通过对进堆空气进行增压，可以提高燃料电池的功率密度和效率，减小燃料电池系统的尺寸。但空压机的寄生功耗很大，约占燃料电池辅助功耗的 80%，其性能直接影响燃料电池系统的效率、紧凑性和水平衡特性。因此，各国的燃料电池项目对空压机的研究都非常重视。

不同于通常的二次电池，燃料电池发电需要一整套复杂的物料供应、温度控制等辅助系统。典型的燃料电池发电系统包含空气子系统、氢气子系统、热管理子系统、电控子系统等。其关键零部件包含空压机、增湿器、氢循环泵等。

1.5　质子交换膜燃料电池的实际应用

长久以来，随着国内外对 PEMFC 的深入研究，使得 PEMFC 在性能、寿命及成本等方面得到了长足的发展，并且在交通、便携式电源以及分布式发电等领域得到了广泛的应用，并逐步推进了 PEMFC 的商业化。

燃料电池具有的诸多特性使其广泛应用于电动汽车、航天飞机、潜艇、通信系统、中小规模电站、家用电源以及其他需要移动电源的场所。接下来就从燃料电池汽车、燃料电池轨道交通、燃料电池轮船动力领域为大家介绍质子交换膜燃料电池的实际应用。介绍各个领域的应用时，本书按照国家和地区进行区分，顺序为先国外后国内。

1.5.1　燃料电池汽车

汽车行业是燃料电池应用的一个重要领域，以 PEMFC 为动力的电动汽车正处于大规模产业化的前夜，其进一步的发展，有利于减少各国对化石能源的过度依赖，汽车尾气排放的减少也为我国雾霾的根治提供了一个可能的方案。目前全世界的汽车销售量处在快速发展的阶段，2015 年全世界的汽车销售量已经超过8700 万辆，预计 2025 年超过 11000 万辆。传统汽车以汽油和柴油为动力源，其燃烧产生大量有害气体污染空气，由此带来了汽车燃油短缺和环境污染等问题。因此，PEMFC 汽车的发展有望解决全球的能源短缺和环境污染两大问题。

早在 1966 年，通用汽车公司就开发了世界上第一辆燃料电池公路车辆（chevrolet electrovan），该车使用 PEMFC 为动力源，输出功率为 5kW，行驶里程约为 193km，最高时速可达 113km/h。近年来，美国、欧盟、日本和韩国等都投入了大量的资金和人力资源推动燃料电池汽车的研究。通用、福特、克莱斯勒、丰田、本田、奔驰等公司都相继研发出燃料电池汽车。

美国是燃料电池研发和示范的主要国家，从 20 世纪 90 年代开始，在美国能源部、交通部和环保局等政府部门的大力支持下，美国诸多知名汽车厂商（例如通用、福特等）都加大了对燃料电池技术的研发与实验。加拿大也拥有诸多非常著名的燃料电池品牌，其中巴拉德公司（Ballard Power System）更是燃料电池行业的领头羊。2007 年秋季，美国通用汽车公司启动了 Project Driveway 计划，将 100 辆雪佛兰 Equinox 燃料电池汽车投放到消费者手中，到 2009 年总行驶里程达到了 160 万公里。同年，通用汽车宣布开发全新的一代氢燃料电池系统，新系统与雪佛兰 Equinox 燃料电池汽车上的燃料电池系统相比，体积缩小了一半，质量减轻了 100kg，铂金用量仅为原来的 1/3。2011 年，美国燃料电池混合动力公共汽车实际道路示范运行单车寿命超过 1.1 万小时。美国在燃料电池混合动力叉车方面也进行了大规模示范，截至 2011 年，全美国大约有 3000 台燃料电池叉车，寿命达到了 1.25 万小时的水平。燃料电池叉车在室内空间使用，具有噪声低、零排放的优点。在客车方面，从 2014 年 8 月到 2015 年 7 月，美国燃料电池客车总计运行里程超过 104.5 万英里（1mile＝1609.344m），运行时间超过83000h，其技术可靠性得到了验证。

2003～2010 年，欧洲在 10 个城市示范运行了 30 辆第一代戴姆勒燃料电池客车，累计运行 130 万英里。这些车辆采用"电池＋12kW 的氢燃料电池"的动力形式。但是第一代纯燃料电池的客车，寿命只有 2000h，经济性较差。戴姆勒集团于 2009 年开始推出第二代轮毂电机驱动的燃料电池客车，主要性能达到了国际先进水平，其经济性大幅度改善，电池寿命达到 1.2 万小时。2013 年初，德国宝马公司决定与日本丰田汽车公司合作，由丰田公司向宝马公司提供燃料电池技术并开展研究。2015 年，德国各主要汽车和能源公司与政府共同在全国建立了广泛的氢燃料加注网络，已建成 50 个加氢站，为全国 5000 辆燃料电池汽车提供加氢服务。

日本在燃料电池技术领域的发展也不甘落后。丰田公司的 2008 年版 FCHV-Adv 汽车在实际测试中，能够在 −37℃ 顺利启动，一次加氢行驶里程 830km，其百公里耗氢量为 0.7kg。2014 年 12 月，丰田发布了 Mirai 燃料电池电动汽车。根据丰田的官方数据，在参照日本 JC08 燃油模式测试的情况下，其性能表现基本和 1.8L 汽油车相仿，Mirai 的续航里程达到 650km，完成单次氢燃料补给仅需约 3min，10s 内可以完成百公里加速，最高时速约为 161km/h，该车完全能够满足日常行车需求。Mirai 成为了首款投放市场的量产燃料电池汽车。而 2018 年款未来燃料电池汽车的性能得到进一步提高，单次充氢后续航将超过 700km，最大输出功率达到 113kW。另外，本田公司新开发的 FCX Clarity 燃料电池汽车，其性能与 Mirai 可以相媲美，能够在 −30℃ 顺利启动，最大输出功率高达 131kW，续航将超过 750km，单次加氢时间为 3~5min。日本政府宣布了关于氢能源的发展计划，计划到 2020 年保有 4 万辆燃料电池汽车，2025 年达到 20 万辆，2030 年达到 80 万辆，并同时配有 8000 个加氢站。

在政府的大力支持下，进入 21 世纪，中国的燃料电池汽车技术研发取得重大进展，初步掌握了整车、动力系统与关键部件的关键技术，基本建立了具有自主知识产权的燃料电池轿车与燃料电池城市客车动力系统技术平台，实现了百辆级动力系统与整车的生产能力。目前，中国燃料电池汽车正处于商业化示范运行考核与应用阶段。2008 年，20 辆我国自主研制的氢燃料电池轿车服务于北京奥运会；2010 年，上海世博会上成功运行了近 200 辆具有自主知识产权的燃料电池汽车。上汽集团拥有燃料电池汽车的整车技术，其 2015 年研发的荣威 950 Fuel Cell 插电式燃料电池车以动力蓄电池加氢燃料电池系统作为双动力源，氢燃料电池系统为主动力源，整车匀速续航里程可达 400km，并能在 −20℃ 的低温环境下启动。2017 年，上汽大通 FCV80 氢燃料电池轻客正式上市，单次加氢仅需要 3min，续航里程超过 400km。2017 年 4 月上海车展，福田欧辉燃料电池大巴正式上市发售，并斩获批量订单。据了解，福田欧辉多款燃料电池大巴将服务于 2022 年北京-张家口冬奥会。技术方面，该款燃料电池大巴加氢只需 10min，续航里程可达 500km。宇通也一直致力于燃料电池客车的开发，2016 年 5 月，宇通第三代燃料电池客车问世，其加氢时间为 10min，续航里程超过 600km。宇通表示，推出的第四代燃料电池产品，性能将再上一级。

我国燃料电池汽车产业的发展与国际相比，仍存在一定差距，如我国现阶段车用燃料电池的寿命还停留在 3000~5000h，燃料电池汽车中一些关键的部件如膜、碳纸等，依然大量依靠进口。因此，我国的氢能和燃料电池技术及其产业形成还需要长期努力，不断加强技术提升和创新，加快政策、标准、法规的建设和完善。

1.5.2　燃料电池轨道交通

现代有轨电车作为一种新型绿色的公共交通方式，具有节能环保、载运量大、舒适便捷、建设周期短、成本低、适应性强等特点。目前伴随国民经济的飞速增长，人们对于物质需求日益增长，在出行方面，体现为对于出行速度及出行质量更高的要求。与此同时，飞速增长的国民经济与步伐加快的城市化进程，使交通压力与日俱增，交通拥堵与交通工具尾气污染日益成为焦点问题。为此，国家"十三五"规划明确指出，国家将继续加强以轻轨和地铁为核心的城市轨道公共交通系统的建设，完善特大型、超大型城市的轨道交通网络；并且，加快 300 万以上人口城市的轨道交通网络建设。我国大中型城市主要通过大力发展城市轨道交通以应对巨大的交通压力，城市轨道交通系统主要包括地铁、轻轨、有轨电车以及磁浮等不同形式。地铁、轻轨运量大、成本高，适合大中型城市；有轨电车运量中等、成本适中，更适合中小型城市，在可预见的未来，其必将成为城市轨道交通体系中重要的组成部分。

2011 年，由西班牙铁路运营商西班牙窄轨铁路（FEVE）公司推出了一款氢燃料电池有轨电车。该车由两节有轨电车样车组成，长 13.4m，全重 20t，由两节 12kW 燃料电池提供动力，载客人数上限 30 人，最高时速 20km/h。

2013 年底，英国创新机构技术战略委员会 SBRI 出资 300 万英镑用于轻轨系统创新技术开发，8 月 14 日该机构对外宣布了第一批获得资助的四个项目，其主要内容为开发轻轨用燃料电池供电系统，分别是低成本电力供应系统、燃料电池动力轻轨系统、能量收集系统、节能电车系统。低成本电力供应系统由 Tram Power 公司负责，创新内容包括减少系统部件的数目，降低线路与铜线的用量等；燃料电池动力轻轨系统的开发由 Ynni Glan 公司负责，采用燃料电池动力系统的轻轨，动力牵引系统对外界环境的总体影响将极大降低；能量收集系统由 WITT 公司负责，收集轻轨在运动时产生的振动能量为辅助设备供电；节能电车系统由 Alta Innovations 公司进行研究，旨在提高轻轨使用燃料电池供电的效率，减少对周围环境的影响，降低轻轨的成本。

迪拜于 2015 年就开始测试该地区第一个，同时也是世界上第一个氢能燃料电池有轨观光电车系统。该系统由艾马尔地产公司承建，该公司认为它将改变迪拜市中心的交通方式，即将建成的电车系统将在一年内接纳 8000 万人次的游客。

它很快就会成为迪拜市中心的一个热门的旅游景点和交通方式。

法国轨道交通建设巨头阿尔斯通（Alstom）公司 2017 年 11 月 9 日宣布，由他们生产的世界首款以氢为能源的火车将于 2021 年在德国正式运行。不同于四方列车，由法国阿尔斯通打造的 Coradia iLint 是城间列车，现处于试运行中。除了续航更远，有一点与四方列车不同——它的氢气存于车顶，主要用于发电；驱动车辆依靠锂电池组，也就是说 Coradia iLint 的燃料电池动力系统是一个增程式的动力系统。阿尔斯通说，它已与德国下萨克森州一家铁路企业签订合同，将向对方提供 14 列氢燃料电池列车。这款列车已在德国成功进行了首次试运行。从 2021 年 12 月起，这款列车将在德国库克斯港、不来梅港、布克斯特胡德等城市间运行，最高时速为 140km，可以一次性跑 1000km。它将取代原先以柴油为动力的列车。至于氢燃料的来源，目前的说法是德国方面计划利用下萨克森州的风电来制造。

我国关于燃料电池的研究起步于 1958 年，但较晚时间才开始将燃料电池技术运用于轨道交通领域。虽然国内燃料电池轨道交通系统起步相对较晚，但在国内科研单位与高校的共同努力下，已经拥有一些较为成功的成果。2015 年 3 月 19 日，世界首列氢能源有轨电车在南车青岛四方机车车辆股份有限公司（简称南车四方股份）下线。这是继中国南车研制出世界首列储能式超级电容有轨电车之后的又一力作，它的问世填补了氢能源在全球有轨电车领域应用的空白，使我国一跃成为世界上首个掌握该技术的国家。这是一种主要面向城市公共交通应用的轻型列车，最高运行时速 70km，加满氢一次只需 3min，可持续行驶达 100km。该列车可全线无接触网运营，也不需要在沿途再设置充电站，解决了此前储能式有轨电车续航里程短的"瓶颈"问题。"按照目前国内有轨电车线路平均 15km 的里程计算，氢能源有轨电车加注一次氢，至少可以来回跑 3 趟。"南车四方股份总工程师梁建英说。据介绍，此次下线的氢能源有轨列车由南车四方股份从 2013 年起联合业内权威科研院所，历时近两年攻关，突破了将氢燃料电池应用于有轨电车的一系列关键技术，率先开发成功。该车载储氢瓶采用碳纤维材料，最高可承受相当于 1000kgf（1kgf＝9.80665N）的高压，其智能检测系统还可对氢燃料电池系统进行两级保护。此外，氢燃料电池在整个反应过程中最高温度不超过 100℃，不会产生氮氧化合物，唯一的产物是水，既安全又环保。梁建英表示，目前氢燃料电池技术在国际汽车业已开始商业化应用，但在轨道交通领域才刚起步，尤其在有轨电车领域尚属空白。氢能源有轨电车的问世，意味着继接触网式有轨电车和储能式有轨电车之后，以新能源应用为标志的现代有轨电车"3.0 时代"已经开启。2017 年 10 月 26 日，"唯一排放只有水"的世界首列氢燃料电池有轨电车在河北唐山唐胥铁路首次投入商业运营。经过 4 年多攻关，该公司率先突破了燃料电池/超级电容混合动力牵引和控制等一系列关键技术，研制的有轨电车完全取消受电弓和接触网，填补了世界该领域空白，实现污染物"零排放"和全程"无网"运行。该公司研制的世界首列商用型氢燃料混合动力 100% 低地板现代有轨电车，在当地举办的中国工业旅游产业发展联合大会上首次投入商业载客运营。据介绍，该列电车的运营全程为 13.84km，线路起始站为世园会站，途经唐山南站、开滦站、启新站，最终返回世园会站，一次快速加氢只需 15min，可持续行驶 40km，最高运行时速 70km。该列氢燃料电池有轨电车，无须架设接触网，不用沿途安装第三轨和充电桩，完整保留了百年唐胥铁路的原貌，建设工期短、无污染、零排放。电车采用 2 动 1 拖 3 辆编组，设乘客座位 66 个，最大载客量 336 人，可根据运营需求灵活增加编组和载客量。列车采用世界最先进的 100% 低地板技术，车厢地板距轨道面仅 35cm，不需站台；最小转弯半径仅 19m，可沿现有城市道路直接铺设轨道，在地面行驶和停靠，乘客轻松搭乘。

目前，中国大约有 40 个城市已经在计划建设有轨电车项目，计划建设现代有轨电车线路，预计投资将达 2000 亿人民币。

1.5.3　燃料电池轮船动力

船运行业作为经济全球化的主要载体，为世界范围内经济贸易做出了巨大贡献。而现在船舶航行主要是依靠船用柴油机提供动力，从而加剧资源枯竭以及生态环境的恶化。因此，绿色船舶已成为未来船舶发展的方向，燃料电池在船舶上具有广阔的运用前景。

国外自 20 世纪 90 年代以来，主要从事开发燃料电池在船舶上应用的生产厂商有：加拿大 Ballard 公司、德国 Siemens 公司及 HDW 造船公司。1990 年，HDW 公司改造了 209 级 1200 型潜艇，研制出了世界上第一型装备氢氧燃料电池的 212A 型潜艇，其储氢方式为金属氢化物。2003 年 10 月，德国的 MTU 公司开发出了使用加拿大 Ballard 公司 20kW 燃料电池的船舶 Sailing Boat，在航速为 6km/h 的情况下，航程为 225km。同年，美国的 Anuvu 公司公布了一艘 Sodium Borohydride Water Taxi 船舶，这艘船以燃料电池和蓄电池作为混合动力，储氢装置为液体硼氢化钠储氢系统。2008 年，德国 Zemships 项目的燃料电池推进船舶 Alsterwasser 下水运行，是世界上第一艘投入运营的燃料电池电力推进客船，其储氢方式为压缩氢气。2011 年，挪威 Fellowship 项目将 MCFC 燃料电池成功地安装在北海运营的一艘海洋工程供应船 Viking Lady 号上，这是全球第一艘通过燃料电池技术进行船上发电试验的营运船舶。

目前对于船用燃料电池系统的研究主要集中在欧洲，全球第一艘以燃料电池作为船舶电力来源的商业运营船舶，就是由欧洲几大船级社与企业（DNV、挪威航运集团、瓦锡兰、VIK SANDVIK、MTU）合作研制，该燃料电池系统功率为320kW，安装在一艘平台供应船"Viking Lady"上并成功运行。表1-2罗列了欧洲船用燃料电池系统研究项目。

表1-2 欧洲船用燃料电池系统研究项目

船名/项目名称	主要内容	负责企业	年份	燃料
Fellow Ship	320kW 的燃料电池系统作为海工供应船的辅助电力系统	Eidesvik Offshore，Wärtsilä，DNV	2003—2011 年	LNG
Viking Lady METHAPU Undine	20kW 的燃料电池系统作为辅助动力系统的测试	Wsllenius Martime，Wärtsilä，DNV	2006—2010 年	甲醇
E4Ships-Pa-X-ell MS MARIELLA	60kW 燃料电池在游客船 MS MARIELLA 号上的实船测试	Meyer Werft，DNVGL，Lürssen Werft	Phase 1：2009—2017 年；Phase 2：2017—2022 年	甲醇
River Cell	250kW 燃料电池系统用于内河巡逻船混合动力系统的实船测试	Meyer Werft，DNV/GL，Neptun Werft，Viking Cruises	Phase 1：2015—2017 年；Phase 2：2017—2022 年	甲醇
Zem Ship-Alsterwasser	德国汉堡的一艘小型客船测试（96kW）	Proton-Motors，GL，Alster Touristik GmbH，Linde Group Group	2006—2013 年	氢气
Nemo H$_2$	荷兰阿姆斯特丹的小型载客船实船测试（60kW）	Rederij Lovers	2012 年至今	氢气
Hornblower Hybrid	与柴油发电机一起作为混合动力系统的可行性研究（32kW）	Hornblower	2012 年至今	氢气
Hydrogenesis	位于布鲁塞尔的小型载客船的实船测试（12kW）	Bristol Boat Trips	2012 年至今	氢气
MF Vågen	小型载客船的实船测试（12kW）	CMR Prototech，ARENA-Project	2010 年	氢气
Class·212A/214 Submarines	燃料电池与柴油发动机组成的混合动力驱动潜艇（306kW）	CMR Prototech，ARENA-Project，ThyssenKrupp Marine Systems，Siemens	2003 年至今	氢气
SF-BREEZE	燃料电池系统用于高速载客渡轮的可行性研究（120kW）	Sandia National Lab.，Red and White Fleet	2015 年至今	氢气
Cobalt 233 Zet	燃料电池系统运用于小型快艇时峰值功率的研究	Zebotec，Brunnert-Grimm	2007 年至今	氢气

据国外网站报道：Fiskerstrand 控股公司宣布，将投入 7000 万挪威克朗用以支持氢能燃料电池渡轮的研发、设计及实际生产。该渡轮研发项目为 PILOT-E 项目组的五个试点项目之一。PILOT-E 项目组由挪威研究委员会、Enova 公司和 Innovation Norway 公司共同创立，致力于环境友好型能源技术产品和服务的开发、测试、试点和具体实施，以促进节能减排。PILOT-E 项目组将全程参与并敦促燃料电池渡轮的研发工作。该渡轮项目被命名为 HYBRID Ships，意为"氢能和电池技术用于船舶中的创新动力系统"。这个试点项目的目标是建成一艘在 2020 年内运行的混合动力渡轮。渡轮的主要动力将基于氢和燃料电池，为了确保节能运行，还将使用电池。通过进行特定的船舶设计，该项目还将验证 NMA（挪威海事局）关于在海运中使用氢作为燃料的批准程序。根据 Fisker Strand 的研发计划，渡轮的主驱动力基于氢能燃料电池。它还计划使用普通电池作为补充动力，因此该渡轮将是一艘混合动力渡轮。氢气原则上可以用不同的方式制取，但对于燃料电池渡轮来说，氢气通常来源于电解水或膜分离技术。电解水制取没有其他排放物，而对于膜分离技术，要对同时产生的 CO_2 进行后续处理。简而言之，氢能燃料电池渡轮通过船上储氢罐中的氢气和空气中的氧气反应产生电流和水。

再把目光转向德国，在 2017 年 8 月 25 日命名仪式后，MS innogy 号已经整备待发，开始了其在美丽巴尔登耶湖（Lake Baldeneysee）的绿色旅程。MS innogy 是德国第一艘由甲醇燃料电池供电的船只，由德国绿色能源领先分销商 Innogy 和埃森市联合开发。为船舶供电的甲醇燃料电池系统由丹麦燃料电池制造商 Ser Energy 研发和制造。甲醇作为未来具有巨大潜力的绿色燃料，被 Innogy 和 Ser Energy 看重，并由此合作开发。Ser Energy 甲醇燃料电池系统是一种模块化解决方案，可以根据客户的能源需求进行调整。根据客户能源需求进行定制功率是 Ser Energy 甲醇燃料电池系统的特有功能，若其他系统针对不同的用户，将需要更多的开发工作并对每个项目进行调整。MS innogy 燃料电池系统是一个 35kW 的系统，由一个机架中集成的 7 个 5kW 模块组成。整个能量系统由燃料电池系统和蓄电池组组成。其中，燃料电池作为增程器，允许船只在没有加注燃料的情况下航行整整一天。系统充分利用燃料电池的废热驱动甲醇重整过程，使得系统的效率高达 40%～50%。

再来看邻国日本，在 2009 年 5 月，日本国土交通省制定的《对于船舶行业中长期科研计划》中便提到了将燃料电池作为船舶电力推进系统来减少尾气排放。得益于日本燃料电池领域的技术优势，其在船用领域虽起步较晚但发展较快。2015 年初，在日本环境省的政策支持下，日本户田建设与雅马哈发动机联合开发氢燃料电池船舶，年底便在一艘渔船上实现了实船试航，其最高速度可达37km/h，每次加氢可运行2h左右。另外，三菱重工、Flatfield等企业对燃料电池在船舶领域的应用也有着持续的研究。

相较于国外，国内对于燃料电池船舶的研制还是比较滞后的。国内第一艘燃料电池游艇是北京富原燃料电池公司于2002年9月研发的富原1号，其额定功率为400W，电压24V，航速7km/h。上海海事大学成功研制出天翔1号试验船，该船采用空气作为氧气供应源，存储在钢瓶中的$14m^3$氢气作为燃料，电池功率2kW，可以用来旅游、运输等。

我国对民用船舶燃料电池系统的研究主要集中在高校与部分科研院所。我国对燃料电池的研究相对于国外较晚。目前上海海事大学"电力电子与电力传动"学科在上海市教委的支持下，利用重点学科经费，成立了"燃料电池电力推进"实验室，要把燃料电池运用到船舶上来，实现船舶的新能源电力推进。2017年12月21日，中船重工召开氢能源产业专题工作会议，听取产业发展情况汇报，研讨和部署后续工作，强调在氢能源全产业链上下工夫，以关键技术突破提升核心竞争力，把装备制造的优势转化为产业发展的胜势。

受成本、安全、寿命等多种因素影响，燃料电池在民用船舶领域目前尚不具备大规模商业化应用的条件，但是随着国际公约法规对船舶排放要求的日益严格，燃料电池系统卓越的排放性能有可能将其推向船舶动力市场的新风口，尤其是豪华游轮在船舶行业逐渐崛起的今天，燃料电池系统噪声低的优势完美满足了豪华游轮对舒适度的要求。目前限制船用燃料电池系统走向大规模商业化的是技术与成本问题，但随着技术的不断革新，燃料电池将有可能打破现有的船用动力系统格局，燃料电池能否成功"上船"，让我们拭目以待。

参 考 文 献

[1] Appleby A J. From Sir William Grove to today: fuel cells and the future. J Power Sources, **1990**, 29: 3-11.

[2] Ostwald F W. Die Wissenschaftliche Elektrochemie der Gegenwart und die Technische der Zukunft. Zeitschrift für Elektrotechnik und Elektrochemie, **1894**, 1: 81-84.

[3] Jacques W. Method of Converting Potential Energy of Carbon into Electrical Energy. US 555511A, **1896**.

[4] Thomas B F. Alkaline primary cells. US 2716670A, **1959**.

[5] Grubb W T, Niedrach L W. Batteries with Solid Ion-Exchange Membrane Electrolytes: II. Low-Temperature Hydrogen-Oxygen Fuel Cells. Journal of The Electrochemical Society, **1960**, 107: 131-135.

第2章
催化剂材料及电催化机理研究进展

2.1 电极反应

2.1.1 阳极反应

质子交换膜燃料电池中的阳极反应是阳极电催化剂表面的氢气氧化反应（hydrogen oxidation reaction，HOR）。当铂作为阳极催化剂时，氢气在铂表面的电催化氧化反应机理大致包含 3 个基本步骤[1]（Pt 代表 Pt 催化剂的表面，H-Pt 代表吸附在 Pt 表面的 H 原子，e^- 代表电子）：

$$H_2 + 2Pt \rightleftharpoons 2H\text{-}Pt \qquad \text{Tafel 反应} \qquad (2\text{-}1)$$

$$H\text{-}Pt + H_2O \rightleftharpoons Pt + H_3O^+ + e^- \qquad \text{Volmer 反应} \qquad (2\text{-}2)$$

$$H_2 + Pt + H_2O \rightleftharpoons H\text{-}Pt + H_3O^+ + e^- \qquad \text{Heyrovsky 反应} \qquad (2\text{-}3)$$

一般来说，任何一种反应历程一定会包括 Volmer 反应，所以，HOR 反应存在两种最基本的反应历程：Tafel-Volmer 途径和 Heyrovsky-Volmer 途径。对于 Tafel-Volmer 途径，H_2 在 Pt 表面首先发生解离吸附（Tafel 反应），两个吸附的 H 原子分别失去一个电子并脱离 Pt 表面，形成两个质子和两个电子。而对于 Heyrovsky-Volmer 途径，H_2 的单电子氧化反应和化学吸附同时发生，生成一个吸附的 H、一个质子和一个电子，吸附的 H 可以继续发生单电子氧化反应。

由于 H_2 在 Pt 金属上的电氧化动力学过程非常快，因此 Pt 是目前用于

HOR 催化反应最好的催化剂，通常采用高分散的 Pt/C 催化剂，当 Pt 载量降至 0.05mg/cm^2 时电池性能并不会明显下降。

2.1.2 阴极反应

质子交换膜燃料电池中的阴极反应是阴极电催化剂表面的氧气还原反应 (oxygen reduction reaction，ORR)。O_2 在酸性电解质中的四电子还原反应可以表示为：

$$O_2 + 4H_3O^+ + 4e^- \longrightarrow 6H_2O \tag{2-4}$$

阴极 ORR 的热力学平衡电位为 1.23V (vs. NHE，298 K)，ORR 电极电位与平衡电位之间的电位差为驱动该反应的过电位 (overpotential)。过电位与燃料电池的工作效率直接相关，过电位越高，燃料电池工作效率越低。高效电催化剂的作用是在较低的过电位下获得需求的电流密度。

但是，即使在氧还原性能最好的铂电极上，阴极氧还原的过电位也通常在 0.25 V 以上。因此，对 PEMFCs 技术来说，通常为了能达到额定的输出电流，装置在工作时的阴极过电位高达 0.4 V，并且也只有在阴极担载较多的贵金属催化剂时才能实现。Gasteiger 等[2] 通过研究发现，采用现有性能最好的 Pt/C 催化剂作为阴极催化剂时，Pt 的载量需达到接近 0.4mg/cm^2。如果进一步降低 Pt 载量，会使电池在低电流密度区出现因 ORR 动力学损失而导致电池电压下降的现象，因此阴极需要比阳极更高的 Pt 载量以维持电池的性能。由于 Pt 的储量有限 (仅为 66000t)，其价格昂贵。2011 年全球 Pt 的产量为 200t，如果采用目前的技术 (每台燃料电池汽车 50g/100kW)，将所有 Pt 都用来生产燃料电池汽车，也只能生产出 400 万辆。因此，为了推动以质子交换膜燃料电池为动力源的电动汽车的大规模产业化进程，就必须大幅降低阴极的 Pt 载量，可行的方法是开发高性能氧还原电催化剂。

2.2 ORR 电催化机理

ORR 的可逆性差，极化严重，动力学过程是复杂的四电子过程，反应过程中有多种中间态物种，如 H_2O_2、中间态含氧吸附物种 ($O_{2,ad}$ 和 OH_{ad} 等) 等，中间产物造成 ORR 过程的过电位可达 0.2V，甚至更高。因此，深入理解 ORR 过程对于开发高活性 ORR 电催化剂具有重要的意义。

关于复杂的 ORR 反应过程，文献中的研究较多，但略有不同。其中 Wroblowa 等[3] 提出的 ORR 反应过程给出了比较合理的解释，如图 2-1 所示。根据该反应过程，O_2 首先吸附于电催化剂表面，形成吸附态的氧。吸附态的氧通过不同的反应途径发生反应：当吸附态的氧通过四电子途径直接电化学还原为 H_2O 时，该途径为"直接四电子过程"。当吸附态的氧通过两电子途径形成中间产物 H_2O_2，H_2O_2 直接从催化剂表面脱附时，则为"两电子还原过程"；H_2O_2 继续被还原为 H_2O 时，则称为"间接四电子过程"或"H_2O_2 过程"；H_2O_2 在电催化剂表面分解（催化分解或化学分解）为 H_2O 和 O_2，生成的 O_2 可以继续进行 O_2 还原反应，该过程称为"电化学-化学还原过程"。

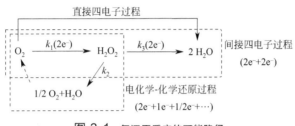

图 2-1　氧还原反应的可能路径

2.2.1　Pt 表面的 ORR 反应机理

复杂的 ORR 过程包含多步电子和质子的转移，通过研究可以判断 ORR 动力学过程的速控步，并找到过电位产生的原因，因此，从原子级别上了解 ORR 过程非常重要，由此可以确定设计高性能电催化剂的依据。关于 ORR 在不同电催化剂表面的反应机理，已经有了大量研究文献。Pt/C 电催化剂具有较高的 ORR 催化活性，对 O_2 在 Pt 电催化剂表面的还原反应机理的研究也最多。目前人们对总体 ORR 反应动力学与金属表面电子特性间的关系认识还不全面，尽管存在着一个被广泛接受的理论（第一个电子转移步骤是多步反应中的速控步，然后一个快速的质子转移），但随着新研究方法的出现，有关 ORR 机理的新理论也不断涌现。有关 ORR 反应机理的研究总结如下：

如图 2-2 所示，首先，O_2 扩散到电催化剂表面，形成吸附的氧气分子（O_2^*，* 代表催化剂表面的活性位）。随后，根据 O—O 断裂的步骤可以将 O_2^* 的还原机理分为三种途径。第一种途径称为解离途径，即 O—O 键直接断裂形成 O^* 中间产物，O^* 中间产物相继被还原为 OH^* 和 H_2O^*。第二种途径称为缔合途径，即 O_2^* 首先被还原为 OOH^*，后 OOH^* 中的 O—O 键断裂形成 O^* 和 OH^* 中间产物，中间产物继续被还原。第三种途径称为过氧化物途径，也称为二次缔合途径，即 O_2^* 在 O—O 键断裂前依次被还原为 OOH^* 和 $HOOH^*$，而后发生 O—O 键断裂形成 OH^*，中间产物继续被还原。

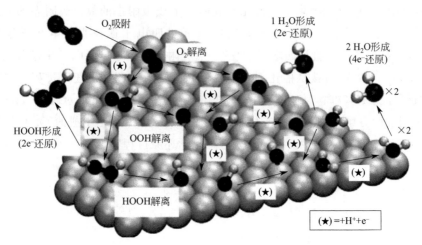

图 2-2 Pt（111）表面可能的 ORR 机理

中间产物（例如 O^*、OOH^*、OH^* 等）是 ORR 过程发生的关键，而中间产物的直接实验证据很难得到，理论计算的相关研究已经给出了大量证据。Nørskov 及其合作者[4,5]通过密度泛函理论（density functional theory，DFT）计算证明，电催化剂表面氧物种的吸附是过电位产生的原因。高电压时，电催化剂表面的氧吸附物种稳定，质子和电子的转移困难，当电压降低时，吸附氧的稳定性降低，即可发生氧还原反应。因此，含氧物种与电催化剂表面的键能直接决定着电催化剂的催化活性。高活性电催化剂的表面与中间产物间的键能应该适当，吸附键能太弱，会影响电子和质子向吸附氧的传递；吸附键能太强，生成的 H_2O 很难脱附，会占据活性位使得该活性位无法再吸附 O_2，降低电催化剂的 ORR 活性。中间产物与不同电催化剂表面的键能不同的根本原因是电子结构，相对于 Fermi 能级（最高占据轨道），金属 d 带的位置越高，电催化剂表面与中间产物的作用越强。因此，中间产物与电催化剂的键能适当时，电子结构得到优化，即可得到更高的 ORR 催化活性。不同金属电催化剂表面吸附氧（O^*、OOH^*、OH^*）的键能与氧还原活性之间的关系（图 2-3）为"火山形曲线"[6,7]。众多金属中，Pt 与其他金属（如 Fe、Co、Ni 等）相比，电催化剂表面与 O^*、OOH^* 或 OH^* 的吸附键能强度相对合适，具有较高的 ORR 活性。根据图 2-3 的曲线可知，Pt 与吸附氧的键能并不是最合适的，当电催化剂表面与吸附氧的键能比 Pt 稍弱时，会拥有更高的 ORR 活性，且当吸附键能比 Pt 弱 0.2eV 时，电催化剂会拥有最高的 ORR 活性。

2.2.2 非贵金属电催化剂的 ORR 反应机理

目前对 ORR 反应机理的讨论，通常是基于辅助实验和模拟计算进行的一系

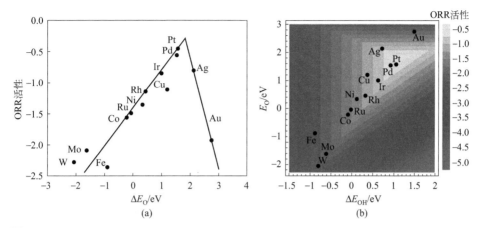

图 2-3　O 结合能与 ORR 活性的关系（a）及 O 结合能和 OH 结合能与 ORR 活性之间的关系（b）

列假设。非贵金属催化剂的 ORR 机理由于研究时间短，催化中心复杂且不明确，较 Pt 基贵金属更不清楚。对于过渡金属氮碳类催化剂（M-N-C），研究者们认为它们的催化机理都是类似的。以铁氮碳类催化剂 Fe-N-C 为例[8]，Fe-N-C 催化的 ORR 从二价 Fe 开始，在酸性条件下可能是以 N_4Fe^{II}—OH_2 的形式开始。O_2 吸附在 N_4Fe^{II}—OH_2 上的同时得到一个电子和一个质子，具体如以下方程式所示：

$$N_4Fe^{II}—OH_2+O_2+H^++e^-\longrightarrow N_4Fe^{III}—O—OH+H_2O \qquad (2\text{-}5)$$

之后反应可能有两条途径：

途径 1，N_4Fe^{III}—O—OH 得到一个质子和一个电子，脱去一个水，生成高价 Fe 氧自由基，之后继续得到电子和质子，最终又脱去一个水，回到水合二价 Fe 的形式。具体步骤如下：

$$N_4Fe^{III}—O—OH+H^++e^-\longrightarrow N_4Fe^{IV}=O+H_2O \qquad (2\text{-}6)$$

$$N_4Fe^{IV}=O+H^++e^-\longrightarrow N_4Fe^{III}—OH \qquad (2\text{-}7)$$

$$N_4Fe^{III}—OH+H^++e^-\longrightarrow N_4Fe^{II}—OH_2 \qquad (2\text{-}8)$$

途径 2，N_4Fe^{III}—O—OH 再得到一个质子和一个电子生成 H_2O_2，而催化活性位吸附一个水后回到水合二价铁形式，具体如下：

$$N_4Fe^{III}—O—OH+H^++e^-\longrightarrow N_4Fe^{II}+H_2O_2 \qquad (2\text{-}9)$$

$$N_4Fe^{II}+H_2O\longrightarrow N_4Fe^{II}—OH_2 \qquad (2\text{-}10)$$

途径 1 中，O_2 直接得到四个质子和四个电子，属于 ORR 的直接四电子途径，在反应过程中必须生成四价 Fe 中间态。而途径 2 中，O_2 只得到两个质子和两个电子，属于 ORR 的二电子途径。Van Veen[9] 认为四价 Fe 在 Fe-N-C 催化

ORR 中是可能存在的，但是必须在较高的过电位下，这可能也解释了为什么 Fe-N-C 催化剂在高过电位下为直接四电子途径，在低电位下为二电子途径。根据这一观点，由于 CoN_4 难以生成高价态的 Co，所以 CoN_4 催化的 ORR 通常为生成 H_2O_2 的二电子途径。

Anderson 和 Sidik[8] 认为，高价态过渡金属氮碳化合物中间态难以生成，可能还存在另外一条反应途径。生成 N_4Fe^{III}—O—OH 之后，N_4Fe^{III}—O—OH 再得一个质子和一个电子，但是并不解离生成 H_2O_2，而是 O—O 键断裂，生成一个水，之后进一步得到质子和电子，最终 O 被完全还原，具体如下面方程式：

$$N_4Fe^{III}—O—OH+H^++e^- \longrightarrow N_4Fe^{II}(OH—OH) \tag{2-11}$$

$$N_4Fe^{II}(OH—OH)+H^++e^- \longrightarrow N_4Fe^{III}—OH+H_2O \tag{2-12}$$

$$N_4Fe^{III}—OH+H^++e^- \longrightarrow N_4Fe^{II}—OH_2 \tag{2-13}$$

由于该途径的中间态 N_4Fe^{II}（OH—OH）的结构与活性位 N_4Fe^{II} 吸附 H_2O_2 的结构是一致的，所以理论上如果过渡金属氮碳化合物的 ORR 从该路径发生，那么该催化剂应该对 H_2O_2 还原具有比较高的催化活性，但是这与很多实验结果矛盾。可见，过渡金属氮碳化合物催化 ORR 的机理还很模糊，但目前有一个公认的观点是第一个电子的传递是酸性条件下 ORR 的速率控制步骤。

2.3 电催化剂的评价方法

2.3.1 三电极体系

对于电催化剂的性能表征，一个重要的方法是将电催化剂、醇、水及质子传导树脂按一定比例混合制成浆液，然后喷涂或刷涂在质子交换膜或气体扩散层上，热压获得膜电极，采用单电池测试的方法进行催化性能的评价，并以此方法来比较不同电催化剂的性能。然而，膜电极的制备条件对电催化剂性能评价有非常大的影响，电池测试得到的是电催化剂的总体性能，而无法对电催化剂表面的催化反应机理进行深入研究。旋转圆盘电极（rotating disk electrode，RDE）和旋转环盘电极（rotating ring-disk electrode，RRDE）测试方法则克服了单电池测试方法的缺点，不但可以简单、快速地表征电催化剂的性能，而且可以进一步研究电催化剂表面的 ORR 机理。具体测试方法为：将电催化剂涂在玻璃碳电极表面，形成催化剂薄膜，然后在特定环境下进行测试，得到电催化剂的电化学性能。

循环伏安法（cyclic voltammetry，CV）是电极反应动力学和机理研究中最常用的电化学暂态实验方法，通过控制电极电位以不同的速率随时间以三角波形扫描，使电极上能交替发生不同的还原和氧化反应，并记录电流-电势曲线，即循环伏安曲线。图 2-4 为 Pt/C 催化剂典型的 CV 曲线，分为五部分：H 的吸附峰、双电层区、表面 Pt 的氧化峰、Pt 氧化物的还原峰、H 的脱附峰。根据 CV 曲线中氢在 Pt 电极的脱附曲线，可以计算电催化剂的电化学活性比表面积（electrochemical surface area，ECSA），即单位质量铂具有的电化学活性的表面积，常用单位为 m^2/g。其计算公式如下：

$$ECSA = Q/(mC) \tag{2-14}$$
$$Q = S/v \tag{2-15}$$

式中，Q 为 CV 曲线中除去双电层后氢脱附峰的总电量；m 为电极上 Pt 的担载量；C 为 Pt 表面单层吸附氢的单位吸附电容，$210\mu C/cm^2$；S 为 CV 曲线中 Pt 的氢脱附峰的积分面积；v 为 CV 测试过程中的扫速。ECSA 是评价铂基电催化剂的重要参数之一。

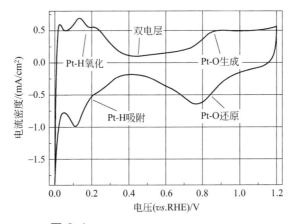

图 2-4 Pt/C 催化剂典型的循环伏安曲线

线性扫描伏安法（linear sweep voltammetry，LSV）是将线性电位扫描（电位与时间为线性关系）施加于工作电极和参比电极之间，测量流过工作电极和辅助电极之间的电流，得到极化曲线。图 2-5 为典型的 ORR 极化曲线，分为三部分：动力学控制区、动力学-扩散混合控制区和扩散控制区。在动力学控制区，ORR 反应速率慢，所以只有小的电流或几乎没有电流出现，并且当电位降低时电流密度增加的速度慢。而在动力学-扩散混合控制区，随着电位值的逐渐降低，作为得电子的 ORR 反应速率加快，曲线表现为电位的降低会使电流密度显著提高，氧还原反应的快慢由反应的本征动力学速率与氧的扩散速率共同决定。在扩散控制区，反应的本征动力学速率超过氧的扩散速率，即电催化剂表面可以发生的氧还原反应速率已经远远超过了氧气从电解液主体扩散到电催化剂表面的速率，氧还原反应的快慢由氧的扩散速率决定，极化曲线会在这一区域形成一个电流密度值不随电位变化而变化的极限电流密度平台。ORR 极化曲线中有两个参数可以用来代表电催化剂的 ORR 电催化活性，即起始电位（onset potential，E_{onset}）和半波电位（half-wave potential，$E_{1/2}$）。半波电位是电流密度为极限电流密度的一半时对应的电位值。起始电位指极化曲线中动力学控制区与动力学-扩散混合控制区的交界点的电位值，但其在不同文献中的具体测量方法不同。例如，起始电位指电流密度为极限电流值的 5% 时对应的电位值[10]，电流密度为 0.1 mA/cm² 时对应的电位值[11]，或动力学-扩散混合控制区极化曲线斜率最大处切线与电流密度为 0 的交点[12]。

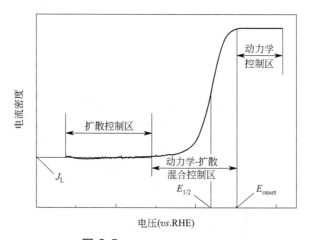

图 2-5　典型的 ORR 极化曲线

根据需要，测试不同电极转速下的 ORR 极化曲线可以计算电催化剂 ORR 过程中的电子转移数。电子转移数通过 Koutecky-Levich（K-L）方程进行计算：

$$1/I_D = 1/I_K + 1/(B\omega^{1/2}) \tag{2-16}$$

式中，I_D 是测量得到的电流；I_K 是动力学电流；ω 是电极的转速，r/min（计算时可以使用弧度单位）；B 是斜率的倒数，可以根据 Levich 方程进行计算。

$$B = 0.62nFAC_0D_0^{2/3}v^{-1/6} \tag{2-17}$$

式中，n 是一个氧分子的电子转移数；F 是法拉第常数，96485C/mol；D_0 是 O_2 的扩散系数；C_0 是 O_2 在电解液中的浓度；v 是电解液的动力学黏度。

旋转环盘电极（rotating ring-disk electrode，RRDE）是在 RDE 的基础上发展起来的一种电化学测量技术，也是检测电化学反应中中间产物的重要方法。若圆盘电极上进行还原反应，生成的中间产物会被液流带至环形电极上，如果在环形电极上预先施加只能使中间产物发生氧化的电位，则此时在环形电极上可以出现氧化反应的电流。对于 ORR 测试，可以根据以下公式计算氧还原过程中电催化剂上 H_2O_2 的产生率和电子转移数（n）：

$$H_2O_2 \text{ 产生率} = \frac{200 I_R/N}{I_D + I_R/N} \tag{2-18}$$

$$n = 4 \times \frac{I_D}{I_D + I_R/N} \tag{2-19}$$

式中，I_D 是盘电极上的法拉第电流；I_R 是环电极上的法拉第电流；N 是盘电极对 H_2O_2 的收集效率。

2.3.2 单电池

有关 PEMFC 中催化剂、电极、质子交换膜、双极板等性能的评估方法有很多，例如 CV、RDE、RRDE、交流阻抗（EIS）等，然而单个元件的性能好坏，无法呈现整个燃料电池性能。因此，有必要将上述元件组合成单电池（single cell），并且在固定其他影响因素的条件下进行性能测试，以确定上述元件对电池性能的影响。一般而言，进行 MEA 的性能测试时，可以采用的电极面积缩小到 $0.5 \sim 5 cm^2$。典型的 PEMFC 单电池的结构如图 2-6 所示。

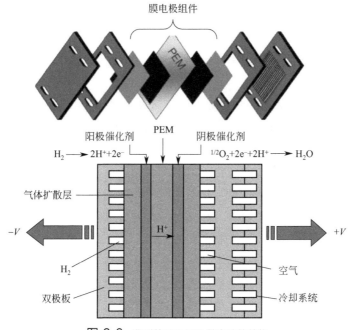

图 2-6 典型的 PEMFC 单电池的结构

PEMFC 主要由膜电极组件和带流场的集流板组成。

燃料电池内部是基于电化学反应的氧化还原过程，测试反应电流和电极电位是表征电化学反应最直接和有效的方法。在氧化还原标准电极电位基础上，过电位越大则反应越剧烈，对电池而言表现为电势差降低，也叫作极化过程；反应电流的大小体现了此时电化学反应进行的速率快慢。一般关心电池的输出特性和功率，实际考察的参数为电池的电压、电流密度和功率密度，通常使用电池的电流密度-电压曲线和电流密度-功率密度曲线来评价质子交换膜燃料电池的性能。图 2-7 是一个典型的质子交换膜燃料电池单电池的放电性能曲线。

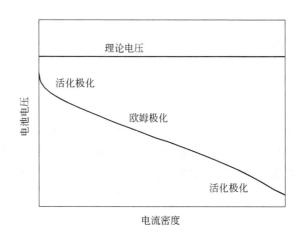

图 2-7 质子交换膜燃料电池单电池的放电性能曲线

质子交换膜燃料电池的理论开路电位为 1.229V，但是由于多种因素的影响，电池的实际开路电压（open circuit voltage，OCV）达不到理想值，一般在 1.000V 左右。比如少量氢气会从阳极侧经质子交换膜直接渗透到阴极，产生混合电位，降低电池开路电压。因此，在电池测试时可通过电池的 OCV 评价膜电极的质子交换膜。在电池放电过程中，还存在着三种主要的电压损耗，分别被称为活化极化、欧姆极化和传质极化。

活化极化又叫作电化学极化，是电池两侧电极发生电化学反应时电荷转移过程中发生的极化过程，主要表现为在低电流密度放电时，电池电压随着反应电流的提高迅速降低到 0.8V 左右。在电池使用中，增加反应温度、提高反应物的浓度等电池运行方式的优化均有利于加快电极反应的动力学过程，从而降低活化极化的过电位；而使用高性能的电催化剂以及增加膜电极的三相反应区同样可以改善活化极化的程度。因此，在电池测试中可以通过电池性能曲线的活化极化区评价催化剂和膜电极的三相反应区等。

欧姆极化是电池内离子和电子传输过程中阻力导致的压降，主要体现在电池极化曲线的中间部分。其中，膜电阻是欧姆电阻的主要部分。Nafion 膜需要有一定的湿度才能正常传输质子，温、湿度的变化会导致质子传导能力的巨大差异。对 Nafion-117 膜而言，高温高湿度（82℃，100％湿度）时的电导率是低温低湿度（24℃，10％湿度）时的 400 倍。优化质子交换膜的质子传导能力，优化电池内各导电部件的电导率和接触电阻，有利于改善电池的欧姆极化过程，提高电池的实际性能。

传质极化又称为浓差极化，发生在电池极化曲线的后半部分。膜电极内发生的是电催化反应，反应物需要到达催化剂表面的位置参与反应，生成物也要从这个位置排出。当反应速率足够大时，生成的水不能及时排出，原料气无法顺利到达电极表面，导致电极表面附近的反应物浓度迅速降低，进而导致电池电压降低。在电池使用中，通过调整原料气体的流速和压力等操作方式可以延缓电池的传质极化过程；而在电池的测试中，也可通过电池性能曲线的浓差极化区评价电池的水管理等。

2.3.3　催化剂研究目标

电催化剂是燃料电池的关键材料之一，其作用是降低反应的活化能，促进氢、氧在电极上的氧化还原过程，提高反应速率。电催化剂层通常由电催化剂和质子交换树脂溶液制备而成，属薄层多孔结构，具有氢氧化或氧还原电催化活性，催化剂层厚度一般在 $5\sim10\mu m$。

目前 PEMFC 催化剂层中 Pt 载量较高，燃料电池汽车需要的铂约为 50g/辆轿车和 100g/辆大巴车，在兼顾燃料电池成本和性能的同时，降低 Pt 用量是一个巨大的挑战。表 2-1 列出了 MEA 和催化剂的技术指标。其中，铂族金属（PGM）总含量为小于 0.10g/kW；在高低电压循环加速老化下，催化剂质量活性损失＜40％。为促进车用燃料电池的大规模商业化，进一步研发新型电催化剂、降低贵金属用量、提升耐久性势在必行。MEA 和催化剂的技术指标见表2-1。

表 2-1　MEA 和催化剂的技术指标

性能	单位	现状	2025 年目标
散热（$Q/\Delta T_i$）	kW/℃	1.45	1.45
MEA 成本	美元/kW	11.8	10
铂族金属（PGM）总含量	g/kW	0.125：105	≤0.10
循环寿命	h	4100	8000
0.8V 的性能	mW/cm^2	306	300

续表

性能	单位	现状	2025 年目标
质量活性损失	%	40	<40
0.8A/cm² 的性能损失	mV	20	≤30
电催化剂载体稳定性(质量活性损失)	%	—	≤40
1.5A/cm² 的性能损失	mV	>500	≤30
质量活性(@900mV iR-free)	A/mg PGM	0.6	0.44
非贵金属电催化剂活性(@900mV iR-free)	A/cm²	0.021	0.044

2.4　铂黑催化剂

2.4.1　制备方法

（1）化学还原法

化学还原法是制备金属纳米粒子最常用的一种方法。它一般是在金属盐溶液中加入还原剂，使金属离子还原生成金属纳米粒子。为了实现形状控制，溶液中通常要加入适当的表面活性剂或者其他添加剂，通过晶面择优吸附或者选择性地刻蚀晶面，调控各晶面相对生长速度，同时防止金属纳米粒子的团聚。常用的添加剂有聚乙烯吡咯烷酮（PVP）聚甲基丙烯酸，十六烷基三甲基溴化铵（CTAB），十二烷基硫酸钠（SDS），以及一些具有刻蚀作用的无机物如 Fe^{3+}、O_2、Cl^-、Br^- 等。通过改变金属前驱体和添加剂的浓度和相对比例以及金属离子还原速度，就可实现对金属纳米粒子的形状和表面结构的控制。

（2）微乳法

在油包水型（W/O）微乳液中，微小的"水池"是由表面活性剂和助表面活性剂所构成的单分子层包围成的微乳颗粒，其大小为几至几十个纳米，它们彼此分离，构成拥有很大界面的"微反应器"。利用这种微反应器来制备 Pt 纳米颗粒，可限制粒子的生长，防止粒子团聚，且其粒度可由水与表面活性剂的比例来加以调控。与其他化学法相比，微乳法制备的粒子不易聚结，大小可控，分散性好，且该方法设备、工艺简单，是一种具有良好发展前景的纳米粒子制备方法。自 1982 年 Boutonnet 等[13] 首次采用微乳法制备贵金属纳米材料以来，微乳技术在纳米材料方面的应用取得了很大发展。

（3）电化学法

电化学法也是一种制备金属纳米粒子的常用方法。该方法通常是在导电基底上，通过阴极还原制备金属纳米粒子或者薄膜，所得到的负载有金属的电极可直接用于电催化研究。电化学法最大优点在于可以很方便地通过改变电极电位（或者电流密度），调控金属的成核速度、密度，以及纳米粒子的生长或溶解速度，从而控制金属纳米粒子的生长。此外，电沉积时由于金属纳米粒子被固定在电极表面，显著消除了团聚现象，镀液中可以不加稳定剂，这有利于催化性能研究。常用的电化学法有恒电位、恒电流、脉冲电压（电流）沉积法等。通过控制沉积电位、电流密度、镀液浓度以及溶液中的添加剂（酸根阴离子或表面活性剂）可以调控晶面的择优取向。与化学还原法相比，通过电沉积实现形状控制的难度较大，电极表面上通常包含多种形状的纳米粒子，并且比较不规则，仅在一些特殊场合才能得到单一形状的规则多面体金属纳米晶体。

2.4.2　晶面的影响

铂的单晶表面具有明确的原子排列结构，是研究电催化反应的理想表面模型。铂单晶的基础晶面和一些典型高指数晶面的原子排列模型如图 2-8 所示：（111）和（100）晶面最平整，原子排列紧密，表面没有台阶原子；（110）晶面的结构较开放，含有台阶或扭结原子。这些晶面上的原子配位数存在很大差异：（111）晶面上的原子配位数为 9，（100）晶面为 8，（110）晶面上台阶原子的配位数均为 7。配位数越少的原子，越倾向于结合其他物质，化学活性越高。因此，通过晶面结构效应，可以获得表面结构与反应性能的内在规律，认识表面活性位的结构和本质，阐明反应机理，为微观领域设计和研制高性能催化剂提供指导。

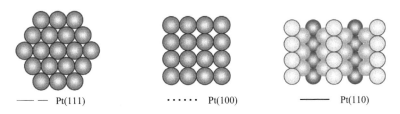

—— Pt(111)　　…… Pt(100)　　—— Pt(110)

图 2-8　铂的（111）、（100）和（110）单晶表面的原子排布

晶体中通过空间点阵任意三点的平面称为晶面，用密勒指数（hkl）表示。绝大部分的金属属于面心立方（fcc）晶格，各晶面在球极坐标立体投影的单位三角形，如图 2-9 所示。三个顶点分别代表（111）、（100）、（110）晶面，称为基础晶面（或低指数晶面）；其他晶面称为高指数晶面（h、k、l 中至少有一个大于 1），它们位于三角形的三条边（[001]、[1̄10] 和 [01̄1] 三条晶带）和三角形内部。位于三角形三条边上的晶面称为阶梯晶面。

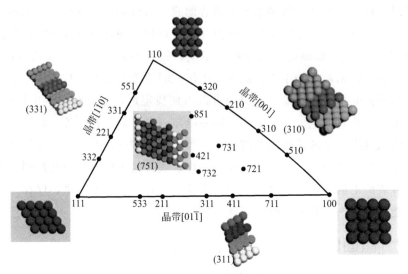

图 2-9　单晶面立体投影的单位三角形

对 PEMFC 铂基纳米催化剂的研究表明，晶面的原子排列结构对催化活性和选择性有很大影响。例如：Pt(111) 晶面的表面能、对 ORR 的催化活性都高于 Pt(100) 晶面；Pt(100) 晶面对氧的选择性吸附能力强于 Pt(111) 晶面；在 H_2SO_4 电解质中，Pt(100) 晶面解吸附氢的电位比 Pt(111) 晶面高。

对贵金属催化剂表面的研究主要集中在两种表面现象上。一种表面现象是在外部条件的诱导下，催化剂的表面原子由于力学不平衡，打破原有的对称性，发生侧向位移，建立起新的稳定表面。为了降低表面自由能，表面原子会重新排列，发生构型和形貌的变化，称为表面重构。另一种表面现象叫作表面分离，合金催化剂常发生表面分离，由于不同金属元素的表面分离能不同，导致表面或近表面原子纵向迁移，发生形貌空间区域中组分的变化。不论表面重构还是表面分离都能直接影响催化剂表面的电学性质、磁学性质、抗腐蚀性、催化活性等物理化学性质，因而引起广泛关注。

早期对于单晶 Pt 电极的研究已证实，ORR 活性对催化剂晶面具有很大的依赖性，发现在无吸附性的 $HClO_4$ 电解液中，ORR 活性大小在具有不同晶面的单晶 Pt 上服从以下关系：Pt(110)＞Pt(111)＞Pt(100)[14]。在吸附性 H_2SO_4 电解质溶液中，由于 HSO_4^- 在 Pt 不同晶面的吸附性不同，如 HSO_4^- 在 Pt(111) 晶面的吸附强度远大于 Pt(100) 晶面，因此，Pt 的不同低指数晶面的 ORR 活性顺序为：Pt(110)＞Pt(100)＞Pt(111)[15]。之后的研究从单晶晶面转移到纳米尺度晶面，通过建立晶面调控合成纳米催化剂的策略，显著提高了 Pt 的 ORR 活性。

相对于低指数晶面，一些高指数晶面由于具有大量的原子阶梯位、边缘位和扭角位，可以表现出显著增强的催化活性。近年来高指数晶面包围的纳米晶体的制备取得了很大进展。例如，厦门大学的孙世刚研究组[16]采用方波电位法制备了（730）、（210）和（520）包围的Pt二十四面纳米晶体；夏幼南研究组[17]采用简单的液相还原法制备了（510）、（720）和（830）包围的Pt凹面纳米立方体。这些高指数晶面包围的Pt纳米晶体具有很高的催化活性，特别是比表面积活性，但其催化机制仍未探究清楚。

2.4.3 形貌的影响

特定形貌的铂纳米粒子具有自身特有的晶面种类和数目，如立方体有6个（100）晶面、切角八面体有6个（100）和8个（111）晶面、二十面体有20个（111）晶面。晶面原子排布、电子结构的差异化导致了不同的电催化活性和选择性，如铂（111）晶面的表面能、对氧还原反应的催化活性都高于（100）晶面；（100）晶面选择吸附氧的能力强于（111）晶面，在硫酸电解质中（100）晶面解吸附氢的电位比（111）晶面高。同时，纳米粒子常通过形成不规则的晶面和缺陷，以改变催化剂与反应体系固有的热力学和动力学性质。表面能是影响粒子形貌的主要因素，各向同性的无定形材料以减小比表面积的形式来降低总表面能；不同形貌的晶体粒子常形成低指数晶面的紧密堆积结构，以降低表面能和过剩自由能。因此，通过控制铂纳米材料的形貌，从而暴露高活性晶面，是提高铂电催化剂ORR活性的重要方法。

1996年El-Sayed课题组[18,19]开创了Pt纳米晶体的形貌和尺寸控制合成研究，证实了不同形貌的铂纳米粒子差异化的电催化活性，同时提出随着电催化剂边、角原子比例的增加，催化电子转移反应速率呈指数增加。例如，对于粒径相近的四面体（5nm）、立方体（5nm）、近球体（切角八面体，5nm）铂纳米粒子，其边、角原子占表面原子总数的比例分别为35％、4％、13％。四面体纳米粒子边、角上的原子不仅有高的化学反应活性，而且容易扩散而产生缺陷，使其电催化活性显著提高；立方体纳米粒子的大多数原子都位于（100）晶面上，但（100）晶面有最高的活化能，使其电催化活性明显降低；近球体纳米粒子同时具有（100）与（111）晶面，而且这些晶面的分界处存在大量的边、角原子，从而使其电催化活性介于四面体与立方体之间。进一步研究表明，特定晶面上不同的原子结构、电子排布也能引发显著的电催化性能差异。之后，研究人员发现，化学合成的铂纳米晶体趋向于暴露低指数晶面（100）、（110）和（111），因为其热力学性质更稳定，表面能也更小。为了通过控制纳米粒子的形貌来使其暴露活性更高的晶面，研究人员需要选择合适的制备方法和反应参数，如前驱体、还原剂、封端剂、溶剂、添加剂、反应温度、pH 值、表面活性剂等，逐渐制备出了八面体、二十四面体、三角针状、树枝状等各种形貌的铂系纳米催化剂（见表2-2），以提高电催化活性。

表 2-2　在溶液中合成不同形貌的铂系纳米催化剂

前驱体	还原剂	表面活性剂	添加剂/方法	反应条件	形貌
乙酰丙酮铂	H_2	OLA	—	70℃	切角八面体
四氯铂酸钾	AA	F127	—	超声	树枝状
四氯铂酸钾	乙醇	PVP	HCl	煮沸	多臂铂纳米星
铂纳米球	—	—	方波电位	电解池	二十四面体
六氯铂酸钾	H_2	PVP	—	pH=9	立方体、四面体
氯铂酸	EG	PVP	$AgNO_3$	煮沸	切角八面体
氯铂酸	EG	PVP	$NaNO_3$	160℃	四针状
乙酰丙酮铂	HDD	HAD、ACA	二苯醚	130℃	平面三角针状
乙酰丙酮铂	ACA	HDA	氩气	170℃	多针状
四氯铂酸钾	AA	SDS	—	65℃	树枝状
四氯铂酸钾	硼氢化钠	CTAB	—	pH=1.7、7.0	树枝状
氯铂酸	PVP	PVP	$FeCl_3$	水浴	多八面体
氯铂酸	甲酸	PVP	—	30℃	海胆状
六氯铂酸钾	EG	PVP	Fe^{3+}	110℃	海胆状
四氯铂酸钾	硼氢化钠、H_2	CTAB	—	50℃	立方体、多孔状
六氯铂酸钾	H_2	OLA	—	不同温度	树枝状
四氯铂酸钾	AA	CTAB	—	25℃	纳米轮状
氯铂酸	甲醇	HMM-1	光照	鼓风	纳米线

文献报道的 Pt 纳米粒子选择性暴露的晶面大多为高 ORR 活性的 Pt(111) 晶面。而根据研究，虽然 Pt(110)、Pt(111) 和 Pt(100) 晶面都具有较高的 ORR 活性，但无论在 $HClO_4$ 还是 H_2SO_4 电解质溶液中，Pt(110) 晶面都具有更高的活性。由于 Pt(110) 晶面比表面能较高，难以在纳米粒子中稳定存在，因此相关研究也较少。Song 等人利用脂质体和光催化剂组成的微观反应环境制备得到了 Pt 纳米片[20]，进一步优化制备过程得到由相互交织的 Pt 纳米薄片组成的三维泡沫状 Pt 纳米结构[21]，将该泡沫状 Pt 担载到炭黑载体表面得到的电催化剂[22] 具有明显优于商业 Pt/C 的 ORR 活性，其主要原因就是 Pt(110) 晶面的优势暴露，并且二维 Pt 纳米薄片结构大大提高了电催化剂的稳定性。除了低指数晶面 Pt 纳米材料的制备及其 ORR 活性的研究外，文献还对高指数晶面 Pt 纳米材料进行了研究，并显著提高了 ORR 活性，其原因是高指数晶面 Pt 纳米材料具有更高密度的棱原子、顶角原子和台阶原子。但是，高指数晶面 Pt 纳米材料中存在的大量棱原子、顶角原子和台阶原子在燃料电池运行环境中不能稳定存在，并且制备方法不适合大规模生产，从而限制了高指数晶面 Pt 纳米材料的发展。

2.5　Pt/C 催化剂

2.5.1　粒径大小

对氧还原反应，催化剂中纳米颗粒的粒径大小对 ORR 活性的影响显著，并且已经有了大量的研究。对于纳米粒子尺寸的精细调控，通常采用质量比活性（MA）和面积比活性（SA）来评价催化剂的 ORR 活性。MA 表示单位质量催化剂的活性，体现催化剂材料的利用率；SA 表示单位电化学活性面积上催化剂的活性，体现催化剂表面的本征活性。Pt 纳米粒子的尺寸对催化剂 ORR 活性影响规律见图 2-10。催化剂的 MA 与纳米粒子的粒径之间的关系呈"火山形"曲线，当纳米颗粒的粒径为 2～4nm 时，催化剂具有最高的 MA[23-25]。当纳米粒子的尺寸较小时，Pt 纳米颗粒中配位不饱和的 Pt 较多，与含氧物质的作用力较强，无法应用于氧还原反应，即可以催化 ORR 的 Pt 活性位点较少，催化剂活性较低。随着 Pt 纳米颗粒尺寸的增加，暴露的 Pt(111) 晶面的比例随之增加，Pt(111) 晶面与含氧物质的作用力较弱，可以增强催化剂的 ORR 活性。但当纳

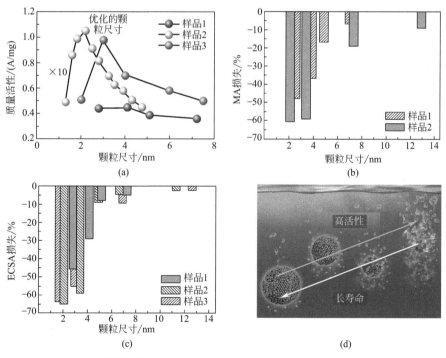

图 2-10　催化剂颗粒粒径与电催化活性之间的关系

米粒子的粒径继续增大时，则会使纳米颗粒的比表面积明显下降，即电化学活性面积（ECSA）也下降。

同样，纳米粒子的尺寸大小与催化剂的耐久性也存在一定的联系。在催化反应过程中，纳米颗粒会发生奥斯特瓦尔德熟化作用，即小颗粒的溶解和在大颗粒表面的再沉积，使催化剂中的纳米颗粒尺寸长大，降低电催化剂的活性。因此，通常粒径较大的电催化剂具有更好的耐久性。文献报道，经过加速老化试验（accelerated durability test，ADT）后，2nm 的铂纳米颗粒比 5nm 和 7nm 铂颗粒的 ECSA 降幅更大[23,26,27]。同时，2nm 的电催化剂的 MA 降幅达到了 48%，远高于 5nm 和 7nm 的样品。催化剂的单电池测试也显示了相同的规律。经过 10000 圈的测试，2nm 的电催化剂的 ECSA 从 69m^2/g 降到了 25m^2/g，降幅达到了 63.8%，远高于 7nm 的样品 9.4% 的降幅（32m^2/g 降到了 29m^2/g）。

总之，催化剂颗粒粒径与电催化活性和耐久性之间的关系为：当纳米颗粒尺寸减小时，活性增加，而耐久性降低。因此，在保持纳米电催化剂的高活性的同时，提高催化剂的耐久性对 ORR 电催化剂的设计合成是至关重要的。

2.5.2　降解机制

在实际工作条件下，阴极 Pt/C 催化剂会发生铂溶解、纳米铂颗粒迁移团聚以及催化剂载体碳的腐蚀现象，尤其是电势循环、启/停操作和燃料饥饿都会加剧催化剂的衰减。理解阴极催化剂电化学活性面积（ECSA）减小的原因是研究电池寿命衰减的关键。研究表明，Pt/C 催化剂 ECSA 的减少可归纳为 4 种机制[28,29]：①碳载体上 Pt 微晶的迁移合并，形成尺寸更大的颗粒；②电化学奥斯特瓦尔德熟化；③铂颗粒溶解，然后在离子导体中沉积；④碳载体腐蚀导致的铂颗粒的分离和团聚。图 2-11 示出其中的 3 种机制。

第一种机制——微晶的迁移合并机制是指在电池工作的过程中，碳载体表面的铂纳米颗粒迁移合并长大。这种机制并不包含铂的溶解现象。此机制潜在驱动力是使铂颗粒总的表面能最低。这种颗粒尺寸增长机制会产生一种特殊的尺寸分布，在颗粒尺寸分布图中，小尺寸处会出现峰值，并且曲线的尾部会朝向大尺寸方向。值得注意的是：大多数支持微晶迁移机制的实验数据都是在电势低于 0.8V 的条件下获得的，而电势在 0.8V 以下时 Pt 的溶解度很低，因此在这种情况下 Pt 的溶解可忽略不计。

第二种机制是指铂颗粒溶解，再在大颗粒上沉积，亦称为电化学奥斯特瓦尔德熟化。如果铂颗粒部分可溶，那么由于小颗粒具有更大的化学势，将会优先溶解。溶解的 Pt 离子通过电解质迁移到大颗粒的表面，与此同时电子通过碳载体

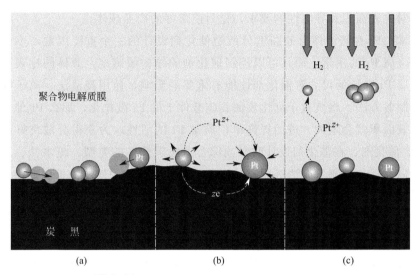

图 2-11　燃料电池中 Pt/C 催化剂的 3 种降解机制

传输到大颗粒表面，于是 Pt 在大颗粒的表面重新沉积下来。随着颗粒尺寸的减小，化学势会逐渐增加，铂颗粒的溶解会加速。大颗粒的长大是以溶解小颗粒为代价的，总的效果是使系统总自由能下降。Honji 等[30] 报道在 0.8V 以上铂颗粒开始长大，并且电极中总的铂颗粒数减少。在高电势的条件下，溶解沉积机制起主导作用。

第三种机制也涉及铂的溶解，然而与第二种机制不同的是，溶解的 Pt 离子会扩散到质子交换膜中，并被从阳极扩散过来的 H_2 还原成 Pt 沉积下来。Pt 离子向电解质中扩散的驱动力是电渗拖拽或者浓度梯度。在新鲜的和老化的膜电极中都可以检测到可移动的 Pt(II) 和 Pt(IV) 离子。随着老化时间的延长，这些离子的浓度逐渐增大，并且这些离子在质子交换膜中的迁移能力很强。

2.5.3　载体

碳材料具有多孔、比表面积大和价格低廉等特点，是燃料电池催化剂中应用最为广泛的载体。首先，碳载体作为一种支撑材料，可使贵金属纳米粒子固定在其表面，并将贵金属纳米粒子物理地分开，避免因团聚而失效，从而提高金属纳米粒子的利用率和使用寿命；其次，碳载体与金属纳米粒子之间的相互作用不但可以影响催化活性和稳定性，还将改变催化剂表面的电子状态，通过协同效应，进而提高催化剂的催化活性和选择性。在 PEMFC 电催化剂的研究中最常用的是 Cabot 公司的 Vulcan XC 72 炭黑，它的平均粒径约为 30nm，比表面积为 $250m^2/g$，中孔和大孔达 54% 以上，电导率 2.77～4S/cm，能基本满足电催化剂载体对比表面积和导电性的要求，是目前最好的商品载体。

通常，Pt在碳载体上的高度分散是催化剂设计的一个重要因素，不仅可以减少贵金属Pt的用量，而且可以控制催化剂的结构敏感度。载体的比表面积和活性金属Pt颗粒的尺寸对催化剂性能有重要的影响，使用浸渍法、离子交换法等许多制备方法，将负载于高比表面积碳载体上的Pt微粒化，那么Pt催化剂的活性比表面积就会增大，进而提高单位质量Pt的活性。为获得分散良好的高活性Pt/C催化剂，在催化剂设计时必须综合考虑碳载体的类型、疏水性、表面的官能团以及催化剂制备方法等因素。碳载体的多孔结构为气体的扩散提供了有利的通道，并与疏水性一起控制着阴极催化层的排水性能。催化剂活性组分Pt与碳载体之间的相互作用对催化剂的活性有很大的影响，而它们之间的相互作用主要取决于碳载体表面活性基团的性质，具有较低浓度的酸性基团和含有S—、N—官能团的炭黑能够增加催化剂的活性。碳载体的表面性质还会影响到催化剂中毒物从活性金属Pt表面向碳载体的扩散，其含氧官能团可以看作是电子的给予体或接受体，能够改变金属催化剂的电化学能力和吸附特性，影响其氧化活性。另外，利用浸渍法制备催化剂时，碳载体表面的酸碱性、Pt前驱体的离子形式、浸渍溶液的pH值和载体的ζ-电势（Zeta-potential）等条件决定了前驱体与载体之间的作用力情况，从而影响到Pt在碳载体上的分散程度[31,32]。碱性炭黑在酸性介质中表面是带正电的，与阴离子具有强烈的相互作用；相反，炭黑呈酸性时，在碱性介质中表面带负电，与阳离子有强烈的相互作用。例如，当以氯铂酸为催化剂的前驱体时，Pt源在溶液中是以 $[PtCl_6]^{2-}$ 阴离子的形式存在，那么载体表面最好呈现正电荷状态。对一般的碳载体材料来说，高度分散的Pt颗粒很难获得较好的稳定性，为了加强高分散Pt催化剂的稳定性，通常需要优化催化剂负载过程或对碳载体结构进行调整，或对其表面进行官能团化处理。有时为增加碳载体的石墨特性，还需高温处理。对载体进行的这些预处理都能够影响Pt催化剂的活性。

表2-3　不同碳材料的比表面积、孔隙、电导率及负载型催化剂性能[33,34]

碳材料	比表面积/(m²/g)	孔隙	电导率/(S/cm)	负载型催化剂性能
炭黑(XC 72R)	254	微孔	4.0	金属颗粒分散性好,低金属载量,金属颗粒稳定性差
碳纳米管(CNTs)	400～900(SWCNT) 200～400(MWCNT)	微孔介孔	$10\sim10^4$ 0.3～3	金属颗粒分散性好,抗腐蚀性强
碳纤维(CNFs)	10～300	介孔	$10^2\sim10^4$	金属颗粒分散性好,气体扩散性好,抗腐蚀性差

碳材料	比表面积/(m²/g)	孔隙	电导率/(S/cm)	负载型催化剂性能
有序介孔碳（OMC）	400～1800	介孔	10^{-3}～1.4	金属颗粒分散性好，导电性差，抗腐蚀性差
碳凝胶	400～900	介孔	>1	金属颗粒分散性好，气体扩散性好，石墨化程度低，抗腐蚀性差
碳纳米角（CNH）	150	微孔	3～200	金属颗粒分散性好，导电性好，抗腐蚀性强
掺硼金刚石（BDD）	2	—	1.5	抗腐蚀性强，比表面积小，金属颗粒分散性差

　　然而研究表明，炭黑类碳载体的腐蚀是导致电催化剂性能衰减的重要因素之一。尽管具有较高石墨化特征的碳纳米管、碳纳米纤维等新型碳材料在抗腐蚀性方面优于炭黑（常用碳载体及负载型催化剂的物理性质见表2-3），但仍未能从根本上解决其在长时间工作过程中的腐蚀问题。因此，寻求能在PEMFCs的苛刻（高湿度、强酸性、高电位等）运行条件下抗氧化、抗腐蚀的稳定载体材料，具有极为重要的现实意义。非碳材料如碳化物、氧化物、复合型氧化物、亚化学计量钛氧化物 Ti_nO_{2n-1} 等，因在燃料电池工作环境下具有较高的稳定性，引起了广泛关注，并已取得了一些很好的研究成果。Ti与Pt同属d区元素，外电子结构有相似性，二者易发生外电子间的相互作用。近期在燃料电池催化剂活性及稳定性研究中，TiO_2 用作载体有较多报道。2009年Popov等人[35]以介孔 TiO_2 为载体制备了 Pt/TiO_2 电催化剂，大大提高了电催化剂的耐久性和抗腐蚀性。但由于 TiO_2 的导电性较差，DiSalvo等人[36]和Hwang等人[37]又以导电性更高的 $Ti_{0.7}Mo_{0.3}O_2$ 为载体制备了 $Pt/Ti_{0.7}Mo_{0.3}O_2$ 电催化剂，该电催化剂在酸性电解质溶液中同时显示了比商业Pt/C电催化剂更高的ORR活性和稳定性（图2-12）。活性提高的原因是载体 $Ti_{0.7}Mo_{0.3}O_2$ 可以为Pt纳米颗粒提供电子，提高Pt表面原子的d带中心，达到修饰Pt电子结构的目的，提高催化剂活性。电催化剂具有高稳定性的原因是：载体 $Ti_{0.7}Mo_{0.3}O_2$ 在酸性电解液中具有比炭黑更好的稳定性，可以有效提高载体在催化剂测试过程中的抗腐蚀性；同时，$Ti_{0.7}Mo_{0.3}O_2$ 与Pt具有更强的金属-载体之间的相互作用，防止铂纳米颗粒的脱落。

　　提高贵金属铂的利用率，开发高活性、高稳定性的低铂催化剂对推动聚电解质膜燃料电池商业化具有重大意义，探索合适的载体材料以延长催化剂的使用寿命被视为最现实有效的方法之一。目前普遍采用的Pt/C电催化剂在电化学过程

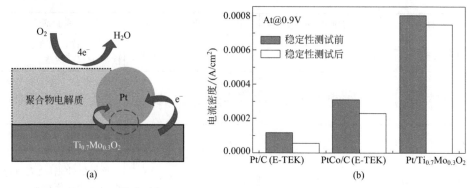

图 2-12　Pt/Ti$_{0.7}$Mo$_{0.3}$O$_2$ 电催化剂及其电化学性能

中炭黑的腐蚀加剧了 Pt 烧结、团聚、脱落、流失，严重影响催化效率和使用寿命。无机非碳载体材料大多在抗腐蚀性方面优于碳载体，但在电导率、表面积、稳定性等方面多少存在不足，如氧化物材料大多数是半导体，电导率较低，会造成电极内阻增大，降低电催化效率；碳化物、氮化物和硼化物载体材料在高氧还原电位下有可能逐步向氧化物转化；亚化学计量钛氧化物（如 Ti$_4$O$_7$ 和 Ti$_5$O$_9$ 等）虽然具有较高的电导率和耐氧化特性，但目前合成的材料颗粒较大，形貌控制较困难。

2.6　Pt-M 合金催化剂

为了降低贵金属 Pt 在燃料电池中的用量，将储量大、低成本的过渡金属 M（M＝Ni、Co、Cr、Mn、Fe 等）与 Pt 形成铂基合金（Pt-M）电催化剂，不仅可以降低电催化剂成本，也可以提高燃料电池的 ORR 电催化活性。目前二元或三元铂合金体系如 PtPd、PtAu、PtAg、PtCu、PtFe、PtNi、PtCo、PtW 和 Pt-CoMn 等已被报道具有显著提高的 ORR 活性。研究表明，Pt-M 电催化剂的 ORR 活性高于 Pt 电催化剂的主要原因为：过渡金属 M 与 Pt 形成合金后，Pt 的原子结构和电子结构得到优化，Pt-Pt 间距缩短，从而影响吸附物种（反应物、中间产物、产物）在 Pt-M 合金表面的吸附强度，有利于氧的双位解离吸附，提高催化剂的 ORR 活性。过渡金属 M 对 Pt 原子结构和电子结构的影响可以总结为几何效应和电子效应。几何效应指原子半径不同的过渡金属 M 与 Pt 形成合金时，会使 Pt 的晶格收缩或拉伸，改变 Pt-Pt 的原子距离。电子效应是指形成 Pt-M 合金后，Pt 得到或失去电子，d 带中心的位置发生变化。Pt-M 合金的几何效应和电子效应相互作用，影响着合金电催化剂的电化学性能，不同的过渡金属

M 与 Pt 形成的合金，几何效应和电子效应不同，ORR 活性不同。

2.6.1　二元合金催化剂

合金的 ORR 性能很大程度上依赖于 3d 过渡金属的种类，不同过渡金属的引入会使得 Pt 的电子结构（d 带中心）发生不同程度的变化，从而改变 Pt 表面对含氧中间物种的吸附特性。研究表明，一个好的 ORR 催化剂吸附氧物种的能力应比纯 Pt 稍弱，其与氧物种结合能应比纯 Pt 低 0.2eV 左右。Stamenkovic 等人[38] 研究了 Pt₃M 合金电催化剂（M＝Ni、Co、Fe、Ti、V）的表面电子结构（d 带中心）与 ORR 活性之间的关系，见图 2-13。Pt₃M 的 ORR 活性与 d 带中心位置的关系呈现出"火山形"关系，即适中的 d 带中心位置能够带来最高的 ORR 活性，Fe、Co、Ni 是制备 Pt-M 合金电催化剂的良好过渡金属元素。

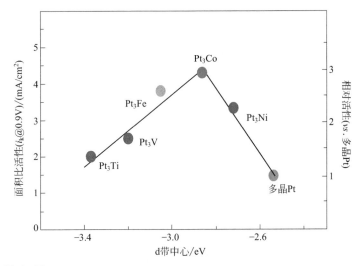

图 2-13　Pt₃M 表面 ORR 的实验测量面积比活性与 d 带中心位置之间的关系

大量的 Pt-M 合金电催化剂的制备与电化学性能研究表明，Pt-M 合金电催化剂的 ORR 活性与合金材料的组分和表面结构密切相关。例如，调控纳米合金颗粒暴露的晶面可以进一步增强合金催化剂的活性。Stamenkovic 等[39] 发现在 HClO₄ 溶液体系中，直径约为 6mm 的 Pt₃Ni(111) 单晶 RDE 表面催化 ORR 的面积比活性比 Pt(111) 表面约高一个数量级，是 Pt/C 催化剂的 90 倍（图 2-14），而其他低指数面 [Pt₃Ni(100) 和 Pt₃Ni(110)] 的面积比活性远不及 Pt₃Ni(111)。这个发现给研究者带来极大的兴趣，如果能够制备全为（111）包围的纳米尺度晶体，那就有望将面积比活性提高两个数量级（对比最佳 Pt/C 催化剂面积比活性）。Carpenter 等[40] 以 N,N-二甲基甲酰胺为溶剂，在水热条件下合成了粒径为 9.5nm 的 PtNi 八面体，其面积比活性和质量比活性高达 $3.14mA/cm^2$，是商业化 Pt/C 催化剂的 10 倍。Zou 等[41] 以 $W(CO)_6$ 为形貌调控剂，采用高温有机溶剂法制备了以（111）晶面包围的 Pt_3Ni 纳米八面体和以（100）晶面包围的 Pt_3Ni 纳米四面体。其中，Pt_3Ni 纳米八面体的活性是 Pt_3Ni 纳米四面体的 5 倍，Pt_3Ni 纳米八面体的面积比活性和质量比活性分别是 Pt/C 的 7 倍和 4 倍。然而这些已报道的纳米八面体的活性值远远低于在单晶上的研究值，这种差距形成的主要原因是在制备纳米多面体过程中使用的形貌控制剂会强吸附在产品表面，造成部分活性位点的覆盖。

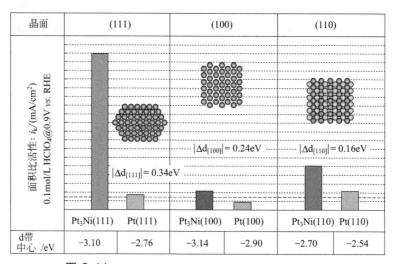

晶面	(111)		(100)		(110)	
面积比活性: i_k/(mA/cm²) 0.1mol/L HClO₄@0.9V vs. RHE	$Pt_3Ni(111)$	Pt(111)	$Pt_3Ni(100)$	Pt(100)	$Pt_3Ni(110)$	Pt(110)
d带中心 /eV	-3.10	-2.76	-3.14	-2.90	-2.70	-2.54

图 2-14　Pt_3Ni 表面形貌和电子结构对 ORR 活性的影响

进一步在多面体中导入中空结构可以增加活性位点的利用率。例如，Yang 和 Stamenkovic 等[42] 在这方面取得了巨大的进展，他们首先制备了 $PtNi_3$ 多面体，后经过腐蚀得到 Pt_3Ni 纳米骨架（Pt_3Ni nanoframes），最后将纳米骨架负载在碳上，得到了一种比表面积活性惊人的催化剂（Pt_3Ni/C nanoframes），该合金电催化剂具有高的质量比活性和面积比活性，分别是商业 Pt/C 电催化剂的 36 倍和 22 倍。该电催化剂同时还具有出色的耐久性能，经过 $0.6\sim1.0V$ 范围内 10000 次循环电位扫描后，其形貌和活性几乎没有发生变化。

Pt_3M 合金中，会出现过渡金属溶解过程（去合金化），造成催化剂表面粗糙，催化剂比表面积增大。美国通用汽车公司（GM）等研究了去合金催化剂（$D-PtCo$、$D-PtCo_3$ 以及 $D-PtNi_3$）微观形貌随合金前驱体尺寸以及去合金条件等的影响，发现空气条件下去合金程度大于氮气条件下去合金程度，颗粒尺寸大于 13nm 的合金前驱体颗粒在空气中易于形成多孔结构。另外，GM 公司等还研究了 D-PtNi₃/C 的 ORR 活性以及稳定性随去合金酸性溶液种类、去合金时间、去合金温度以及后续是否热处理等的变化情况。实验发现，D-PtNi₃/C 的 ORR 活性、H₂/空气燃料电池大电流功率输出性能以及耐久性受去合金条件影响很大，目前在 ORR 活性以及其耐久性方面，D-PtNi₃/C 能够达到 DOE 的性能要求，但是在大电流功率输出性能方面，其耐久性还欠缺，需要进一步研究其耐久性差的原因并寻找缓解措施。GM 公司等初步认为 Ni²⁺ 进入质子交换膜不是造成 H₂/空气大电流区域输出功率严重衰减的原因，铂合金比表面积减小（<50m²/g）造成局域 O₂ 传质阻力增大与严重衰减关系性更大，从而提出提高初始催化剂比表面积或者改善电极结构来缓解衰减。

2.6.2 多元合金催化剂

除了二元合金电催化剂的电化学活性比商业 Pt/C 电催化剂的性能有所提高，第三种或更多的过渡金属的加入，可能使二元合金催化剂的结构得到进一步的调整，使得多元合金电催化剂的活性和耐久性都有所提高。基于对双金属催化剂组分和结构的理解，针对高催化活性但是有溶解问题的 Pt-Ni 双金属体系，已经有一系列的多组分研究。例如，Mueller 等人[43] 将过渡金属掺杂的 Pt₃Ni 正八面体担载到碳材料上，得到了高活性的 ORR 电催化剂，并考察了过渡金属 M（M＝V、Cr、Mn、Fe、Co、Mo、W、Rh）对电催化剂性能的影响。结果表明，Mo-Pt₃Ni/C 电催化剂具有较高的 ORR 性能，面积比活性和质量比活性分别为 $10.3mA/cm^2$ 和 $6.98A/mg$，是商业 Pt/C 电催化剂的 81 倍和 73 倍，显著提高了三元电催化剂的 ORR 活性。根据理论计算，在氧化环境中钼原子倾向于占据超级顶点/边缘的位点，钼的掺杂可以降低表面镍的平衡浓度，增加表面 Pt/Ni 空位生成能，限制镍原子从纳米粒子中的溶解速率。Strasser 等人[44] 则证实了当铑的添加量超过 3％时，Pt-Ni 纳米颗粒即使经过 30000 次电势循环，仍可以保持其八面体形状，而未添加铑的铂纳米颗粒经过 8000 次循环就已经破裂。值得注意的是，是铂原子的运动而不是镍的溶解导致 Pt-Ni 纳米粒子八面体的分解。通过掺杂少量的铑，可以降低铂原子的迁移速率，抑制 Pt-Ni 八面体的分解。厦门大学的孙世刚院士研究组[45] 对 PtCu 八面体中掺杂微量的金进行了类似的研究。通过掺杂痕量金（$m_{Au}:m_{Pt}＝0.0005$），催化剂的质量比活性可达到 $1.2A/mg$，在 10000 次电势循环后活性损失仅为 8％。由此可见，当铑或者金原子占据关键位点时，很少量的掺杂原子在防止八面体分解上就起到了关键作用。因此，第三种金属的掺杂可以有效地提高双金属铂基纳米晶体的稳定性和活性，这表明三金属合金策略是解决与铂基纳米晶体相关的性能问题的有前途的方法。

2.7 核壳结构电催化剂

核壳（core shell）结构电催化剂的制备是降低铂基电催化剂中 Pt 用量的又一个有效方法。核壳结构电催化剂是指以非铂材料为核，以 Pt 或 PtM 为壳的电催化剂。该结构可以使 Pt 的活性位充分暴露在电催化剂表面，提高贵金属 Pt 的利用率；外部的富铂壳层可以保护内部非贵金属核，有效缓解合金中非贵金属的溶解问题，提高催化剂稳定性；内核原子与壳层 Pt 的协同作用（几何效应和电子效应），还可以进一步提高电催化剂的活性。

（1）几何效应

由于内核组分的原子半径与 Pt 不同，造成壳层 Pt 的原子间距被压缩或拉伸，进而影响电催化剂表面的氧结合能，当 Pt 在原子半径大的内核上形成壳层结构时，假设 d 电子总量保持恒定，费米能级（d 电子填充轨道的顶端）保持不变，原子间距被拉伸，d 带被压缩，d 带中心相对于费米能级升高，氧结合能增大；反之，Pt 原子间距收缩，d 带变宽，d 带中心降低，氧结合能减小。

（2）电子效应

由于 Pt 和内核组分的相互作用，改变了 Pt d 电子的总量，Pt 获得 d 电子，费米能级升高，相当于 d 带中心降低，Pt 表面氧结合能变小；反之，Pt 失去 d 电子，费米能级降低，相当于 d 带中心升高，Pt 表面氧结合能变大。

虽然几何效应和电子效应常无法区分，但均可以改变 Pt 表面含氧物种的结合能，进而调整电催化剂的氧还原活性，为核壳电催化剂的优化提供了一条可行的途径。

2.7.1 制备方法

影响催化剂活性的因素很多，如催化剂表面的微观形貌和状态，特定化学环境下的稳定性，以及反应物和产物在催化剂中的传质特性等。其中，催化剂表面的微观形貌和状态包括催化剂的颗粒尺寸、分散度，与制备方法密切相关。采用不同的制备方法得到的催化剂微观形貌和状态有很大的不同，从而对催化剂活性产生很大的影响。因此，选择合适的方法是制备燃料电池催化剂的关键。常见的核壳结构电催化剂的制备方法如图 2-15 所示，主要包括去合金化法、Pt 偏析法和分步制备法。

① 去合金化法 ［图 2-15 中（a）和（b）］是指首先制备 Pt-M 合金电催化剂，后用酸腐蚀或电化学腐蚀的方法将合金电催化剂的表面去合金化，即将表层

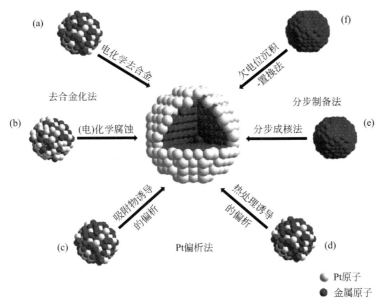

图 2-15 核壳结构电催化剂基本合成方法的示意图[46]

合金中的过渡金属 M 腐蚀溶出，使电催化剂表层为 Pt 壳层，形成以 Pt-M 合金为核，Pt 为壳的核壳结构电催化剂。例如，Strasser 等人[47] 首先制备了 Pt-Cu 合金纳米颗粒，后采用电化学腐蚀的方法将合金表层的 Cu 腐蚀溶解，得到核壳结构电催化剂，该电催化剂具有高于商业 Pt/C 电催化剂 4 倍的 ORR 质量比活性。

② Pt 偏析法 [图 2-15 中（c）和（d）] 是指对 Pt-M 合金电催化剂进行适当的处理，从而诱导表层合金发生偏析，使合金表面形成 Pt 原子层，获得核壳结构电催化剂。例如，Abruña 等人[48] 制备了 Pt_3Co 合金电催化剂，然后对合金电催化剂进行热处理，使表层的合金结构中富集更多的 Pt，形成具有 2～3 原子层的 Pt 壳。得到的电催化剂的质量比活性是未热处理的电催化剂的 2 倍，耐久性也得到显著提高，在 5000 圈的耐久性测试后催化剂的活性几乎没有降低。

③ 分步制备法 [图 2-15 中（e）和（f）] 是指分步制备电催化剂的内核和外壳，先制备非铂的纳米颗粒作为内核，再用化学还原法、原子层沉积法或欠电位沉积-置换法在内核外沉积 Pt 外壳。其中，原子层沉积法（atomic layer deposition，ALD）是指将 Pt 的气相前驱体通入反应器，其在非铂纳米颗粒上发生化学吸附并反应而形成 Pt 纳米壳层的方法。而欠电位沉积（under potential deposition，UPD)-置换（galvanic replacement）法是指利用电化学的方法在略正于某种金属的平衡电位下，将此金属沉积于内核表面，然后利用 Pt 置换沉积在内

核表面的金属，在内核表面形成 Pt 外壳。例如，Song 研究组[49] 利用相转移法制备了 Pd_3Au 合金纳米颗粒，后用 ALD 方法在 Pd_3Au 纳米颗粒表面沉积了 Pt 薄层，得到的核壳结构电催化剂的 ORR 活性和甲酸氧化性能都有显著提高。

2.7.2　铂壳层层数

对于核壳结构电催化剂，壳层的厚度是非常重要的因素，直接影响着催化剂的性能。当壳层厚度较小时，壳层无法完全保护内核；壳层厚度较大时，则可以有效保护不稳定的内核，提高催化剂的耐久性；当壳层厚度太大时，内核对壳层 Pt 的调节作用减小，从而降低催化剂的活性。因此，为了得到同时具备高活性和长耐久性的核壳结构电催化剂，壳层厚度的优化尤为重要。

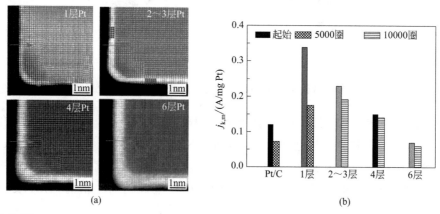

图 2-16　Pd@Pt 核-壳结构立方体的 HADDF-STEM 图、EELS 线扫图和不同催化剂的氧还原活性

夏幼南课题组[50] 在 2014 年报道了一种普适性的动力学控制方法在 Pd 立方体纳米晶表面均匀外延生长超薄 Pt 层。在高温和低的 Pt 前驱体注射速率下，可控制已被还原沉积的 Pt 原子扩散至 Pd 立方体的整个表面，从而形成均匀的 Pt 壳层。进一步通过调整 Pt 前驱体的用量可以精确地调控外延 Pt 壳层的层数，从 $1\sim6$ 个原子层不等。$Pd@Pt_{nL}$ 立方体核-壳纳米晶的形貌表征如图 2-16 所示。对其进行 ORR 性能测试，结果显示，$Pd@Pt_{nL}$ 立方体核-壳纳米晶催化剂的活性和稳定性相比商业 Pt/C 电催化剂有了显著的提高。电化学测试表明，综合考虑 Pd@Pt 立方体纳米晶电催化剂的活性和寿命，当 Pt 壳层厚度为 $2\sim3$ 层 Pt 原子层时，电催化剂具有最高的氧还原性能。2015 年，夏幼南课题组又相继报道了 Pd@Pt 八面体[51] 和二十面体[52] 核-壳结构纳米晶，合成方法与立方体核-壳纳米晶完全一致，都是通过动力学控制 Pt 在 Pd 纳米晶表面均匀外延生长，只是 Pd 纳米晶种子的形貌不同而已。$Pd@Pt_{2.7L}$ 二十面体纳米晶催化剂展现出了

最优的 ORR 性能，进一步证明 Pt 壳层原子层数为 2～3 时最有益于氧还原催化反应。其面积比活性和质量比活性分别达到了商用 Pt/C 电催化剂的 8 倍和 7 倍，也明显强于同为 Pd@Pt 的立方体和八面体核-壳纳米晶，说明催化剂的形貌对于调控 ORR 性能有着重要的作用。10000 个循环稳定性测试后，Pd@Pt$_{2.7L}$ 二十面体纳米晶催化剂的质量比活性仍然为商用 Pt/C 电催化剂的 4 倍，可见其具有良好的稳定性。

2.7.3　铂单原子层电催化剂

为了最大幅度地降低质子交换膜燃料电池中 Pt 的载量，最大限度地提高铂在催化剂中的利用率，Adzic 等人[53] 首次提出了"Pt 单原子层电催化剂"的概念。通常，采用欠电位沉积（under potential deposition，UPD）的方法制备 Pt 单原子层电催化剂。其制备原理是在欠电位条件（即未到达还原电势）下，将离子态的金属还原成单质态沉积到目标底物上。异相沉积对实验条件要求十分高，包括电压范围、扫速、前驱体浓度及底物等对沉积效果有直接影响，也并非所有的金属都能被用来欠电位沉积。由于 Pt 的还原电势较高，若直接将铂单原子层沉积到过渡金属上，在沉积过程前其他金属已经被氧化成了离子态。因此，Adzic 提出先将单原子的 Cu 沉积到另一种氧化电势高于 Cu 还原电势的金属上，再通过迦瓦尼置换的方式将单原子层的 Cu 置换成 Pt，从而达到制备单原子 Pt 层核-壳结构的目的。铂单原子层电催化剂受到关注的原因为：①全部的 Pt 原子都暴露在催化剂表面，可以使 Pt 的利用率达到最高；②催化剂的活性可以通过改变内核金属的种类来调整。

铂单原子层催化剂的基底物质对其整体催化性能有至关重要的影响，该影响主要来源于两个方面：①几何作用，由于原子半径的差异，基底物质会使单原子 Pt 层发生晶格收缩或拉伸（图 2-17）；②配位作用，近表层基底物质对 Pt 的直接合金化。两种作用均能达到优化 Pt 层 d 带中心位置和氧结合能的目的，从而提高 ORR 的动力学速率。

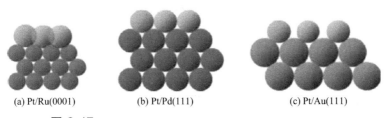

(a) Pt/Ru(0001)　　　　　(b) Pt/Pd(111)　　　　　(c) Pt/Au(111)

图 2-17　三种不同基底上 Pt 单原子层受到的压缩应力的模型

为深入研究基底对 Pt 原子层催化性能的影响，Adzic 等[54] 将单 Pt 原子层分别沉积至不同金属的单晶表面，理论和实验结果揭示了各表面的 ORR 活性与其 d 带中心位置呈火山形曲线关系（图 2-18）。其中，活性最高的催化剂为 Pd (111) 晶面上的单 Pt 原子层，原因为不同金属原子的半径不同，Pt 单原子层的晶格在 Au(111) 表面被拉伸，在 Ru(0001) 表面被过度压缩，而在 Pd(111) 表面 Pt 的晶格适中，得到了优化的 d 带中心位置和氧结合能。另外，Shao 等[55] 则发现催化剂的形貌也直接影响着其电催化活性，以八面体 Pd 作为基底的单 Pt 原子层催化剂比以立方体 Pd 作为基底时的 ORR 催化活性高出 3.5 倍，该工作强调了基底物质高比例（111）晶面对 Pt 层催化活性的重要性。

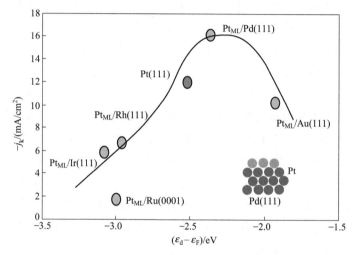

图 2-18　不同电子结构单晶基底对单 Pt 原子层 ORR 催化活性的火山形曲线

采用该法制备核-壳结构催化剂的优势在于：①极高的铂利用率。理想状态下，所有的铂原子皆分布在表面上，其理论 Pt 利用率可达 100%。②比活性提高。当铂沉积到另一种金属上时，由于原子半径不一致，会引发拉伸或压缩现象。该现象可引发 Pt 的 d 轨道中心迁移，能明显影响催化剂的活性。另外，单原子 Pt 层与底物间的相互作用十分紧密，其电子结构会因配位作用而发生改变，最终影响其催化活性。③稳定性提高。当沉积到一种与铂有较强作用的底物上时，能明显减少单原子铂层的氧化作用，比如在 PtRu 的体系中。上述研究性的工作几乎都是基于实验室级的工作电极上进行欠电位沉积，因此其产率仅为毫克甚至微克级。虽然该课题组也致力于将产率提高到克级以上，但由于制备工艺复杂，涉及精密的电化学装置，重复性、稳定性及大批量制备始终是其瓶颈问题。

2.8　Pt单原子催化剂

金属纳米颗粒的大小是决定这种催化剂活性的关键因素。在催化反应中，低配位数的金属原子往往是作为催化活性位点。异相催化剂的尺寸逐渐降低时，会出现高的比表面积、高的表面自由能等诸多优异的性质（图2-19）[56]。金属纳米颗粒尺寸的极限是单个原子，即孤立的单原子单独地分散在载体材料上，在催化过程中每个孤立的原子都是一个活性位点。单原子催化剂最大限度地利用了金属原子，对于负载型贵金属材料尤为重要。单原子催化与纳米或亚纳米催化不同，当粒子分散度达到单原子级别时，会引起许多新的特性，如急剧增加的比表面自由能、量子尺寸效应等。正是这些显著不同的特性，赋予了单原子催化剂优越的催化活性和选择性。近年来，随着对单原子催化剂的研究越来越深入，从催化剂的合成和表征，到单原子位点和基底之间的相互作用的研究，再到催化机理研究，从各个方面更加深刻理解了这种新型的催化剂。单原子催化剂的深入研究也带动了其在PEMFCs领域应用的研究。

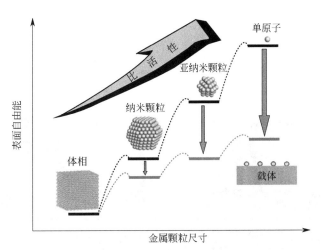

图2-19　金属材料尺寸对其表面自由能和催化活性的影响

2.8.1　制备方法

为了寻找更高效的电催化剂，需要合理地控制纳米粒子的尺寸、形状、组成和结构。由于单原子催化剂的高催化活性、稳定性、选择性和100%原子利用率，使其成为一个研究热点。长春应用化学研究所徐维林研究组[57]将铂盐、碳载体和含氮前驱体共同进行高温热处理，制备得到了单原子分散的电催化剂。在该催化剂中，Pt 的存在形式是 Pt 单原子掺杂进入石墨片层中，并且 Pt 与单原子形成化合价，使 Pt 稳定。电化学表征证明，该催化剂不仅具有优异的 ORR 活性，并且经过 10000 圈的循环电位扫描测试，催化剂的活性几乎没有任何衰减，具有良好的耐久性。Pt 单原子的 Pt-N 形式存在可以显著提高催化剂的稳定性。质子交换膜燃料电池表征中，当催化剂的载量仅为 0.09mg/cm^2 时，最大电流密度即可达到 680mW/cm^2，此时 Pt 的利用率达到了 0.13g/kW。北京航空航天大学的水江澜研究组[58] 随后也采用类似的方法将 Pt 单原子引入 Fe-N-C 型非贵金属电催化剂中，形成了 Pt$_1$-O$_2$-Fe$_1$-N$_4$ 的 ORR 活性位，显著提高了电催化剂的活性和稳定性。

铂单原子催化剂对电催化剂中铂的利用率和稳定性都有显著的影响，但目前其制备方法有限，没有普适性的方法。因此，清华大学的李亚栋研究组[59] 报道了一种现象（图 2-20）：在 900℃ 以上，贵金属纳米颗粒（Pd、Pt、Au-NPs）在惰性气氛中可以转变为热稳定单原子（Pd、Pt、Au-SAs）。通过 SEM 和 XRD 证实了金属单原子的原子分散，并用原位 TEM 实时观测动态转化过程，此外，密度泛函理论计算表明，氮掺杂碳的缺陷可以捕获可移动的 Pd 时，形成热力学

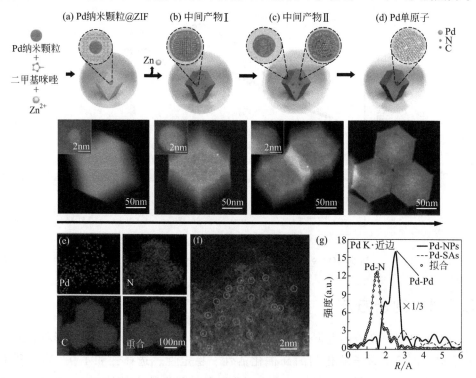

图 2-20　纳米粒子转化为单原子的方案和 Pd 单原子的结构表征

更稳定的 Pd-N$_4$ 结构，从而驱动着 NP 向 SA 转化。热稳定单原子（Pd-SAs）表现出比纳米颗粒（Pd-NPs）更好的活性和选择性。

2.8.2　展望

单原子催化是多相催化领域一个新兴的研究热点，是指催化剂中活性组分完全以孤立的单个原子的形式存在，并通过与载体作用或与第二种金属形成合金得以稳定。相比于纳米/亚纳米催化剂，单原子催化剂具有诸多优势：①活性组分达到最大程度分散（100％），可有效提高金属原子利用率；②活性位点的组成和结构单一，可避免因活性组分组成和结构不均匀导致的副反应，从而显著提高目标产物的选择性；③单原子催化剂兼具高活性、高选择性和可循环使用的优点，有望成为连接均相催化与非均相催化的桥梁。因此，单原子催化剂为在原子尺度上理解催化机理和构效关系提供了一个很好的平台。单原子催化剂概念提出的短短几年，它已经成为目前多相催化领域的研究热点，并且发展出许多新的单原子催化剂制备方法。然而，由于单个原子具有较高的表面能，因此目前制备的单原子催化剂负载量往往较低。因此，解决以上问题将成为今后燃料电池催化剂研究的方向。

2.9　非贵金属催化剂

虽然关于铂基电催化剂活性和耐久性的研究取得了显著的进展，但尚不能彻底解决 Pt 储量低、成本高的问题。因此，近年来非贵金属电催化剂受到了研究者的广泛关注，有望彻底解决燃料电池阴极用电催化剂大规模商业化的问题。

1964 年，Jasinski[60] 首次报道了 N$_4$-螯合物酞菁钴在碱性电解质中具有氧还原活性，从此开启了非贵金属电催化剂研究的新领域。最初，非贵金属电催化剂的研究主要集中在与酞菁钴具有相似结构的过渡金属大环化合物，其结构特点是中心的过渡金属（Co、Fe、Ni、Mn）原子与周围的四个 N 配位，例如卟啉、酞菁、四氮杂轮烯及其衍生物。该 M-N$_4$ 金属大环化合物具有 ORR 活性的原因是富集电子的过渡金属可以将电子转移至 O$_2$ 的 π^* 轨道，从而减弱 O—O 键，促进了 ORR 的进行。然而，M-N$_4$ 金属大环化合物只能在碱性电解质溶液中稳定存在，而在酸性电解质溶液中稳定性较差，且 ORR 活性低。为解决这一问题，Bagotsky 等人[61,62] 利用简单的高温热处理有效提高了电催化剂在酸性电解质溶液中的活性和稳定性。并且，为了进一步降低电催化剂的成本，Yeager 课题组[63] 于 1989 年首先将醋酸亚铁或醋酸钴和聚丙烯腈溶解于二甲基甲酰胺中，并与炭黑混合蒸干，800℃下氩气热处理，制备了非贵金属氧还原催化剂，实现了金属源与氮源的分离。随后，大量研究开始分别使用不同的铁源、氮源、碳源，通过高温热处理过程，得到了性能良好的氧还原催化剂，开启了利用廉价的小分子化合物灵活组合制备高性能催化剂的大门。

目前，非贵金属电催化剂的研究进入了快速发展时期，其中主要以过渡金属氧化物、含过渡金属的氮掺杂碳材料和完全非金属的杂原子掺碳材料为代表。它们往往具有原料来源丰富、价格低廉、抗甲醇渗透等特点，在酸性或碱性条件下能达到与 Pt 相当的活性，被认为具有完全替代贵金属 Pt 作为氧还原催化剂的可能。

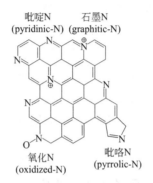

图 2-21　掺氮石墨烯中的氮的四种形式

2.9.1　活性位

在非贵金属氧还原电催化剂的研究过程中，研究人员认识到催化剂的活性位点数目、表面积、孔结构、导电性都是影响催化剂活性的重要因素，而催化剂活性位点的形成和密度的提高是显著提升性能的关键所在，因此对催化剂活性位点的深入研究成为热点之一。

非贵金属电催化剂的前驱体在高温热处理过程中发生炭化，形成了稳定的石墨碳层结构，该石墨碳层中包含掺杂 N。掺杂 N 的形式（图 2-21）包括：吡啶 N（pyridinic-N）、吡咯 N（pyrrolic-N）、石墨 N（graphitic-N）和氧化 N（oxidized-N）。不同类型的掺杂 N 位于石墨层的面内或边缘，增加了石墨层的缺陷。其中，吡啶 N 位于石墨层的边缘，与两个 sp^2 碳原子相连，N 为石墨层的 π 体系提供一个 pπ 电子；石墨 N 位于石墨层的面内，即取代了石墨碳层中的一个碳原子，使得三个相邻的六元环共用一个 N，石墨 N 提供两个 pπ 电子。吡啶 N 和石墨 N 为 n 型掺杂，为非贵金属电催化剂提供了 ORR 活性位。但是，关于哪种 N 掺杂形式作为 N 掺杂石墨烯的主要活性来源仍然存在争议，需要进一步的研究和探讨。

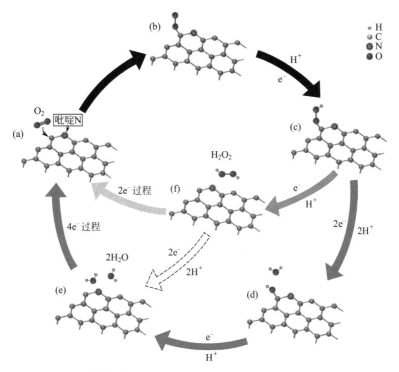

图 2-22 氮掺杂碳材料上的氧还原反应示意图

对于氮掺杂碳材料，通常认为氮原子毗邻的碳原子是活性位点。由于多种氮物种同时存在于材料中，且材料形貌与石墨化程度都会影响催化剂的性能，因此，难以通过改变单一变量来有效探究活性位点。Lahaye 等人[64] 证明，掺杂了 N 的石墨碳层具有更高的表面极化作用，可以加快 ORR 反应过程的电子和质子的传递速度，从而提高电催化剂的 ORR 活性。2016 年 Kondo 等人[65] 采用高度取向热解石墨（HOPG）为原料，精确调控掺杂的氮物种。实验发现，ORR 活性与吡啶 N 含量呈线性相关性，氧还原测试后的材料 XPS 结果与测试之前的材料 XPS 结果比较，吡啶 N 转化为吡咯 N，表明吡啶 N 相邻的碳原子与羟基物种反应，活性位点为吡啶 N 相邻的碳原子，而不是吡啶 N 本身。采用二氧化碳为探针，二氧化碳只吸附于氧还原活性的吡啶 N 型 HOPG，说明 Lewis 碱位点是由吡啶 N 造成，并提出如图 2-22 所示的反应途径。O_2 首先吸附到吡啶 N 旁边的 C 上，并发生质子化，随后经过两种途径发生 ORR 反应，即在同一活性位点上发生直接四电子还原或在不同活性位上发生 2＋2 的间接四电子还原反应。

对于有金属存在的 M-N-C 非贵金属电催化剂，由于金属的存在，这类催化剂活性位点的研究相对比较复杂。M-N-C 催化剂中，金属组分的作用也不是很明确，一些研究者认为，金属（铁、钴等）只是在热处理过程中对于活性位点的形成起到了催化作用，而活性位点中只有碳和氮元素。由于金属组分或被碳层包覆而难以通过酸洗的方式完全除去，或是痕量存在的金属元素，超过了检测仪器的检测限而无法准确检测，从而导致了对 M-N-C 催化剂中活性位点的广泛争议。例如，Su 等人[66] 以苯二胺、氯化铁为前驱体制备的电催化剂在酸性电解液中具有较高的 ORR 活性，研究表明，该电催化剂中的 ORR 活性位点为 FeN_6，即 Fe(Ⅲ) 与六个 N 配位，其中四个 N 为卟啉环中的 N，其他两个 N 为轴向配位的吡啶 N。与此同时，Sun 等人[67] 用聚合的间苯二胺制备得到的 PmPDA-FeN_x/C 电催化剂在酸性电解液中具有高的 ORR 活性（11.5A/g，@0.80V vs. RHE），并且通过电化学测试的方法证明该电催化剂的活性位点包含 Fe［主要为高价态的 Fe(Ⅲ)］。

近年来，一类新型的碳层包覆类非贵金属催化剂引起了研究者的广泛关注，这类催化剂的主要结构是碳层包覆的过渡金属或过渡金属碳化物纳米颗粒。Bao 课题组[68] 合成了一种竹节状的碳纳米管，在纳米管内包覆金属铁纳米颗粒。对于该类材料，金属颗粒与酸性介质、氧气等难以接触，与未包覆金属纳米颗粒的碳纳米管相比，氧还原活性显著提高，在电池中表现出了良好的稳定性。如图 2-23 所示，该课题组利用 Fe_4 包覆的氮掺杂单壁碳纳米管模型，运用密度泛函理论计算该结构对氧还原反应的影响，铁纳米颗粒到碳纳米管的电子转移，引起碳表面局域功函数降低，碳晶格中的掺杂氮原子进一步增加了费米能级附近的态密度，降低了局域功函数，使催化活性得到提升。Xing 等人[69] 报道了通过高温高压热处理方法合成的空心球结构的碳球，碳球是由外层包裹着石墨碳层的 Fe_3C 纳米颗粒构成，并且石墨碳层中的 N 含量低于 0.50%（原子分数），且表面没有裸露的含铁的物种，表面铁含量低于 0.08%（原子分数），但该电催化剂具有高的 ORR 活性。因此，FeN_x 或 N_x-C 活性位点数量很少，在氧还原性能中不能起到主要作用。深入研究表明，虽然 Fe_3C 并不与氧气和电解质接触，但其通过与包覆的碳层之间的协同效应，在氧还原过程中发挥了至关重要的作用。这种协同效应使 Fe_3C 改变了碳层的电子云密度，使其具有了更高的氧还原活性。进一步以单壁碳纳米管包覆 Fe_3C 纳米颗粒为理论模型进行密度泛函理论计算[70]，表明由于碳化铁电子注入外层碳层上，碳纳米管上与碳化铁紧邻的碳原子的费米能级提高约 0.4eV，提高了外层碳壳费米能级附近的电子态密度，降低了碳纳米管表面的局域功函数，提高了活性位点的反应性，同时有利于含氧物种在碳位点上的脱附，促进了活性位点的释放，提高了催化剂的氧还原活性。

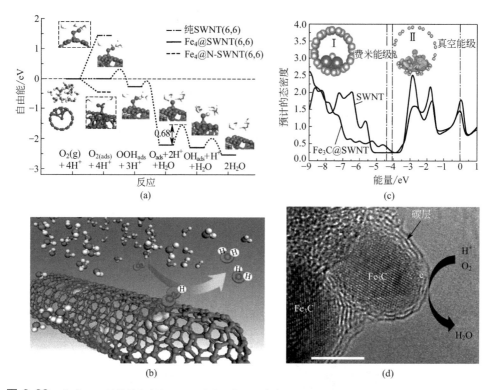

图 2-23　（a）不同结构催化剂氧还原反应自由能图；（b）碳原子 p 轨道投影态密度的 DFT 计算结果；（c）竹节状的碳纳米管的氧还原过程；（d）Fe₃C/C-700 的氧还原反应过程

对于非贵金属电催化剂活性位点的研究中，通常采用的方法是催化剂的结构表征和理论计算相结合，常用的表征方法有 X 射线光电子能谱（X-ray photoe-lectron spectroscopy，XPS）、穆斯堡尔谱（Mössbauer spectroscopy）和同步辐射技术等。由于表征技术的限定，对于结构复杂的非贵金属电催化剂，始终未能直接观察到催化剂的结构，直到近年显微镜技术的快速提升使得研究人员迎来了新的契机。Joo 研究组[71] 和李亚栋研究组[72,73] 等先后观察到了非贵金属电催化剂上以单原子形式存在的 Fe 原子，为该类催化剂的活性位点的确定奠定了基础。Chung 等人[74] 利用两种含氮前驱体制备了具有等级孔结构的 Fe-N-C 催化剂，并利用球差校正的扫描隧道显微镜第一次直接观察到了嵌入碳中的 FeN₄ 结构（图 2-24），通过理论计算证实该结构为催化剂的活性位点。进一步的计算表明，FeN₄ 结构存在的位置直接影响其催化活性，当位于石墨碳的边缘时比位于内部具有更高的 ORR 活性。

由此可见，虽然研究者开展了大量探索 M-N-C 电催化剂活性位点的相关研究，但由于电催化剂的结构复杂，依然没有找到该类电催化剂的真正 ORR 活性

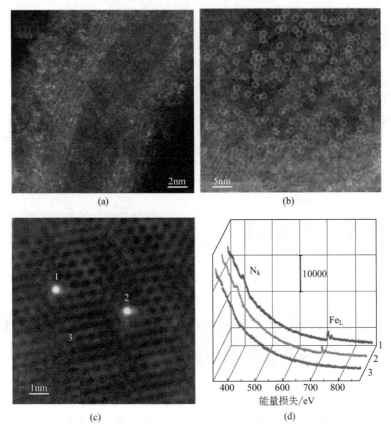

图 2-24 非贵金属电催化剂的 HAADF-STEM 及其 EEL 谱

位点，甚至没有证据证明活性位点中是否包含过渡金属元素。电催化剂的活性位点无法确定，限制了非贵金属电催化剂的设计，使得目前非贵金属电催化剂的活性与耐久性仍然与 Pt 基电催化剂有较大差距。

M-N-C 催化剂的活性位点可能并不是某一特定结构，而是由多个活性组分或结构位点共同作用，催化氧还原反应。此外，活性位点可能在不同电势下发生变化，施加一定电势会造成活性位点电荷重分布，这与非金属杂原子掺杂碳材料催化剂活性位点形成机制类似。

2.9.2 M-N-C 电催化剂

非贵金属电催化剂的种类众多，如 M-N-C、过渡金属氧化物、过渡金属氮化物、过渡金属硫化物、过渡金属碳化物及氮掺杂的碳材料，其中 M-N-C 非贵金属电催化剂由于低成本、高活性、高耐久性和抗甲醇性等优点而受到了广泛关注。M-N-C 非贵金属电催化剂的制备方法相对固定，包括前驱体的选择、热处理和酸洗过程，因此研究主要集中在前驱体的选择和调控上。制备电催化剂的前驱体主要包括金属大环化合物（金属卟啉、金属酞菁等）、配合物（含氮小分子或聚合物与金属盐形成的配合物）、金属有机骨架材料。

（1）金属大环化合物

卟啉类化合物广泛存在于自然界和生物体中，是生命活动不可或缺的一类化合物，如生物体内负责运载氧的血红素（铁卟啉）和血蓝素（铜卟啉）、植物进行光合作用所需的叶绿素（镁卟啉）、参与制造骨髓红细胞的维生素 B_{12}（钴卟啉）等。卟啉环是一个具有 24 中心、26 电子的大 π 共轭体系，卟啉对金属离子的络合能力强，形成过渡金属原子被四个氮原子对称包围的金属卟啉化合物，具有类似结构的化合物还有酞菁和四氮杂轮烯，如图 2-25 所示，统称为金属大环化合物。金属大环化合物的结构中富电子的金属中心会向 O_2 的 π^* 轨道发生电子转移，减弱 O—O 键，使 O_2 发生还原反应。1964 年，Jasinski[60] 首次报道了酞菁钴在碱性电解质中具有氧还原活性，开创了非贵金属电催化剂的研究历程。金属大环化合物在酸性电解质溶液中不稳定，其原因是 O_2 的还原过程并非完全的四电子过程，会部分生成中间产物 H_2O_2，而 H_2O_2 则会破坏活性位点，使催化剂活性降低。Bagotzky 等人[61] 发现，对金属大环化合物进行高温热处理，可以有效提高电催化剂在酸性电解质中的活性和稳定性。至此，非贵金属电催化剂的制备方法基本确定。近 20 年，随着燃料电池商业化应用进程的推动，电催化剂的研究逐渐成为热点，以金属大环化合物为前驱体的非贵金属电催化剂的研究受到了广泛的关注。

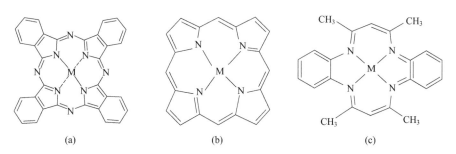

图 2-25　酞菁（a）、卟啉（b）和四氮杂轮烯（c）的结构式

金属大环化合物能与许多金属形成金属配合物，这些金属离子通常为 Co、Fe、Ni 和 Mn 的离子，大量的由金属大环化合物制备的非贵金属电催化剂中，铁基和钴基大环化合物具有最高的 ORR 催化活性。例如，Okada 等人[75] 以钴基大环化合物作为 ORR 催化剂，Nabae 等人[76] 将酞菁铁多步热解制备了 ORR 催化剂，Chen 等人[77] 以维生素 B_{12} 担载到碳载体上制备催化剂，在 H_2-O_2 燃

料电池中作为阴极催化剂时体现出一定性能，最大功率密度为 $370\mathrm{mW/cm^2}$。李佳等[78] 以铁卟啉（FeTMPPCl）为前驱体，采用旋转蒸发的方法将其自组装于炭黑载体表面，经热处理和酸洗，得到了以炭黑颗粒为核，以氮掺杂的石墨碳层为壳的核壳结构非贵金属电催化剂，在碱性和酸性电解质中都显示出优良的 ORR 活性。在酸性电解质中，通过增加电催化剂外层石墨碳层的厚度可以提高非贵金属电催化剂耐久性，原因是当外层的 ORR 活性位点被破坏时，内层的活性位点暴露，有效维持了电催化剂的活性，为给贵金属电催化剂在酸性电解质中提高稳定性提供了新的思路。Müllen 等人[79] 以维生素 B_{12} 为前驱体，分别以硅胶颗粒、分子筛、蒙脱土片层为硬模板制备了非担载型 Co-N-C 非贵金属电催化剂，考察了硬模板对催化剂的形貌、比表面积、ORR 活性和耐久性的影响。该方法得到的催化剂在酸性电解质中的 ORR 活性均高于以炭黑为载体的电催化剂，半波电位达到 0.79V。Joo 研究组[80] 以介孔二氧化硅为硬模板，两种金属卟啉（Fe 和 Co）为前驱体，制备了具有协同作用的非担载型非贵金属电催化剂（图 2-26），使该类催化剂在酸性电解质溶液中的半波电位提升到 0.845V，大大减小了与商业 Pt/C 催化剂 ORR 活性的差距。并且在单电池测试中表现出了一定的活性，0.6V 时的功率密度为 $0.308\mathrm{W/cm^2}$。

由以上金属大环化合物为前驱体的非贵金属电催化剂的研究可知，该类催化剂的优点是前驱体中已经存在可能的活性位点 M-N-C，热处理过程中活性位点保留下来的可能性更大，有利于得到活性更高的非贵金属电催化剂。但金属大环化合物的成本相对较高，制备得到的非贵金属电催化剂在碱性电解质中具有较高的 ORR 活性，但在酸性电解质中的性能仍然相对较低，特别是催化剂的 H_2-O_2 单电池测试能力较低。

（2）配合物

当 Fe、Co、Ni、Mn 等过渡金属与含氮有机物配体（含氮小分子或聚合物）发生配位形成 M-N-C 时，这样的配合物经过热处理和酸洗过程就可以作为非贵金属电催化剂催化 ORR。配合物作为催化剂前驱体的优点为：含氮小分子或聚合物的价格低廉，可以降低非贵金属电催化剂的成本；配合物的过渡金属和配体可调，更容易通过中心原子和配体的改变调节催化剂的性能。

含氮有机小分子包括吡啶、联吡啶、乙二胺、邻菲罗啉、三聚氰胺等，含氮聚合物包括聚吡啶、聚吡咯、聚苯胺、聚苯二胺、聚多巴胺等，都是制备 M-N-C 催化剂常用的氮源。与小分子氮源相比，含氮聚合物有序度更高，可能起到模板的作用，在热处理过程中形成更有序、稳定性更高的催化剂层。聚吡咯是最早用于合成 M-N-C 催化剂的聚合物，但很快研究人员发现，通过热解聚苯胺

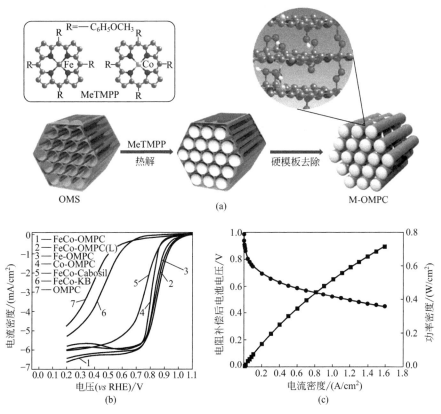

图 2-26　非贵金属电催化剂的制备方法、ORR 极化曲线和单电池测试

（PANI）得到的催化剂具有更高的活性和稳定性。2009 年，Dodelet 研究组[81]以邻菲罗啉为配体，并使用球磨的方法将其与醋酸亚铁混合后担载于碳载体上，经高温处理得到了一种 Fe-N-C 基非贵金属电催化剂，该催化剂的体积活性密度达到 99A/cm³（@0.8V IR-Free），接近了美国能源部对非贵金属催化剂的能源指标。2011 年，Zelenay 等[82] 将苯胺在有金属（Fe 和 Co）存在下聚合，同时以高比表面积的炭黑为载体高温热解制备 M-N-C，具体如图 2-27 所示。聚苯胺与石墨碳结构上相似，能够加强两者的结合，进而有益于高温下形成活性中心。与此同时，聚苯胺高的氮含量也有利于增加活性中心。聚苯胺的有序结构确保了氮元素均匀地分散在催化剂内。酸洗除去催化剂的金属杂质之后，PANI-Fe-C催化剂在酸性介质下比 PANI-Co-C 催化剂有更好的催化活性，半波电位仅比Pt/C 低 59mV。在燃料电池单电池测试中，同时具有最高活性和稳定性的是混合过渡金属的 PANI-FeCo-C 催化剂，最大输出功率为 $0.55W/cm^2$，在 0.4V 的电池电压下可以稳定 700h，同时具有很高的四电子选择性（H_2O_2 产率小于

1％），是当时 ORR 性能最好的非贵金属催化剂之一。

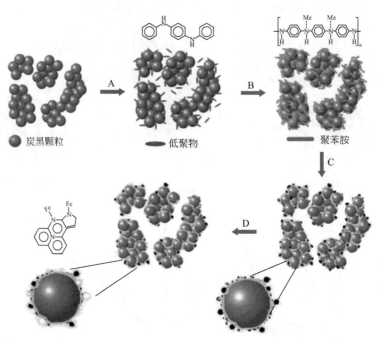

图 2-27　PANI-M-C 非贵金属电催化剂的制备路线图

随后，研究人员开展了大量聚合物相关的非贵金属电催化剂的研究工作，但大多是以聚苯胺和与其具有类似结构的聚二氨基苯胺为前驱体，并且得到的催化剂也都具有较高的 PEMFC 单电池性能。厦门大学的孙世刚研究组[67,83] 以高含氮量的间苯二胺作为前驱体，结合炭黑表面修饰，再通过高温热处理制备出在酸性介质中具有很高 ORR 活性的 Fe-N-C 催化剂，在 0.80V（$vs.$ RHE）下，质量电流密度可达 11.5A/g，且 H_2O_2 产率低于 1%。通过与南京大学刘建国教授课题组合作，进一步测量了该催化剂在燃料电池中的性能，最大功率密度可达 350mW/cm^2。后将 Fe（SCN）$_3$ 加入前驱体制得的非贵金属催化剂，不但比表面积高，而且还同时掺杂了 S，使得催化活性提高了约 1 倍。该非贵金属电催化剂应用于质子交换膜燃料电池时表现出优异的性能，最大功率密度首次突破了 1W/cm^2。

热解前驱体的过程是一个复杂的反应过程，热解产物的形貌和结构很难得到控制，采用传统的碳载后热解的方法获得具有合理孔径分布的热解产物显得比较困难。模板法被认为能较好地解决以上问题，该方法采用具有一定机械强度的物质作为模板，然后将铁氮碳前驱体与模板混合，使前驱体充分填入模板，之后高温处理得到热解中间产物，最后除去模板就可以得到具有规则孔结构的 M-N-C

催化剂。常用的硬模板有蒙脱土、纳米二氧化硅、介孔硅、分子筛、纳米ZnO等。模板法虽然能很好地解决传质通道的问题，同时有效地提高电催化剂的活性位密度，但也存在模板引入后难以除去的问题。重庆大学的魏子栋课题组[84]设计了盐封法来辅助热解金属氮碳前驱体，该方法使产物巧妙地兼顾了高比表面积，合理的孔结构，高氮保留率和辅助物易除去等优点。电催化剂的制备过程是首先将聚苯胺与Fe盐混合加入饱和食盐水，加热缓慢蒸发掉其中的水，重结晶析出的NaCl逐渐封住前驱体，之后进行高温热处理，最后酸洗即可同时除去盐和多余的铁。由该方法得到的产物也确实表现出了很高的氧还原活性和稳定性，其酸性条件下半波电位仅比50μg 40%Pt/C低58mV，功率密度峰值则达到600mW/cm^2。同样具有容易去除特点的硬模板还有ZnO纳米颗粒，南京大学的刘建国课题组[85]以聚对苯二胺和氯化铁为前驱体，ZnO纳米颗粒为硬模板，经高温热处理和酸洗得到非贵金属电催化剂。ZnO硬模板在酸洗的过程中就可以完全去除。同时，该硬模板的使用还可以有效增加催化剂的比表面积，使其达到1216m^2/g，为更多的活性位点的暴露提供基础。最终得到的非贵金属电催化剂在酸性电解质溶液中的半波电位达到0.82V，在H$_2$/空气燃料电池测试中最大功率密度达到305mW/cm^2。

（3）金属有机骨架材料

金属有机骨架材料（metal organic frameworks，MOF）是一种利用过渡金属原子团簇与含多齿羧酸有机配体（含羧基有机阴离子配体为主）之间共价键或者离子共价键配位作用自组装而形成的多孔多维周期性网状骨架材料。近年来，MOFs及其衍生物因其独特结构和物理化学性质，在电化学能源转换中的应用备受关注。MOFs作为电催化剂具有以下几个显著特点：①具有高度有序多孔结构，孔径分布均一，比表面积大，有利于活性组分的分散，为电催化反应提供大量活性位点；②孔径的可调控性，通过调整金属中心和有机配体可得到超微孔到介孔的各种孔径MOFs材料，有利于复杂多孔催化剂的制备；③易功能化和修饰，有利于MOFs与其他功能性物质相结合，制备复合材料，改善MOFs本身的电催化性能；④可采用几种不同金属制备MOFs，并保持其原来的拓扑结构，例如在ZIF-67的合成过程中分别加入Zn、Ni、Cu等，改善催化剂的性能，为催化剂的设计提供了很大的发展空间。

最早的基于MOFs的ORR催化剂是美国Argonne国家实验室的研究人员由含钴的咪唑骨架为前驱体热解得到的[86]。每个Co都与来自四个相邻的处于四面体方向的咪唑配体的四个氮原子配位，而每个咪唑分子都与两个Co连接，形成一个三维多孔结构，热处理过程中转化成大量的活性中心Co-N$_4$，并均匀分散在多孔骨架内（图 2-28）。该非贵金属电催化剂的起始电压为 0.83V（$vs.$ RHE），被认为是当时最好的含钴的非铂催化剂。从此，研究人员开始了 MOFs 衍生的 M-N-C 非贵金属 ORR 催化剂的研究。

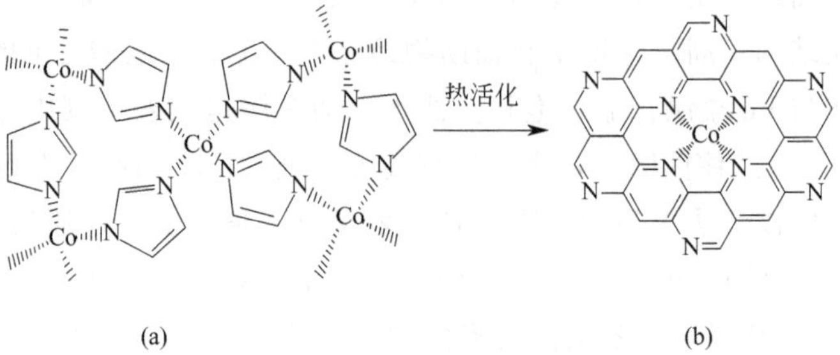

图 2-28 热处理过程中 MOF 到活性中心的可能的转化

ZIF-67 是由初级结构单元 Co（MeIm）$_2$ 组成的 ZIF 材料，由于合成的材料含有活性 Co-N-C 中心、N/金属含量高和合成方法简单，ZIF-67 成为合成这类材料使用率很高的前驱体。并且，ZIF-67 的尺寸越小，合成的 ORR 催化剂的催化活性越高，在酸性电解质中的初始电压可以达到 0.86V，半波电位可以达到 0.71V（$vs.$ RHE）。但是，直接炭化 ZIF-67 合成 Co-N-C 催化剂的比表面积和孔隙率低，不利于样品内的物质传输。而 Zn-ZIF（ZIF-8）是 ZIF-67 的同分异构体，高温热处理过程中有机配体转化为碳，金属中心 Zn 被还原为单质，并由于金属 Zn 沸点较低（908℃），可在温度高于 900℃时挥发，得到多孔碳材料，从而显著增加催化剂的比表面积，暴露更多的活性位点，提高催化剂的活性。

2011 年，Dodelet 研究组[87] 采用 ZIF-8 为前驱体制备了一种高比表面积的 Fe-N-C 材料，该材料在 H$_2$-O$_2$ 燃料电池测试中，0.6V 条件下的功率密度达到了 0.75W/cm^2，功率密度峰值则达到了 0.91W/cm^2，与 Pt/C 催化剂接近，其体积功率密度更是达到了 230A/cm^3，与 2015 年美国能源部 DOE 研究目标（300A/cm^3）十分接近（图 2-29）。这使非贵金属催化剂迎来了一次巨大的突破。该催化剂采用醋酸铁、邻菲罗啉和 ZIF-8 为前驱体，先用球磨的方法将它们进行物理混合，接着在 1050℃氩气氛围下热处理 1h，最后在 950℃氨气氛围下热处理 15min 得到。该催化剂具有较高活性的原因可以归结为其具有丰富的微介孔结构，总孔表面积达到了 964m^2/g，其中的微孔为催化剂提供大量的 FeN$_x$ 活性位，介孔则提供优良的气液传质通道。ZIF-8 为前驱体制备的非贵金属电催化剂的高活性迅速得到了研究人员的关注，成为了研究热点。江海龙研究组[88] 基于 ZIF-8 和 ZIF-67 的双金属 ZIFs（BMZIFs），通过调节金属离子 Zn/Co 比值的不同来合成 BMZIFs 材料，然后以 BMZIFs 材料作为前驱体合成多孔碳，这样得到的多孔碳具有两种材料的各自优点。得到的碳材料拥有大比表面积、高石墨化程度、高度分散的 N 和 CoN_x 活性中心，展现了优良的 ORR 催化活性。北京大学的郑捷等人[89] 认为，Dodelet 研究组的方法涉及烦琐的物理混合过程，且需要进行多次热处理，不利于大规模生产。他们对该方法进行了改进，直接采用掺杂 Fe 的 ZIF-8 作为前驱体，在 1000℃氩气氛围下进行热处理 1h 就得到了铁高度分散的具有多孔结构的 Fe-N-C 催化剂。该催化剂在 0.1mol/L $HClO_4$ 中，半波电位达到 0.82V，仅比相同条件下的 Pt/C 低 40mV。而且其稳定性也较好，在 0.6～1.0V 电位范围内老化 1000 圈后，半波电位仅降低 40mV。需要指出的是，这种改进的方法必须在隔绝 O_2 的条件下进行，否则掺入的 Fe（Ⅱ）被氧化成 Fe（Ⅲ）后易形成 $Fe(OH)_3$ 沉淀，得不到想要的产物，这也间接增大了合成的难度。

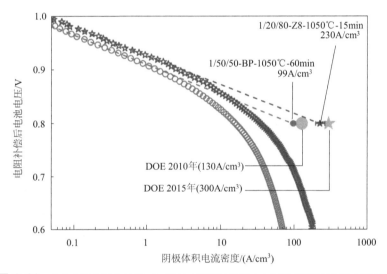

图 2-29　非贵金属电催化剂 H_2-O_2 燃料电池测试的 Tafel 曲线及其阴极体积电流密度

　　随着近年来表征技术的快速发展，研究人员对非贵金属电催化剂的结构有了更加深入的理解，单原子分散的催化剂也越来越受到关注。2017 年，李亚栋院士研究组[73] 以 MOF 材料为前驱体，先后制备了两种单原子分散的 ORR 催化剂（图 2-30）。其中，由 Fe、Co、Zn 共掺杂的 MOF 制备得到的催化剂在酸性电解质溶液中显示了优异的 ORR 性能，起始电位为 1.06V，半波电位达到 0.863V。同时，该催化剂在 H_2-O_2 和 H_2-空气燃料电池中的最大功率密度也分别达到了 0.98W/cm² 和 0.50W/cm²，为非贵金属电催化剂的商业化应用奠定了基础。

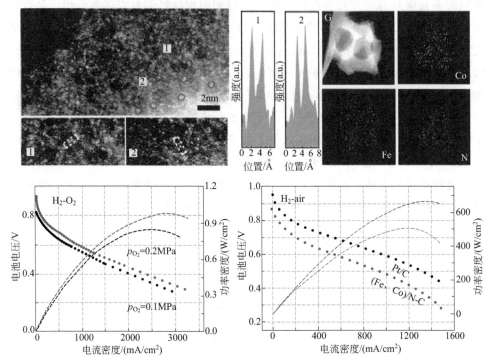

图 2-30 非贵金属电催化剂不同元素的分布及电催化剂的单电池性能

虽然采用前驱体热解方法制备的 M-N-C 催化剂具有良好的 ORR 催化活性，但是其制备工艺复杂，热解产物的形貌和结构很难得到控制。如何优化制备工艺并获得形貌和结构可控、催化性能一致的催化材料是 M-N-C 催化剂的主要研究方向。另外，M-N-C 催化氧还原过程的活性位点和催化机理还存在争议，也有待继续深入研究。

2.9.3 Metal-Free 电催化剂

碳元素在自然界广泛存在，具有稳定性高、孔结构可调、高比表面积和高导电性等优点，是理想的制备燃料电池用电催化剂的材料。对于非贵金属电催化剂，材料的孔结构直接影响着反应的传质性能。而碳材料可同时具有不同尺寸的孔结构，如微孔可以使碳材料具有高比表面积，介孔可以提供活性位点形成的场所，大孔有利于传质。然而，碳材料通常缺少 ORR 活性位点，因此需要对碳材料进行处理以改变其表面的电子分布，提高碳材料与氧吸附物种间的相互作用。研究证明，碳材料的化学修饰（如 N、P、S、B 等杂原子的掺杂）可以有效地改变碳材料的结构（孔结构、比表面积、表面官能团等）和电子性能，从而形成

ORR 活性位点，在氧还原过程中吸附含氧物种并催化氧还原反应的进行。

非金属电催化剂中 N 掺杂的碳材料是研究最为广泛的材料。N 的掺杂可以显著提高碳材料的 ORR 活性，其原因为 N 与 C 具有相似的原子尺寸，碳材料结构中的 C 容易被 N 取代。N 的掺杂不仅可以增加碳材料的缺陷位，同时，N 可以提供电子，从而改变 N 周围 C 的结构，使其具有 ORR 活性。含 N 碳材料电催化剂的制备方法有：①原位制备含 N 碳材料电催化剂。例如，Lu 等人[90] 首先制备了多巴胺聚合物球，后对其进行热处理得到 N 掺杂的碳纳米球，该材料在碱性电解质中具有较好的 ORR 活性。②将含 C 前驱体在 NH_3 中进行热处理。例如，Yu 等人[91] 将碳纳米管和石墨烯在 NH_3 中进行热处理，得到的含 N 碳材料电催化剂具有高 ORR 活性。③将含 N 和含 C 的前驱体与硬模板结合制备电催化剂。例如，Wei 等人[92] 以蒙脱土（montmorillonite，MMT）片层为硬模板，聚苯胺为前驱体，热处理后除去硬模板得到 N 掺杂的碳材料。MMT 具有二维片层结构，使聚苯胺热处理过程中炭化形成片层的类石墨烯结构，并且，N 的掺杂类型也以平面 N（吡啶 N 和吡咯 N）为主，该电催化剂在酸性电解质溶液中的 ORR 活性仅比商业 Pt/C 的半波电位低 60mV。

虽然 N 的掺杂对碳材料电催化剂的 ORR 活性有着重要影响，但并不是 N 的含量越高，电催化剂的 ORR 活性越高，而是不同的 N 物种（吡啶 N、吡咯 N、石墨 N、氧化 N）具有不同的 ORR 活性。

除了 N，其他杂原子（如 F、P、S、B 等）掺杂的碳材料电催化剂也已经得到了广泛的研究。其中，S 掺杂的碳材料显示了较高的 ORR 活性和耐久性。两种或两种以上的杂原子共掺杂的碳材料同样具有较高的 ORR 活性。例如，S 和 N 共掺杂可以显著提高电催化剂的 ORR 性能，N、O、S 三元素共掺杂材料的 ORR 活性则高于 N、O 两种元素掺杂的电催化剂。

2.9.4 单电池性能

关于碳基非贵金属氧还原催化剂的研究主要都是在半电池中进行，而将该催化剂实际应用到质子交换膜燃料电池单电池中的报道相对较少，存在的问题也更多。碳基催化剂要想取代铂基催化剂应用到 PEMFC 中至少需要满足以下几点：①在低功率运行时能够提供和铂一样的功率（主要取决于催化剂的 ORR 反应速率）；②在实际工作情况下提供和铂一样的功率（如电动车）；③在有效功率下稳定运行 1000h。

对于非贵金属电催化剂的单电池测试，影响因素主要包括催化剂在膜电极上的载量和背压。非贵金属电催化剂在膜电极上的载量常用的范围是 $0.1\sim10\text{mg/cm}^2$，但并不是载量越高单电池的性能越高，大多数碳基非贵金属催化剂性能最佳的载量为 $3.5 \sim 4.0 mg/cm^2$。催化剂载量会直接影响催化剂层的厚度，从而影响催化剂层的传质。当催化剂载量为 $1 mg/cm^2$ 时，催化剂层厚度是 $20 \sim 25 \mu m$；当催化剂载量为 $3.5 \sim 4.0 mg/cm^2$ 时，催化剂层的厚度会达到 $80 \sim 100 \mu m$。而 Pt/C 催化剂的载量通常比碳基催化剂低一个数量级，对应的催化剂层的厚度为 $10 \mu m$ 以下。非贵金属电催化剂的单位质量比活性远低于 Pt/C，因此，只有高载量的非贵金属电催化剂才能体现出较好的性能。但过厚的催化剂层严重阻碍了燃料电池的传质，导致非贵金属催化剂阴极在电流大于 $0.1 A/cm^2$ 时电池功率远低于 Pt/C。对于非贵金属电催化剂的单电池测试，背压也直接影响着单电池性能。非贵金属电催化剂单电池运行时 O_2 背压通常为 $150 \sim 200 kPa$。较低的背压不一定导致单电池性能明显下降，如非贵金属电催化剂文献报道的最高功率之一就是在较低的背压（$100 \sim 130 kPa$）下测得的，但背压过低（$0 \sim 30 kPa$）时电池功率明显下降。

对于 M-N-C 型非贵金属电催化剂，这一类催化剂是由氮源、碳源和金属源热解制得，研究者们认为活性中心是 MN_x。M-N-C 催化剂的单电池最大功率密度在不同文献报道中差别很大，既有高达 $1.03 W/cm^2$ 的，也有仅仅 $0.05 W/cm^2$ 的，但大多数的最大功率密度范围是 $0.05 \sim 0.65 W/cm^2$。以 Atanassov 等[93] 的 Fe-8CBDZ-DHT-NH$_3$ 为例，该催化剂是以甲基-苯并咪唑-2-氨基甲酸甲酯和硝酸铁为前驱体，二氧化硅为硬模板，N_2 气氛 800℃热解，酸洗之后再在 NH_3 气氛中二次热解制得。Fe-8CBDZ-DHT-NH$_3$ 中铁含量为 $0.1\% \sim 0.3\%$（原子分数），氮含量为 7.7%（原子分数），该非贵金属电催化剂单电池测试的最大功率密度为 $0.56 W/cm^2$。M-N-C 型非贵金属电催化剂中单电池性能测试达到的最高功率密度为 $1.14 W/cm^2$。北京航天航空大学的水江澜研究组[94] 以 Fe（Ⅱ）掺杂的 ZIF-8 为前驱体，经过热解得到非贵金属电催化剂。催化剂中 Fe 的含量为 3%（质量分数），存在形式为 Fe-N$_4$。并且该催化剂的 PEMFC 的最高功率密度达到 $1.14 W/cm^2$（图 2-31），$0.6 V$ 时的电流密度也高达 $1.65 A/cm^2$，即使当催化剂的载量降到 $1.9 mg/cm^2$ 和 $0.9 mg/cm^2$ 时，最大功率密度仍然可以达到 $1.00 W/cm^2$ 和 $0.81 W/cm^2$。

对于不含金属的非贵金属电催化剂，通常制备过程中完全不使用金属前驱体，所以只含有 N_xC 活性位点。与 M-N-C 材料相比，这一类催化剂的单电池功率更低。例如，催化剂 UF-C[95] 制备方法如下：先将炭黑进行酸洗除去金属杂质，后用 HNO_3 处理使炭黑表面富有氧化基团；将处理后的炭黑、脲醛和三聚氰胺混合后高温热解得到非贵金属电催化剂。XPS 检测 UF-C 表面氮含量为

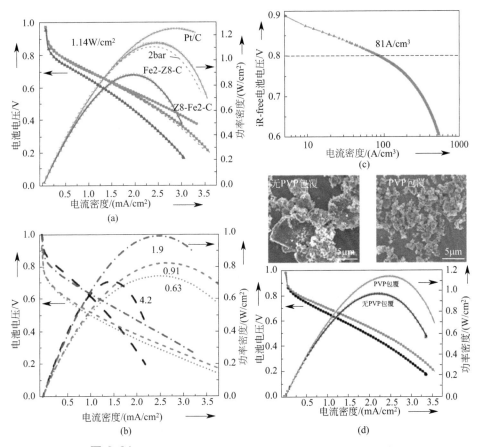

图 2-31 Fe-Z8-C 非贵金属电催化剂的 PEMFC 单电池性能测试

2.2%（质量分数），ICP-MS 检测样品中不含铁和钴元素，UF-C 的 PEMFC 单电池测试的最高功率密度仅为 0.18W/cm²。戴黎明课题组[96] 制备了完全不含金属的掺氮碳纳米管/石墨烯复合材料，用于单电池，得到的最大功率密度只有 0.28W/cm²。他们注意到该复合材料虽然单电池功率还不如一般的催化剂，但单电池运行的稳定性明显优于 Fe-N-C，100h 的稳定性测试后电池功率基本没有下降。魏子栋课题组[92] 采用蒙脱土作为硬模板制备了氮掺杂的石墨烯（图 2-32）。硬模板蒙脱土是厚度 1nm 以内的层状结构，将苯胺浸入层中聚合生成聚苯胺，高温炭化酸洗除去蒙脱土后得到掺氮石墨烯。由于蒙脱土片层的限制作用，得到的掺氮石墨烯平面氮含量高达 90.27%（56.30% 吡咯 N，33.97% 吡啶 N）。该非贵金属电催化剂在酸性条件下具有优异的 ORR 活性，半波电位仅比 Pt/C 低 60mV，但在 PEMFC 单电池测试中仅为 0.32W/cm²，远低于大多数 M-N-C 型非贵金属电催化剂。

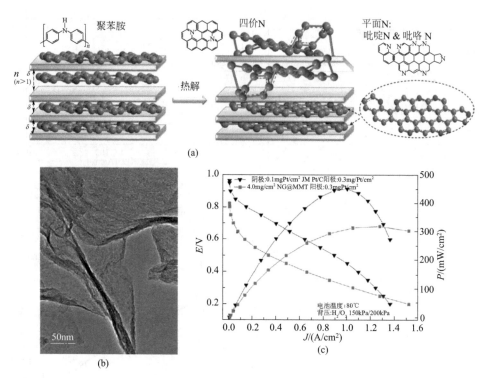

图 2-32　NG@MM 非贵金属电催化剂的制备方法（a）、形貌（b）及其 PEMFC 单电池性能（c）

综上所述，对不同碳基非贵金属电催化剂的 H_2-O_2 单电池最大功率密度、结构和组成进行总结分析：首先，高的比表面积和微孔数量有利于催化剂的单电池最大功率密度。这一方面是由于高比表面积和微孔数量有利于传质，另一方面是由于微孔处有利于形成 FeN_4 活性位点。其次，氮和金属含量低时，催化剂的单电池最大功率密度一般较低，但是在氮和金属含量足够时，催化剂的单电池最大功率密度不再受含量影响。

H_2-空气单电池中，不同碳基催化剂的最大功率同样受到其活性位点类型影响，规律和 H_2-O_2 单电池一样，但碳基催化剂 H_2-空气单电池的最大功率密度明显下降，性能最好的碳基催化剂在 H_2-空气单电池中的最大功率密度不到 H_2-O_2 单电池的一半。同样，Pt/C 催化剂在将 O_2 改为空气时，最大功率密度从 $1.36W/cm^2$ 下降到 $0.96W/cm^2$。这是由于改用空气之后，对传质的要求更高，而非贵金属催化剂的催化剂层厚度过大不利于传质，这方面的研究还较少。

2.10　展望

开发高活性和高稳定性的低铂、非铂催化剂对燃料电池的商业化和推广应用具有重大的现实意义。本章综述了一些最新的研究成果，以此介绍了铂黑催化剂、铂碳催化剂、铂合金催化剂、核壳结构催化剂、铂单原子催化剂和非贵金属催化剂，详细介绍了各类催化剂的制备工艺，并对其高活性和高稳定性的机理做了简要描述。

低铂催化剂已成为降低燃料电池成本最有效的方法之一。尽管低铂催化剂的研究和商业化取得了较大的进步，但仍面临以下问题：①在保证催化剂活性和稳定性的前提下，如何进一步优化低铂催化剂的制备条件，探求简便、低成本和规模化的制备方法仍是研究者们需要解决的关键问题；②制备具有核壳结构的低铂催化剂时，如何更有效地控制铂层的单分散性和实现铂层厚度的可控控制，从而能够精确地揭示催化剂的结构和活性之间的关系；③低铂催化剂的膜电极性能测试相关研究较少，而半电池测试和更接近于实际应用的膜电极性能测试的区别较大，因此，研究人员并不能从半电池测试的结果来直接判断其膜电极性能。因此，将低铂催化剂应用于电池测试中的研究也势在必行。如果以上问题得以有效解决，低铂催化剂实际应用于燃料电池将具有极为广阔的前景，燃料电池的大规模商业化将会早日实现。

非贵金属电催化剂替代铂基催化剂是燃料电池研究的最理想方向。经过研究者几十年的努力探索，非贵金属电催化剂无论在活性还是稳定性上都取得了较大的突破，并展现出了取代铂催化剂的潜力。然而，与铂基催化剂相比，非贵金属催化剂在酸性条件下的活性，尤其是稳定性还需进一步提高。为了使非贵金属电催化剂走向实用化，关键是对活性位点结构的清晰认识，从而指导催化剂的理性设计和制备，进一步提高活性位点密度。当前虽然已有大量关于活性位点结构的报道，但并未能达成一致性的结论，争议很大。热解 M-N-C 非贵金属催化剂结构复杂，很可能存在多种类型的氧还原活性位点，包括单原子分散金属中心与氮配位结构、非金属氮掺杂碳以及碳（氮掺杂碳）包裹型金属纳米颗粒等。未来研究需要借鉴表面科学已取得巨大成功的模型催化剂研究思路，力求通过设计和制备结构明确可控的模型催化剂，结合原位谱学技术（如 X 射线近边吸收谱、X 射线精细结构谱、穆斯堡尔谱等）深入研究，观察和推断催化剂活性位点以及催化剂失活过程。此外，催化剂的性能不仅与催化活性位点密度相关，还受催化剂的导电性、孔结构、比表面积、亲疏水性、膜电极的制备方法和运行条件等特性影响。因此，在实践中需要把这些因素有机地综合起来考虑，才能共同提升非贵金属电催化剂的活性和稳定性。

参 考 文 献

[1] Fishtik I, Callaghan C A, Fehribach J D, et al. A reaction route graph analysis of the electrochemical

hydrogen oxidation and evolution reactions. J Electroanal Chem, 2005, 576: 57-63.

[2] Gasteiger H A, Panels J E, Yan S G. Dependence of PEM fuel cell performance on catalyst loading. J Power Sources, 2004, 127: 162-171.

[3] Wroblowa H S, Yen Chi P, Razumney G. Electroreduction of oxygen: a new mechanistic criterion. J Electroanal Chem Interfacial Electrochem, 1976, 69: 195-201.

[4] Hammer B, Nørskov J K. Theoretical surface science and catalysis-calculations and concepts. Adv Catal, Academic Press, 2000: 71-129.

[5] Nørskov J K, Bligaard T, Rossmeisl J, et al. Towards the computational design of solid catalysts. Nat Chem, 2009, 1: 37-46.

[6] Stephens I E L, Bondarenko A S, Gronbjerg U, et al. Understanding the electrocatalysis of oxygen reduction on platinum and its alloys. Energy Environ Sci, 2012, 5: 6744-6762.

[7] Nørskov J K, Rossmeisl J, Logadottir A, et al. Origin of the overpotential for oxygen reduction at a fuel-cell cathode. J Phys Chem B, 2004, 108: 17886-17892.

[8] Anderson A B, Sidik R A. Oxygen Electroreduction on FeII and FeIII Coordinated to N4 Chelates. Reversible Potentials for the Intermediate Steps from Quantum Theory. J Phys Chem B, 2004, 108: 5031-5035.

[9] Bouwkamp-Wijnoltz A L, Visscher W, Van Veen J A R. The selectivity of oxygen reduction by pyrolysed iron porphyrin supported on carbon. Electrochimica Acta, 1998, 43: 3141-3152.

[10] Zhou X, Qiao J, Yang L, et al. A review of graphene-based nanostructural materials for both catalyst supports and metal-free catalysts in PEM fuel cell oxygen reduction reactions. Adv Energy Mater, 2014, 4: 1289-1295.

[11] Daems N, Sheng X, Vankelecom I F J, et al. Metal-free doped carbon materials as electrocatalysts for the oxygen reduction reaction. J Mater Chem A, 2014, 2: 4085-4110.

[12] Xie Y, Li H, Tang C, et al. A high-performance electrocatalyst for oxygen reduction based on reduced graphene oxide modified with oxide nanoparticles, nitrogen dopants, and possible metal-N-C sites. J Mater Chem A, 2014, 2: 1631-1635.

[13] Boutonnet M, Kizling J, Stenius P, et al. The preparation of monodisperse colloidal metal particles from microemulsions. Colloids and Surfaces, 1982, 5: 209-225.

[14] Marković N M, Adžić R R, Cahan B D, et al. Structural effects in electrocatalysis: oxygen reduction on platinum low index single-crystal surfaces in perchloric acid solutions. J Electroanal Chem, 1994, 377: 249-259.

[15] Hitotsuyanagi A, Nakamura M, Hoshi N. Structural effects on the activity for the oxygen reduction reaction on n (111) - (100) series of Pt: correlation with the oxide film formation. Electrochimica Acta, 2012, 82: 512-516.

[16] Tian N, Zhou Z Y, Sun S G, et al. Synthesis of Tetrahexahedral Platinum Nanocrystals with High-Index Facets and High Electro-Oxidation Activity. Science, 2007, 316: 732-735.

[17] Yu T, Kim D Y, Zhang H, et al. Platinum Concave Nanocubes with High-Index Facets and Their Enhanced Activity for Oxygen Reduction Reaction. Angew Chem Int Ed, 2011, 50: 2773-2777.

[18] Ahmadi T S, Wang Z L, Green T C, et al. Shape-Controlled Synthesis of Colloidal Platinum Nanop-

articles. Science，1996，272：1924-1925.

[19] Narayanan R，El-Sayed M A. Catalysis with transition metal nanoparticles in colloidal solution：nanoparticle shape dependence and stability. J Phys Chem B，2005，109：12663-12676.

[20] Song Y，Yang Y，Medforth C J，et al. Controlled synthesis of 2-D and 3-D dendritic platinum nanostructures. J Am Chem Soc，2004，126：635-645.

[21] Song Y，Steen W A，Peña D，et al. Foamlike nanostructures created from dendritic platinum sheets on liposomes. Chem Mater，2006，18：2335-2346.

[22] Li S，Li H，Zhang Y，et al. One-step synthesis of carbon-supported foam-like platinum with enhanced activity and durability. J Mater Chem A，2015，3：21562-21568.

[23] Li D，Wang C，Strmcnik D S，et al. Functional links between Pt single crystal morphology and nanoparticles with different size and shape：the oxygen reduction reaction case. Energy Environ Sci，2014，7：4061-4069.

[24] Perez-Alonso F J，McCarthy D N，Nierhoff A，et al. The effect of size on the oxygen electroreduction activity of mass-selected platinum nanoparticles. Angew Chem Int Ed，2012，51：4641-4643.

[25] Shao M，Peles A，Shoemaker K. Electrocatalysis on platinum nanoparticles：particle size effect on oxygen reduction reaction activity. Nano Lett，2011，11：3714-3719.

[26] Yu K，Groom D J，Wang X，et al. Degradation Mechanisms of Platinum Nanoparticle Catalysts in Proton Exchange Membrane Fuel Cells：The Role of Particle Size. Chem Mater，2014，26：5540-5548.

[27] Yang Z，Ball S，Condit D，et al. Systematic Study on the Impact of Pt Particle Size and Operating Conditions on PEMFC Cathode Catalyst Durability. J Electrochem Soc，2011，158：B1439-B1445.

[28] Shao Y，Yin G，Gao Y. Understanding and approaches for the durability issues of Pt-based catalysts for PEM fuel cell. J Power Sources，2007，171：558-566.

[29] Shao-Horn Y，Sheng W C，Chen S，et al. Instability of supported platinum nanoparticles in low-temperature fuel cells. Topics in Catalysis，2007，46：285-305.

[30] Honji A，Mori T，Hishinuma Y. Platinum Dispersed on Carbon Catalyst for a Fuel Cell：A Preparation with Sorbitan Monolaurate. J Electrochem Soc，1990，137：2084-2088.

[31] Prado-Burguete C，Linares-Solano A，Rodriguez-Reinoso F，et al. The effect of oxygen surface groups of the support on platinum dispersion in Pt/carbon catalysts. J Catal，1989，115：98-106.

[32] Coloma F，Sepulveda-Escribano A，Fierro J L G，et al. Preparation of Platinum Supported on Pregraphitized Carbon Blacks. Langmuir，1994，10：750-755.

[33] Shao Y，Liu J，Wang Y，et al. Novel catalyst support materials for PEM fuel cells：current status and future prospects. J Mater Chem，2009，19：46.

[34] Antolini E，Gonzalez E R. Polymer supports for low-temperature fuel cell catalysts. Applied Catalysis A：General，2009，365：1-19.

[35] Huang S Y，Ganesan P，Park S，et al. Development of a Titanium Dioxide-Supported Platinum Catalyst with Ultrahigh Stability for Polymer Electrolyte Membrane Fuel Cell Applications. J Am Chem Soc，2009，131：13898-13899.

[36] Subban C V，Zhou Q，Hu A，et al. Sol-Gel Synthesis，Electrochemical Characterization，and Sta-

bility Testing of $Ti_{0.7}W_{0.3}O_2$ Nanoparticles for Catalyst Support Applications in Proton-Exchange Membrane Fuel Cells. J Am Chem Soc，2010，132：17531-17536.

[37] Van T T H，Pan C J，Rick J，et al. Nanostructured $Ti_{0.7}Mo_{0.3}O_2$ support enhances electron transfer to Pt：High-performance catalyst for oxygen reduction reaction. Journal of the American Chemical Society，2011，133：11716-11724.

[38] Stamenkovic V R，Mun B S，Arenz M，et al. Trends in electrocatalysis on extended and nanoscale Pt-bimetallic alloy surfaces. Nat Mater，2007，6：241-247.

[39] Stamenkovic V R，Fowler B，Mun B S，et al. Improved oxygen reduction activity on Pt_3Ni (111) via increased surface site availability. Science，2007，315：493-497.

[40] Carpenter M K，Moylan T E，Kukreja R S，et al. Solvothermal Synthesis of Platinum Alloy Nanoparticles for Oxygen Reduction Electrocatalysis. J Am Chem Soc，2012，134：8535-8542.

[41] Zhang J，Yang H，Fang J，et al. Synthesis and Oxygen Reduction Activity of Shape-Controlled Pt3Ni Nanopolyhedra. Nano Lett，2010，10：638-644.

[42] Chen C，Kang Y，Huo Z，et al. Highly crystalline multimetallic nanoframes with three-dimensional electrocatalytic surfaces. Science，2014，343：1339-1343.

[43] Huang X，Zhao Z，Cao L，et al. High-performance transition metal-doped Pt_3Ni octahedra for oxygen reduction reaction. Science，2015，348：1230-1234.

[44] Beermann V，Gocyla M，Willinger E，et al. Rh-Doped Pt-Ni Octahedral Nanoparticles：Understanding the Correlation between Elemental Distribution，Oxygen Reduction Reaction，and Shape Stability. Nano Lett，2016，16：1719-1725.

[45] Lu B A，Sheng T，Tian N，et al. Octahedral PtCu alloy nanocrystals with high performance for oxygen reduction reaction and their enhanced stability by trace Au. Nano Energy，2017，33：65-71.

[46] Oezaslan M，Hasché F，Strasser P. Pt-based core-shell catalyst architectures for oxygen fuel cell electrodes. J Phys Chem Lett，2013，4：3273-3291.

[47] Mani P，Ratndeep Srivastava A，Strasser P. Dealloyed Pt-Cu core-shell nanoparticle electrocatalysts for use in PEM fuel cell cathodes. J Phys Chem C，2008，112：2770-2778.

[48] Wang D，Xin H L，Hovden R，et al. Structurally ordered intermetallic platinum-cobalt core-shell nanoparticles with enhanced activity and stability as oxygen reduction electrocatalysts. Nat Mater，2013，12：81-87.

[49] Liu H，Song Y，Li S，et al. Synthesis of core/shell structured Pd_3Au@Pt/C with enhanced electrocatalytic activity by regioselective atomic layer deposition combined with a wet chemical method. RSC Adv，2016，6：66712-66720.

[50] Xie S，Choi S I，Lu N，et al. Atomic Layer-by-Layer Deposition of Pt on Pd Nanocubes for Catalysts with Enhanced Activity and Durability toward Oxygen Reduction. Nano Lett，2014，14：3570-3576.

[51] Park J，Zhang L，Choi S I，et al. Atomic layer-by-layer deposition of platinum on palladium octahedra for enhanced catalysts toward the oxygen reduction reaction. ACS nano，2015，9：2635-2647.

[52] Wang X，Choi S I，Roling L T，et al. Palladium-platinum core-shell icosahedra with substantially enhanced activity and durability towards oxygen reduction. Nat Commun，2015，6：7594.

[53] Adzic R R，Zhang J，Sasaki K，et al. Platinum Monolayer Fuel Cell Electrocatalysts. Top Catal，

2007，46：249-262.

[54] Zhang J，Vukmirovic M B，Xu Y，et al. Controlling the Catalytic Activity of Platinum-Monolayer Electrocatalysts for Oxygen Reduction with Different Substrates. Angew Chem Int Ed，2005，44：2132-2135.

[55] Shao M，He G，Peles A，et al. Manipulating the oxygen reduction activity of platinum shells with shape-controlled palladium nanocrystal cores. Chem Commun，2013，49：9030-9032.

[56] Yang X F，Wang A，Qiao B，et al. Single-Atom Catalysts: A New Frontier in Heterogeneous Catalysis. Accounts Chem Res，2013，46：1740-1748.

[57] Liu J，Jiao M，Lu L，et al. High performance platinum single atom electrocatalyst for oxygen reduction reaction. Nat Commun，2017，8：15938.

[58] Zeng X，Shui J，Liu X，et al. Single-atom to single-atom grafting of Pt_1 onto Fe-N_4 Center: Pt_1@ Fe-N-C multifunctional electrocatalyst with significantly enhanced properties. Advanced Energy Materials，2018，8：1701345.

[59] Wei S，Li A，Liu J C，et al. Direct observation of noble metal nanoparticles transforming to thermally stable single atoms. Nat Nanotechnol，2018，13：856-861.

[60] Jasinski R. A new fuel cell cathode catalyst. Nature，1964，201：1212-1213.

[61] Bagotzky V S，Vassiliev Y B，Khazova O A. Generalized scheme of chemisorption，electrooxidation and electroreduction of simple organic compounds on platinum group metals. J Electroanal Chem Interfacial Electrochem，1977，81：229-238.

[62] Charreteur F，Jaouen F，Dodelet J P. Iron porphyrin-based cathode catalysts for PEM fuel cells: Influence of pyrolysis gas on activity and stability. Electrochim Acta，2009，54：6622-6630.

[63] Gupta S，Tryk D，Bae I，et al. Heat-treated polyacrylonitrile-based catalysts for oxygen electroreduction. J Appl Electrochem，1989，19：19-27.

[64] Lahaye J，Nansé G，Bagreev A，et al. Porous structure and surface chemistry of nitrogen containing carbons from polymers. Carbon，1999，37：585-590.

[65] Guo D，Shibuya R，Akiba C，et al. Active sites of nitrogen-doped carbon materials for oxygen reduction reaction clarified using model catalysts. Science，2016，351：361-365.

[66] Zhu Y，Zhang B，Liu X，et al. Unravelling the structure of electrocatalytically active Fe-N complexes in carbon for the oxygen reduction reaction. Angew Chem Int Ed，2014，53：10673-10677.

[67] Wang Q，Zhou Z，Lai Y，et al. Phenylenediamine-based FeNx/C catalyst with high activity for oxygen reduction in acid medium and its active-site probing. J Am Chem Soc，2014，136：10882-10885.

[68] Deng D，Yu L，Chen X，et al. Iron encapsulated within pod-like carbon nanotubes for oxygen reduction reaction. Angew Chem Int Ed，2013，52：371-375.

[69] Hu Y，Jensen J O，Zhang W，et al. Hollow spheres of iron carbide nanoparticles encased in graphitic layers as oxygen reduction catalysts. Angew Chem Int Ed，2014，53：3675-3679.

[70] Zhu J，Xiao M，Liu C，et al. Growth mechanism and active site probing of Fe3C@ N-doped carbon nanotubes/C catalysts: guidance for building highly efficient oxygen reduction electrocatalysts. J Mater Chem A，2015，3：21451-21459.

[71] Sa Y J，Seo D J，Woo J，et al. A General Approach to Preferential Formation of Active Fe-Nx Sites

in Fe-N/C Electrocatalysts for Efficient Oxygen Reduction Reaction. J Am Chem Soc, 2016, 138: 15046-15056.

[72] Han Y, Wang Y G, Chen W, et al. Hollow N-doped carbon spheres with isolated cobalt single atomic sites: superior electrocatalysts for oxygen reduction. Journal of the American Chemical Society, 2017, 139: 17269-17272.

[73] Wang J, Huang Z, Liu W, et al. Design of N-coordinated dual-metal sites: a stable and active Pt-free catalyst for acidic oxygen reduction reaction. Journal of the American Chemical Society, 2017, 139: 17281-17284.

[74] Chung H T, Cullen D A, Higgins D, et al. Direct atomic-level insight into the active sites of a high-performance PGM-free ORR catalyst. Science, 2017, 357: 479-484.

[75] Okada T, Gotou S, Yoshida M, et al. A Comparative Study of Organic Cobalt Complex Catalysts for Oxygen Reduction in Polymer Electrolyte Fuel Cells. J Inorg Organomet P, 1999, 9: 199-219.

[76] Wu L, Nabae Y, Moriya S, et al. Retracted article: Pt-free cathode catalysts prepared via multi-step pyrolysis of Fe phthalocyanine and phenolic resin for fuel cells. Chem Commun, 2010, 46: 6377-6379.

[77] Chang S T, Wang C H, Du H Y, et al. Vitalizing fuel cells with vitamins: pyrolyzed vitamin B12 as a non-precious catalyst for enhanced oxygen reduction reaction of polymer electrolyte fuel cells. Energy Environ Sci, 2012, 5: 5305-5314.

[78] Li J, Song Y, Zhang G, et al. Pyrolysis of self-assembled iron porphyrin on carbon black as core/shell structured electrocatalysts for highly efficient oxygen reduction in both alkaline and acidic medium. Adv Funct Mater, 2017, 27: 1604356.

[79] Liang H, Wei W, Wu Z, et al. Mesoporous metal-nitrogen-doped carbon electrocatalysts for highly efficient oxygen reduction reaction. J Am Chem Soc, 2013, 135: 16002-16005.

[80] Cheon J Y, Kim T, Choi Y, et al. Ordered mesoporous porphyrinic carbons with very high electrocatalytic activity for the oxygen reduction reaction. Sci Rep, 2013, 3: 2715.

[81] Lefevre M, Proietti E, Jaouen F, et al. Iron-based catalysts with improved oxygen reduction activity in polymer electrolyte fuel cells. Science, 2009, 324: 71-74.

[82] Wu G, More K L, Johnston C M, et al. High-performance electrocatalysts for oxygen reduction derived from polyaniline, iron, and cobalt. Science, 2011, 332: 443-447.

[83] Wang Y C, Lai Y J, Song L, et al. S-doping of an Fe/N/C ORR catalyst for polymer electrolyte membrane fuel dells with high power density. Angew Chem Int Ed, 2015, 54: 9907-9910.

[84] Ding W, Li L, Xiong K, et al. Shape fixing via salt recrystallization: a morphology-controlled approach to convert nanostructured polymer to carbon nanomaterial as a highly active catalyst for oxygen reduction reaction. J Am Chem Soc, 2015, 137: 5414-5420.

[85] Su X, Liu J, Yao Y, et al. Solid phase polymerization of phenylenediamine toward a self-supported FeNx/C catalyst with high oxygen reduction activity. Chem Commun, 2015, 51: 16707-16709.

[86] Ma S, Goenaga G A, Call A V, et al. Cobalt Imidazolate Framework as Precursor for Oxygen Reduction Reaction Electrocatalysts. Chemistry -A European Journal, 2011, 17: 2063-2067.

[87] Proietti E, Jaouen F, Lefevre M, et al. Iron-based cathode catalyst with enhanced power density in

polymer electrolyte membrane fuel cells. Nat Commun，2011，2：416.

[88] Chen Y Z，Wang C，Wu Z Y，et al. From Bimetallic Metal-Organic Framework to Porous Carbon：High Surface Area and Multicomponent Active Dopants for Excellent Electrocatalysis. Adv Mater，2015，27：5010-5016.

[89] Wang X，Zhang H，Lin H，et al. Directly converting Fe-doped metal-organic frameworks into highly active and stable Fe-N-C catalysts for oxygen reduction in acid. Nano Energy，2016，25：110-119.

[90] Ai K，Liu Y，Ruan C，et al. sp^2 C-dominant N-doped carbon sub-micrometer spheres with a tunable size：a versatile platform for highly efficient oxygen-reduction catalysts. Adv Mater，2013，25：998-1003.

[91] Chen P，Xiao T Y，Qian Y H，et al. A nitrogen-doped graphene/carbon nanotube nanocomposite with synergistically enhanced electrochemical activity. Adv Mater，2013，25：3192-3196.

[92] Ding W，Wei Z，Chen S，et al. Space-confinement-induced synthesis of pyridinic-and pyrrolic-nitrogen-doped graphene for the catalysis of oxygen reduction. Angew Chem Int Ed，2013，52：11755-11759.

[93] Serov A，Artyushkova K，Atanassov P. Fe-N-C Oxygen Reduction Fuel Cell Catalyst Derived from Carbendazim：Synthesis，Structure，and Reactivity. Adv Energy Mater，2014，4：1301735.

[94] Liu Q，Liu X，Zheng L，et al. The Solid-Phase Synthesis of an Fe-N-C Electrocatalyst for High-Power Proton-Exchange Membrane Fuel Cells. Angew Chem Int Ed，2018，57：1204-1208.

[95] Subramanian N P，Li X，Nallathambi V，et al. Nitrogen-modified carbon-based catalysts for oxygen reduction reaction in polymer electrolyte membrane fuel cells. Journal of Power Sources，2009，188：38-44.

[96] Shui J，Wang M，Du F，et al. N-doped carbon nanomaterials are durable catalysts for oxygen reduction reaction in acidic fuel cells. Sci Adv，2015，1.

第3章
质子交换膜

3.1 概况及要求

　　质子交换膜作为燃料电池的核心部件之一，在质子交换膜燃料电池中扮演着极其重要的角色。其作用主要分为两部分，其一是阻隔阴阳极的气体与阴阳极电催化剂，其二是选择性地对质子传导而对电子绝缘。在燃料电池的实际应用中，质子交换膜需要满足如下几个要求：

　　① 具有较高的质子传导能力，一般来说，在使用条件下质子传导率需要达到 0.1S/cm 的数量级；

　　② 具有低的电子传导率，从而能够有效地阻隔阴阳极电子导体，提高电池效率；

　　③ 具有良好的气体阻隔能力，在干态与湿态条件下，同样能保证电池的效率；

　　④ 具要一定程度的化学稳定性，即在 PEMFC 实际运行过程中，质子交换膜的结构能够保持稳定性；

　　⑤ 具有良好的热稳定性，即在 PEMFC 运行温度下，保持结构不分解；

　　⑥ 具有较好的机械性能和尺寸稳定性，溶胀率低；

　　⑦ 环境友好，价格低廉。

　　20 世纪 60 年代初，美国通用电气公司的 Grubb 和 Niedrach[1] 成功研制出聚苯甲醛磺酸膜，这也是世界上最早的质子交换膜，但其在干燥条件下易开裂。此后研制的聚苯乙烯磺酸膜（PSSA）通过将聚苯乙烯-联乙烯苯交联到碳氟骨架上获得，制成的膜在干湿状态下都具有很好的机械稳定性[2]。20 世纪 60 年代，美国杜邦公司开发了全氟磺酸（PFSA）膜（即之后的 Nafion 系列产品），正是这种膜的出现，使得燃料电池技术取得了巨大的发展和成就。这种膜化学稳定性很好，在燃料电池中的使用寿命超过 57000h[3]，一直到现在，Nafion 系列产品一直被广泛地关注与应用。

美国能源部（DOE）对于质子交换膜制定了一套技术指标，部分列于表 3-1。关于质子交换膜的在线测试，DOE 同样给出了一套标准，测试的部分条件见表 3-2。

表 3-1 DOE 对于质子交换膜的技术指标

指标	现状	2025 年目标
最大运行温度/℃	120	120
阻抗(最大运行温度下,水分压 40~80kPa)/Ω·cm²	0.023(40kPa) 0.012(80kPa)	0.02
阻抗(80℃,水分压 25~45kPa)/Ω·cm²	0.017(25kPa) 0.006(45kPa)	0.02
阻抗(30℃,水分压<4kPa)/Ω·cm²	0.02(3.8kPa)	0.03
阻抗(−20℃)/Ω·cm²	0.1	0.2
最大氧气渗透/(mA/cm²)	<1	2
最大氢气渗透/(mA/cm²)	<1.8	2
机械稳定性/圈	24000	20000
化学稳定性(要求氢渗透<5mA/cm²,或开路电压衰减<20%)/h	614	500
价格/(美元/m²)	15.9	17.9

表 3-2 DOE 关于质子交换膜测试的部分条件

循环	电池面积 25~50cm²,0%相对湿度(2min)循环至 100%相对湿度(2min)	
总时间	直至氢渗透>2mA/cm² 或 20000 次循环	
温度	80℃	
气体	氢气-空气,流速 2slpm	
压力	环境压力(无背压)	
项目	测试频率	目标
氢渗透	每 24h	≤2mA/cm²
短路电阻	每 24h	>1000Ω·cm²

近些年来，全氟磺酸质子交换膜在质子传导、化学耐腐蚀性、机械强度等方面都能够满足大部分需求，但是以 Nafion 系列产品为代表的全氟磺酸质子交换膜仍然存在尺寸稳定性差、价格昂贵、燃料渗透高等问题。因此，针对高性能、高稳定性且廉价的质子交换膜的研究一直在广泛展开。目前针对质子交换膜的研究大致集中在以下几类膜：全氟磺酸质子交换膜、部分氟化质子交换膜、非氟化

质子交换膜、复合质子交换膜。

3.2 全氟磺酸质子交换膜

全氟磺酸质子交换膜由碳氟主链和带有磺酸基团的醚支链所组成，是现在世界上最先进的质子交换膜，也是目前在 PEMFC 中唯一得到广泛应用的一类质子交换膜。以 Nafion® 系列产品为例，其结构式如图 3-1 所示。其中，聚四氟乙烯骨架为疏水部分，带有磺酸基团的支链为亲水部分。在全氟磺酸结构中，磺酸根通过共价键固定在聚合物分子链上，与质子结合形成的磺酸基团在含水的情况下可以离解

$$-[(CFCF_2)(CF_2CF_2)_m]-$$
$$OCF_2CFOCF_2CF_2SO_3H$$
$$CF_3$$

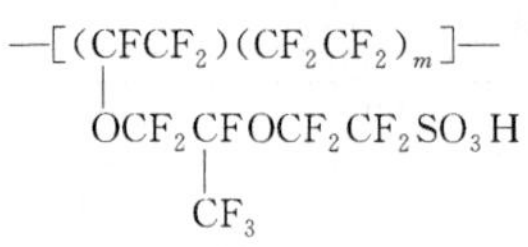

图 3-1 Nafion 树脂的结构式

出可以自由移动的质子。每个磺酸根周围大概可以聚集 20 个水分子，形成微观的含水区域，当这些含水区域互相连通时可以形成贯穿整个质子交换膜的质子传输通道，从而实现质子的传输。目前关于质子交换膜的微观模型中，普遍认同的是离子团簇模型，如图 3-2 所示。疏水的聚四氟乙烯主链构成晶相疏水区，亲水的磺酸基团支链与水形成离子团簇，离子团簇的直径约为 4nm，相邻团簇之间距离 5nm，其间以直径 1nm 的通道连接。基于这种模型，全氟磺酸质子交换膜在吸水后，水以球形区域在膜内分布，在球的表面磺酸根形成固定的质子传输位点，游离的水合质子可以在这些位点之间进行传输，并通过离子团簇之间的通道形成贯穿的离子传输体系。当量质量（EW，单位为 g/mol）常用来表征全氟磺酸树脂的酸浓度，其数值等于含 1mol 质子的干态膜质量。此外，还常用离子交换容量（IEC，单位为 mmol/g）来表示全氟磺酸树脂的酸浓度，其数值等于 1g 干态膜内质子的物质的量，IEC 与 EW 互为倒数。随着 EW 值的升高，单位质量内的质子传输位点数下降，膜的结晶度和刚性都会增加，而膜的吸水能力会下

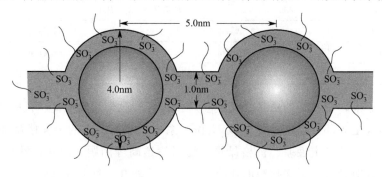

图 3-2 全氟磺酸膜的离子团簇模型

降,导致离子团簇的间距增加,最终导致质子传输能力的下降。而 EW 值过低则会导致质子交换膜的溶胀提高,吸水量增加,尺寸稳定性与机械性能下降,甚至导致膜的溶解。因此,需要控制 EW 在一定范围内,一般为 $800 \sim 1500 g/mol$。

质子交换膜的各项性能依然存在极大的提升空间,于是全球众多科研院所和研究机构相继开展了质子交换膜的研究工作,并且得到了多种全氟磺酸型膜材料,如美国杜邦公司的 Nafion 系列膜(Nafion-117、Nafion-115、Nafion-112 等),美国陶氏(Dow)化学公司的 XUS-B204 膜,日本旭硝子和旭化成公司生产的 Flemion F4000 膜和 Aciplex F800 膜,比利时苏威(Solvay)公司的 Aquivion 膜,以及加拿大 Ballard 公司的 BAM 膜等。国内比较出色的生产厂家有山东东岳集团等(表 3-3)。Flemion、Aciplex 和 Nafion 一样,支链全是长链,而 XUS-B204 含氟侧链较短,从而当量质量(EW)值低,且电导率显著增加,但因含氟侧链短,合成难度大且价格高,现已经停产。Aquivion 膜为短支链膜,与长链的 Nafion 膜相比有其优势。肖川等测试了短支链的 Aquivion 膜与 Nafion-112 膜的性能,结果表明,Aquivion 膜比 Nafion-112 膜具有更优异的化学性能,通过其更高含量的磺酸基团来保持膜内的水含量,从而维持较高的电池性能。

表 3-3 国内外质子交换膜制造企业

序号	企业名称/国籍	产品	投产时间
1	杜邦/美国	Nafion 系列	1966 年
2	陶氏(Dow)/美国	XUS-B204 系列	—
3	3M/美国	全氟磺酸离子交换膜系列	—
4	戈尔(Gore)/美国	全氟磺酸离子交换膜系列	—
5	旭硝子/日本	Flemion F4000 系列	1978 年
6	旭化成/日本	Aciplex F800 系列	1980 年
7	苏威(Solvay)/比利时	Aquivion 系列	—
8	Ballard/加拿大	BAM 系列	—
9	东岳集团/中国	DF988 系列、DF2801 系列	2009 年 9 月

我国也在全氟磺酸质子交换膜的开发研究上进行了大量投入,并取得了显著成绩。山东东岳集团在质子交换膜领域做出了突出贡献,是国内第一家具有批量生产质子交换膜能力的企业。东岳集团对质子交换膜在电堆内的各种失效因素进行了分析,包括结冰、化学稳定性、机械稳定性(即压边与密封环节的机械稳定性)、氧的传输、质子的传输以及氢气的渗透等问题。目前,东岳集团与上海交通大学合作,利用短链磺酸树脂制备出了高性能、适用于高温 PEMFC 的短链全氟磺酸膜,在 95℃、30% 相对湿度下的单电池输出性能,比同等条件下的

Nafion-112 膜及 Solvay 公司的 E97-03S 膜优异。东岳集团的 DF260 质子交换膜性能与奔驰公司使用的质子交换膜性能基本一样，并且有更好的阻氢能力。并且在 120 个 OCV 循环后，同时加以机械应力测试，其性能依旧保持了相当高的水准。模拟实际乘用车的工况，目前已经超过 6000h，质子交换膜无论是厚度还是阻氢能力，都没有太大的损伤。东岳集团在 2014 年仅仅实现了 1000h 的工况模拟，而在 2016 年就达到了 6000h 的水准，目前世界上只有东岳集团和美国戈尔（Gore）两家公司能够达到这个标准。现在，DF260 质子交换膜已经实现了批量生产，同时也正在进行第二代质子交换膜的开发。第二代质子交换膜主要是短链和侧链调控的新型树脂，以降低 EW，提高保水能力，进一步降低厚度（目前 DF260 薄膜的厚度为 15μm），将使用寿命提升至 9000h，降低成本为主要攻克目标。预计到 2023 年左右，东岳集团将实现几百万平方米的产能。

目前，市场上最广泛应用的质子交换膜仍是美国杜邦公司的 Nafion 膜。杜邦公司申请的美国专利 US3282875 最早（1966 年）揭示了全氟磺酸树脂的制备方法。该专利采用全氟磺酰乙烯基醚为单体，采用有机过氧化物、偶氮化合物以及过硫酸盐为引发剂，分别进行了全氟磺酰乙烯基醚的本体聚合，与四氟乙烯、六氟丙烯、偏氟乙烯、三氟氯乙烯的共聚合，在氟碳溶剂中的溶液聚合和在水相中的分散聚合。其后，于 1994 年，该公司又发明了一种在溶液和本体聚合的方法，该方法表明，引发剂应采用高氟化或全氟化物质，且引发剂必须能溶于反应混合物，溶液聚合的引发剂可以是 $(CF_3CF_2COO)_2$，也可以是过氧化物、偶氮化物等，该方法所得到的聚合物在较低的当量质量（EW）时有较低的熔融指数。目前商业化的 Nafion 系列产品实际上是一系列不同厚度的全氟磺酸膜的总称，根据其加工方式、EW 以及厚度的不同，目前商业化的均质 Nafion 膜分别以 Nafion-115、Nafion-117、Nafion-1135、Nafion-211 等命名，具体见表 3-4。

表 3-4　杜邦均质 Nafion 膜成型方式、EW 与厚度

型号	成型方式	EW/(g/mol)	厚度/μm
Nafion-111	挤出成型	1100	25.4
Nafion-112	挤出成型	1100	51
Nafion-115	挤出成型	1100	127
Nafion-117	挤出成型	1100	183
Nafion-211	铸造成型	1100	25.4
Nafion-212	铸造成型	1100	51

Nafion 膜有很多优点，如化学稳定性强、机械强度高、在高湿度下电导率

高、在低温下电流密度大、质子传导电阻小等。但是 Nafion 膜也存在一些问题：①价格昂贵，每平方米 Nafion 膜的价格在 500～800 美元。②质子在 Nafion 膜内的传导需要以水为介质，这也使得 Nafion 膜的含水率成为一个重要的问题。在相对湿度为 30％时，Nafion 膜的质子传导下降严重；相对湿度降至 15％时，Nafion 膜几乎成为绝缘体。这也使得 Nafion 膜无法在超过 100℃的环境下工作，工作温度也无法低于 0℃。③用于直接甲醇燃料电池时，其甲醇渗透率较大，影响电池的转换效率。

3.3　部分氟化质子交换膜

由于全氟磺酸膜价格一直居高不下，成为燃料电池大规模应用的障碍之一。为了降低质子交换膜的价格，改变全氟聚合物难合成的现状，很多科学家对部分氟化及无氟质子交换膜进行了研究[4,5]。

部分氟化质子交换膜是指由分子链中同时含有碳氟键和碳氢键的聚合物制成的质子交换膜。从化学键键能的角度来看，碳氟键的键能是 485kJ/mol，而碳氢键的键能常常为 350～435 kJ/mol，因此含有碳氟键的聚合物往往有更好的热稳定性与化学稳定性。部分氟化质子交换膜使用部分取代的氟化物代替全氟磺酸树脂，或者将氟化物与无机或其他非氟化物进行共混制膜。加拿大 Ecole Polytechniqe 公司的 NASTA 、NASTHI 、NASTAHTI 系列膜，是将 Nafion® 树脂、杂多酸及噻吩结合制得的共混膜。膜的电导率有所提高，这归功于杂多酸及噻吩的引入。另外，该系列膜对水的吸收能力也比 Nafion® 膜和 Dow® 膜更大，这表明膜的化学性质发生了变化，但其中的原理尚无合理的解释。这种膜的强度以及稳定性等还有待进一步研究。同样来自加拿大的 Ballard 公司也致力于质子交换膜的研究工作，先后研发得到 BAM1G、BAM2G 和 BAM3G 膜。其中，BAM3G 膜是先用取代的三氟苯乙烯与三氟苯乙烯共聚制得共聚物，再经磺化得到的部分氟化质子交换膜。该膜具有低的 EW 与高的工作效率，并且把 Ballard MK5 单电池的寿命提高到 15000h，同时成本也有大幅度下降。此外，常见的一类部分氟化质子交换膜是以聚偏氟乙烯为基础制成的质子交换膜，这类膜常常以全氟或者偏氟材料作为聚合物的前驱物，用等离子辐射法使其与磺化的单体发生接枝反应，将磺化的单体作为支链接枝到聚合物主链上；或者先用接枝的方法使主链带上有一定官能团的侧链，再通过取代反应对侧链进行磺化。这其中，以聚苯乙烯磺酸钠（PSSA）接枝聚偏氟乙烯（PVDF）主链的聚偏氟乙烯基磺酸膜是重要代表。

3.4 非氟化质子交换膜

非氟化质子交换膜实质上是碳氢聚合物膜，作为燃料电池隔膜材料，其价格便宜、加工容易、化学稳定性好、具有高的吸水率。因为 C—H 键离解焓低，易被 H_2O_2 降解，严重危害稳定性。因此，非氟化质子交换膜用于燃料电池的主要问题集中在化学稳定性的改良上。芳香聚酯、聚苯并咪唑、聚酰亚胺、聚砜、聚酮等由于具有良好的化学稳定性、耐高温性、环境友好以及成本低等优势，被大量研究通过质子化处理用于 PEMFC。

3.4.1 聚苯并咪唑

聚苯并咪唑（PBI）是一种常见的工程树脂，其主链上的咪唑环含有两个氮原子，能够与氢原子形成分子间氢键，其化学结构如图 3-3 所示。PBI 膜通过这些氢键的"形成—断裂—重新形成"，咪唑环中的氮原子便可以作为固定的质子传输位点完成质子的传导。因此，PBI 有作为燃料电池质子交换膜的可能性。

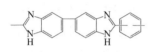

图 3-3 聚苯并咪唑的化学结构

PBI 的制备方法有熔融聚合法、溶液缩聚法、母体法以及亲核取代法。熔融聚合法是将四胺与二元酸或其衍生物以等物质的量的比例在 200℃高温下进行搅拌混合，同时升温至 310℃停止搅拌并保温 45min，再升温至 415℃保温 1h 即可得到 PBI。溶液缩聚法是将四胺或四胺盐酸盐加到多聚磷酸中，在氮气氛围下加热搅拌，使其溶解，随后加入二元酸或其衍生物，在 200℃下保温 12h 进行反应，反应结束后将混合物倒入过凉的水中进行沉析，经洗涤干燥即得产物。母体法是在四胺单体合成还未进行至最后一步之前，也就是在生成二元硝基和二元氨基取代物时，直接将该产物与二元酸进行反应，得到 PBI 的母体，之后再进行还原，使硝基还原为氨基，最后进行高温热处理即可得到 PBI 聚合物。亲核取代法则是先合成含有苯并咪唑环且含有亲核取代位的中间体，然后在碱性环境中与醇反应得到 PBI 聚合物。

PBI 作为常见的工程塑料，具有较高的热稳定性和机械强度，制成薄膜，其气体与甲醇的渗透率低，然而，PBI 中质子的离解度很低，PBI 膜的质子传导率仅为 $10^{-7}\sim10^{-6}\text{S/cm}$，因此 PBI 常常需要引入无机酸来实现质子的长程传输。通常引入无机酸的方法有如下五种：

① 膜浸泡法。将制备好的 PBI 薄膜浸泡在合适浓度的酸溶液中，即可得到所需酸浓度的复合膜。

② 混合溶液成膜法。用合适的溶剂溶解 PBI，并加入合适浓度的酸，再进行铸膜即可制得复合膜。

③ 界面凝聚法。用 DMAc 溶解 PBI 聚合物，并浇铸在 PTFE 薄膜上，随后浸入含酸的 THF 溶液中，通过抽真空即可使含有酸的 PBI 在两相界面凝聚。

④ 接枝反应法。在 PBI 主链上进行接枝，使其带上含酸的支链。

⑤ 共聚法。用含咪唑环的单体与含酸性基团的单体进行共聚，得到含酸的 PBI 聚合物。

在众多无机酸掺杂的复合膜中，磷酸掺杂的复合膜是 PBI 聚合物用于 PEMFC 的一种代表性技术，其质子传导率可以达到 0.1S/cm 以上。并且，由于 PBI 自身的玻璃化温度高达 210℃，磷酸掺杂的 PBI 膜可以在 210℃ 的最高温度条件下工作。但是，磷酸与 PBI 链之间没有共价键结合，且磷酸易溶于水，因此，随着燃料电池反应产生水，磷酸也会随之流失，导致电池性能下降。

3.4.2 聚酰亚胺

聚酰亚胺（PI）是目前综合性能最好的聚合物材料之一，能够耐 400℃ 的高温，在航空、航天、微电子、隔膜等领域有着广泛的应用。在燃料电池领域，聚酰亚胺凭借其良好的机械性能以及极佳的燃料阻隔性能，一直以来都是燃料电池质子交换膜领域的一个研究热点。传统的聚酰亚胺材料普遍为五元环聚酰亚胺，并且在众多领域中都有着优异的性能。质子交换膜的使用状况要求聚酰亚胺有足够的稳定性，然而五元环的聚酰亚胺易水解，在酸性环境中尤为不稳定，并且经过磺化之后更加不稳定。Genies[6,7] 等人的研究也表明，五元环聚酰亚胺薄膜会因水解而失效，不适合作为燃料电池质子交换膜来使用，而他们以 1,4,5,8-萘四甲二酐（NDTA）作为酸酐合成含六元环的磺化聚酰亚胺，在稳定性方面有了很大的提升，将其磺化程度控制在一定的范围内，便可满足燃料电池的使用需求。

目前用于质子交换膜的磺化聚酰亚胺大部分由六元环酸酐合成，六元酸酐的反应活性较低，目前普遍采用一步法高温合成。以间甲基苯酚为溶剂，在苯甲酸和叔胺的催化下，高温时将酸酐单体、氨基单体一步缩聚，即可获得聚酰亚胺。此法合成的聚酰亚胺经过磺化即可用于燃料电池，常用的磺酸基引入方式有两种：一种是将带有磺酸基的二胺单体引入聚合体系进行聚合，由于过多磺化二胺的引入会使得制得的磺化聚酰亚胺易于吸水，导致严重的溶胀，甚至溶解，因此在引入磺化二胺单体的同时还保留一部分非磺化的二胺单体进行三元共聚，从而达到控制磺化程度的目的；另一种是先进行聚酰亚胺的合成，再对其进行修饰，引入磺酸基团。通过选择合适的单体以及对磺化程度的精确控制，磺化聚酰亚胺的质子传导率可以达到 Nafion® 膜的水平，并且其甲醇阻隔能力比 Nafion® 膜低 1～2 个数量级。因此，磺化聚酰亚胺在 DMFC 中的应用有较大的优势。

3.4.3　聚芳醚类聚合物

聚芳醚类聚合物的历史可以追溯到 1957 年美国通用电气公司首次制得聚[2,6-(二甲基苯基)-1,4-醚]（PPO）[8]，自此聚芳醚类聚合物的研发就从未停止过。迄今已合成的聚芳醚类聚合物包括聚苯硫醚（PPS）、据苯醚砜（PES）、聚醚酮（PEK）、聚醚醚酮（PEEK）、聚醚酮酮（PEKK）、聚醚醚酮酮（PEEKK）、聚硫醚酮（PKS）、聚芳醚腈（PEN）等。聚芳醚类聚合物具有良好的热稳定性、力学性能以及化学稳定性，并且其抗水解能力强，价格低廉，被认为是一类有潜在应用价值的质子交换膜材料。

通常用作质子交换膜的聚芳醚类聚合物材料往往需要通过磺化处理，使其具有长程质子传输能力。常用的两种合成方法为后磺化法以及直接共聚法。后磺化法是在制得聚芳醚类聚合物后再通过取代、接枝等反应使其带上磺酸基团；直接共聚法则是预先合成磺化的单体，再进行共聚得到磺化的聚芳醚类聚合物。

后磺化法是最常用于制备磺化聚芳醚类聚合物的方法，代表性的聚合物有磺化聚芳醚砜与磺化聚醚醚酮类聚合物。常用的磺化试剂包括浓硫酸、三氧化硫-磷酸三乙酯、氯磺酸以及三甲基硅磺酰氯等。所得聚合物的磺化程度由磺化试剂浓度、反应温度与反应时间所决定。Noshay 和 Roberson[9] 等在较为温和的条件下合成了双酚 A 型磺化聚芳醚砜，为其他类型的磺化聚芳醚类聚合物的合成打下了基础。Bishop[10] 等人通过对磺化试剂浓度以及反应时间的控制合成了 30%～100% 不同磺化程度的磺化聚醚醚酮，但却很难获得 30% 磺化程度以下的磺化聚醚醚酮。此外，磺化试剂除了参加磺化反应，还会与聚合物发生副反应，使其交联甚至降解。针对这些问题，科研工作者通过对不同磺化试剂的比较研究以及各类添加剂的研究，成功抑制了副反应的发生，并且合成了一系列具有特殊结构的磺化聚芳醚类材料。

后磺化法由于其磺化程度难以控制，且磺化位置一般是在与双醚键相连的电子云密度较高的苯环上，使磺酸基的抗水解能力下降，尤其在酸性条件下，进一步降低了此类聚合物的化学稳定性。而直接共聚法能有效避免这些问题，因此，近些年来科研工作者普遍采用这种方法来合成磺化聚芳醚类材料。常用的磺化单体结构式如图 3-4 所示。

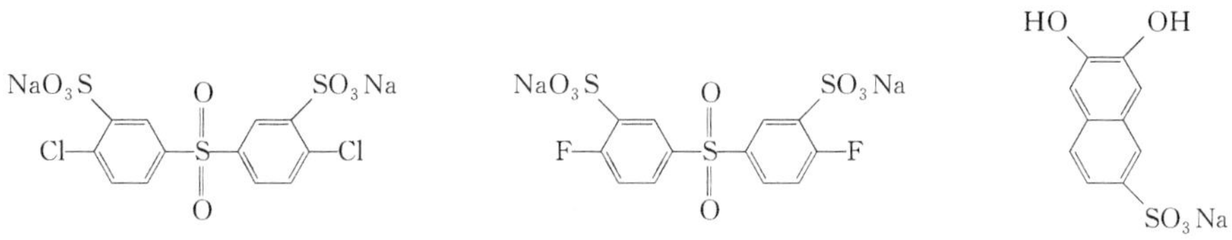

图 3-4 常用的磺化单体结构式

采用直接共聚法主要有以下几个优点：①可以通过控制磺化单体的投入量来控制磺化度；②由于可以在每个单体上引入两个磺酸基团，因而利用直接聚合法可以获得更高的磺化度；③如果磺酸基团在连有强吸电子基团的苯环上，能够获得较好的化学稳定性和较强的抗水解能力；④连在有强吸电子基团取代的苯环上的磺酸基具有更强的酸性。但直接共聚法也存在其固有的缺陷，利用直接聚合法受磺化单体的限制，使得利用此方法所得的聚合物结构相对单一，很难获取结构特殊的聚合物。

在众多磺化聚芳醚类材料中，磺化聚醚醚酮（SPEEK）是研究较多的一类材料。磺化聚醚醚酮一般采用后磺化法进行合成，文献中一般采用 $95\%\sim98\%$ 的浓硫酸进行磺化，其磺化程度可以通过控制反应温度和反应时间进行调节。其结构式如图 3-5 所示，这种结构在燃料电池的工作环境下有较好的稳定性，以及较高的质子传导率。

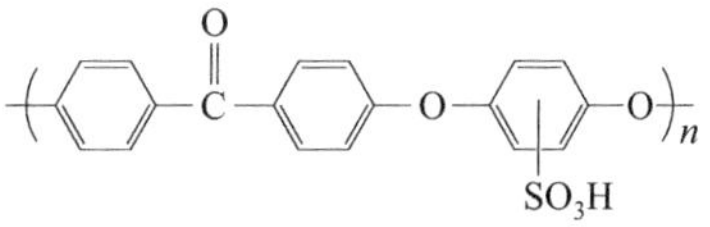

尽管磺化聚醚醚酮质子交换膜经过改性可以获得较好的稳定性，但其质子传导率仍低于全氟磺酸质子交换膜。以 Nafion® 为代表的全氟磺酸质子交换膜不仅有较高的质子浓度，还

图 3-5 磺化聚醚醚酮的结构式

能够形成长程的质子传输通道。而磺化聚醚醚酮链内的磺酸基团酸性要远弱于全氟磺酸质子交换膜内的磺酸基团酸性。与 Nafion® 膜类似，磺化聚醚醚酮质子交换膜的吸水率也会随着膜的磺化程度提高而增加。当膜吸水时，也会形成类似 Nafion® 膜的亲水区域，磺化程度越高，亲水区域的贯通也就越容易，宏观上表现为质子传导率的提升。相关研究表明，磺化聚醚醚酮质子交换膜对于水的依赖性要比 Nafion® 膜更大，只有在高溶胀的情况下才能有与 Nafion® 膜相当的质子传导率。但是，燃料电池的工作状况不允许过高的溶胀率，因此，这类膜在燃料电池中应用时，寿命往往是一大制约因素。

3.4.4 其他非氟聚合物

除了聚苯并咪唑、聚酰亚胺以及聚芳醚类聚合物，还有很多其他聚合物材料经过磺化、磷酸化之后也可以用于燃料电池质子交换膜。例如聚乙烯基磷酸及其共聚物、聚磷腈、聚亚胺苯基氧类聚合物等，经过磺化或者磷酸化处理，也可用作质子交换膜。

聚磷腈是一种以氮原子和磷原子交替排列作为骨架的聚合物，每个磷原子还连有两个侧链。聚磷腈的侧链具有较好的可修饰性，可以通过引入不同的官能团来满足相应的需求，因此，若对聚磷腈进行磺酸化或者磷酸化处理，便可满足质子交换膜的使用需求。对聚磷腈的磺酸化研究最早开始于1991年，Allock[11]等利用浓硫酸、发烟硫酸、氯磺酸等试剂作为磺化试剂对聚磷腈进行磺酸化，并对不同侧链中的磺化位置进行了探讨，但最终并没有用作燃料电池质子交换膜。Wycisk[12]等人首次将磺化聚磷腈用于质子交换膜材料，他们利用三氧化硫作为磺化试剂，对聚[(3-甲基苯氧基)(苯氧基)磷腈]、聚[(4-甲基苯氧基)(苯氧基)磷腈]、聚[(3-乙基苯氧基)(苯氧基)磷腈]、聚[(4-乙基苯氧基)(苯氧基)磷腈]进行了磺化，并用二甲基乙酰胺（DMAC）或氮甲基吡咯烷酮溶解，配制成铸膜液并进行浇铸成膜。结果表明，可以通过控制三氧化硫的用量来控制最终产物的磺化程度以及离子交换容量（IEC），进而控制膜的质子传导率、溶胀性能以及玻璃化转变温度等要素。磷酸化也是对聚磷腈进行改性的一种常见方法，与磺酸化相比，磷酸基团的酸性要弱于磺酸基团，这使得磷酸型聚磷腈具有较低的溶胀度，且磷酸根引入的反应条件较磺酸化更加温和，不会对聚合物骨架产生影响。Allock[13]等人通过亲核取代的方法制得带有对溴苯氧基侧链的聚磷腈，随后将对溴苯氧基锂化后与氯磷酸二苯酯进行反应，便可将磷酸酯引入聚磷腈结构中，最后在碱性条件下进行酯的水解反应并酸化即可得到磷酸基团。将所得产物溶解于二甲基甲酰胺配制成铸膜液并浇铸成膜，在^{60}Co的辐照下，聚合物可以发生交联反应，进而增加其吸水率与阻醇性能。除了对聚磷腈进行磺酸化以及磷酸化处理外，引入磺酰亚胺类基团也可以使聚磷腈获得质子传导的能力。

3.5　复合质子交换膜

尽管均相质子交换膜材料在很大程度上能够满足燃料电池的使用需求，但对于各种特殊工况下的燃料电池，业内对燃料电池使用要求不断提高，目前的均相质子交换膜已经逐渐无法满足严苛的使用需求。将质子交换膜聚合物与其他各种材料进行复合，是对质子交换膜进行改性的重要方案，通过将不同材料复合，可以在保留所需基本要求的同时，在某一方面取得极为显著的提升。通常在将无机材料与有机聚合物进行复合时，无机材料可以改善复合材料的力学性能、热稳定性以及电磁学性能，有机材料则提供一定的柔韧性、活性官能团等。新型添加剂的引入还可以使复合材料获得特殊的性能。目前，复合膜的研究已在全球范围内广泛开展，对各类复合膜的研究也已取得较为突出的成果。

常用的复合膜制备方法有共混浇铸法、渗入法、溶胶凝胶法等。共混浇铸法是使用最多也是最为简单方便的方法，即将聚合物溶液或熔融物与无机添加剂进行混合后再进行铸膜。这种方法最大的弊端在于无机相和有机相的相分离，导致混合不均匀，无机物往往会产生丛聚。因此，往往选择合适的溶剂，使两相能在溶剂中稳定分散，或是添加合适的表面活性剂来防止无机物丛聚的发生。渗入法是将制备好的膜进行溶胀，使膜内的孔以及空白区域体积增大，进而将无机物引入这些扩张的区域，随后进行热处理、辐照处理或是化学接枝等来使得两相结合更紧密。但是，这种方法所制备的复合膜，其两相间的结合作用力仍然相当微弱，极易在燃料电池使用过程中流失。溶胶凝胶法则是将前驱物配成溶胶，在聚合的同时进行无机相与有机相的复合，这种方法反应条件温和且无污染，虽然目前仍然没有广泛采用，但在复合膜领域却是一种相当有前景的合成方法。此外，还有自组装法、非水系溶胶凝胶法等制备复合膜的方法，但仅适用于少数特殊材料，难以推广。

3.5.1 PTFE 增强型质子交换膜

将全氟的非离子化微孔介质与全氟离子交换树脂结合，可制成复合膜。全氟离子交换树脂在微孔中形成质子传递通道，可以保持膜的质子传导性能，既改善原有膜的性质，又提高膜的机械强度和尺寸稳定性。多孔的聚四氟乙烯（PTFE）膜具有优良的化学稳定性和良好的机械强度，是目前最常用的增强型多孔支撑材料。虽然 PTFE 本身不具备传导质子的能力，它的添加对于性能并没有任何提升，但是 Nafion/PTFE 复合膜的厚度远低于商业 Nafion 膜，使其具有相对较短的 H^+ 转运途径和较高的电导率。Gore Associates 公司将 PTFE 薄膜（Gore-Select 膜）浸入全氟磺酸树脂中，实现了 Nafion 与 PTFE 的成功复合，所制备的复合膜机械强度远优于商业的 Nafion 膜。同时，由于 PTFE 微孔的存在，全氟磺酸树脂在其中能够实现质子的传导。Ballard 公司将磺化的 α,β,β-三氟苯乙烯磺酸与间三氟甲基-α,β,β-三氟苯乙烯共聚物的甲醇/丙醇（3∶1）溶液浸渍在溶胀的多孔 PTFE 薄膜微孔中，并在 50℃下烘干，即得到复合膜。此外，还有一些比较复杂的制备方法，Banerjee Shoibalo 等将 25μm 厚的磺酰氟型 Nafion 膜与 Gore 公司产的 23～25μm PTFE 薄膜在 310℃真空下热压，之后再 KOH@DMSO 溶液中水解，使膜中的—SO_2F 转化为—SO_3^-，在多孔 PTFE 膜的一侧涂上 5%的 Nafion 溶液，最后在 150℃下进行退火处理。Steenbaers Edwin 等在 Nafion 溶液中加两片电极，在电极上施加 50V 的电压，让一定孔径的多孔 PT-

FE 薄膜通过两片电极中间，全氟磺酸树脂会在电场的作用下将 PTFE 的微孔堵住，只要让 PTFE 多孔膜以一定速率通过电极，即可达到连续生产的效果，然而这种方法很难得到致密的复合膜。中国科学院大连化学物理研究所刘富强等人[14] 提出了制备 Nafion/PTFE 复合膜的一种简单有效的方法，即在全氟磺酸树脂溶液中添加高沸点溶剂，之后将一定量的溶液滴加到 PTFE 多孔膜表面，依靠重力作用使全氟磺酸树脂浸入膜孔中，加热使溶剂挥发及成膜。这种方法操作简单，一步即可成膜，复合膜的厚度以及全氟磺酸的浸入量容易控制。所制成的复合膜阻氢能力好，强度好，成本低。目前，Nafion/PTFE 复合膜已逐步商业化，丰田 Marai 燃料电池汽车所使用的质子交换膜即为 Nafion/PTFE 复合膜。另外，英国 Johnson Matthery 公司采用造纸工艺制备了直径几微米、长度几毫米的自由分散的玻璃纤维基材，用 Nafion 溶液填充该玻璃基材中的微孔，在烧结的 PTFE 模型上成膜后，层压得到厚 60mm 的增强型复合膜，由该复合膜做成的电池性能与 Nafion 膜相近，但 H_2 渗透性比 Nafion 膜略提高。

3.5.2 基于全氟磺酸树脂的有机-无机复合膜

以 Nafion® 膜为代表的全氟磺酸膜在合适的温度、湿度条件下有着良好的性能，但在高温、低湿度等条件下，Nafion® 膜的性能急剧下降，加上 Nafion® 系列膜产品的价格一直居高不下，寻求合适的添加剂来拓宽 Nafion® 膜的使用范围，并减少其使用量是目前质子交换膜领域的一项重要任务。

目前，各国的科研工作者对各种材料进行尝试，成功制备了具有良好高温保水性能以及高质子传导率的复合膜。Antonucci[15] 等人将 SiO_2 掺入 Nafion® 膜内，并用于直接甲醇燃料电池，在 145℃下能够以 240mW/cm² 的功率密度持续放电。Baradie[16] 等人将 TiO_2 引入 Nafion® 膜中，成功使 Nafion® 膜的保水性能以及质子传导率得到提升，并且用于直接甲醇燃料电池时，甲醇渗透性并没有增加。无机酸如磷酸、磷钨酸、磷钼酸、硅钨酸、噻吩等，也被广泛用作 Nafion® 膜的添加剂，并且所制得的复合膜在高温保水性能以及质子传导率方面都有一定的提升[17,18]。噻吩改性过的由 Nafion-117 膜组装成的单电池在 0.6V 下功率密度能够达到 810mA/cm²，而相同条件下的纯 Nafion-117 膜仅 640mA/cm²。Noto[19] 等人研究了不同金属氧化物 M_xO_y 纳米颗粒对复合膜各项性能的影响。其中，金属原子包括 Ti、Zr、Hf、Ta 以及 W。金属氧化物会与全氟磺酸树脂的磺酸根相互作用，形成（R—SO_3H⋯M_xO_y⋯HSO_3—R）的结构，将磺酸根之间的距离拉近，使得在铸膜过程中，离子团簇相、中间相与晶相三相更易分离，并且获得更好的保水性能。结果表明，在 135℃、100％相对湿度条件下，掺杂

HfO_2 的 Nafion® 膜质子传导率可以达到 2.8×10^{-2} S/cm，而掺杂 WO_3 的 Nafion® 膜质子传导率也可以达到 2.5×10^{-2} S/cm。无机固态超强酸，例如磺酸化氧化锆（$sZrO_2$）也常用作质子交换膜的添加剂来提高其保水性能以及质子传导率。Yao Y[20] 等人通过静电纺丝的方法制得 $sZrO_2$ 纳米线，通过调节静电纺丝条件，可以控制纺出纳米线的直径，最终制得含量20%、直径81nm的 $sZrO_2$ 复合膜，该膜在 80℃、100%相对湿度条件下，质子传导率高达 3.1×10^{-1} S/cm，是 Nafion-211 系列膜的 3 倍（0.1 S/cm），这主要得益于全氟磺酸树脂的离子团簇在 $sZrO_2$ 上的聚集，而纳米线结构也为质子传输通道的贯通提供了保障，该质子交换膜的结构如图 3-6 所示。Wan H[21] 等人同样利用 $sZrO_2$ 制备出复合膜，并且获得了比纯 Nafion 再铸膜更加优异的保水性能以及质子传导率。CeO_2 是一种具有自由基淬灭能力的金属氧化物，通过 Ce 三价与四价之间的价态转变可以实现对自由基的淬灭，并且整个过程是可持续的，如图 3-7 所示[22]。结果表明，

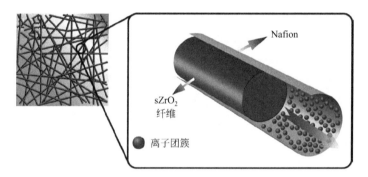

图 3-6　Nafion/$sZrO_2$ 纳米线复合膜的结构示意图

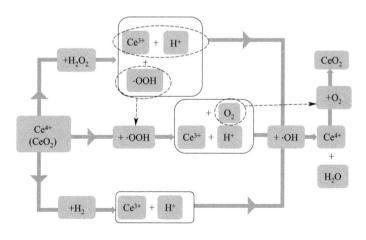

图 3-7　CeO_2 淬灭自由基的原理示意图

CeO_2 的存在能够有效地保护质子交换膜聚合物材料不被自由基腐蚀，从而延长质子交换膜的使用寿命，通过原位的紫外探测也证实了 CeO_2 的自由基淬灭作用。然而作为无机相的 CeO_2 颗粒无法与 Nafion® 基体形成较强的作用力。因此在测试的后期，CeO_2 颗粒的流失是一个急需解决的难题。表 3-5 列举了各类基于全氟磺酸树脂的有机-无机复合膜及其相关参数。

表 3-5　基于全氟磺酸树脂的有机-无机复合膜及其相关参数

聚合物材料	添加剂	燃料电池种类	质子传导率或阻抗	电池参数	参考文献
Nafion	ZrP	DMFC 或 H_2-O_2	0.02S/cm（75℃）	DMFC：370mV，0.2A/cm²　H_2-O_2：440mV，0.37A/cm²	[23]
Nafion	ZrP	DMFC	0.08Ω·cm²（150℃）	150℃；380mW/cm²（O_2），260mW/cm²（空气）	[24]
Nafion	PWA	H_2-O_2	—	110℃，0.6V，660mA/cm²	[25]
Nafion	PWA	H_2-O_2	—	120℃，0.6V，700mA/cm²	[25]
Nafion	SiO_2	—	0.2S/cm（100℃）	—	[26]
Nafion	SiO_2	DMFC	—	145℃，0.5V，350mA/cm²	[15]
Nafion	SiO_2	H_2-O_2	0.33Ω·cm²（130℃）	130℃，0.4V，969mA/cm²	[27]
Aciplex	SiO_2-硅氧烷	H_2-O_2	0.26Ω·cm²（115℃）	115℃，0.4V，1400mA/cm²	[28]
Nafion	SiP-PMA/PWA	—	0.005S/cm（23℃）	—	[29]
Nafion	SiWA+噻吩	PEMFC	0.095S/cm（80℃）	0.6V，810mA/cm²	[30]
Nafion	$sZrO_2$ 纳米线	—	0.31S/cm（80℃）	—	[20]
Nafion	$sZrO_2$ 纳米颗粒	PEMFC	0.83S/cm（80℃）	80℃，0.6V，786mW/cm²	[21]
Nafion	CeO_2	PEMFC	—	—	[22]

3.5.3　基于其他树脂的有机-无机复合膜

非全氟磺酸树脂，如聚苯乙烯基共聚物、聚醚醚酮、聚苯并咪唑、聚酰亚胺等聚合物也常被用作复合膜的有机相材料，经过全球科研工作者的努力，所制得的各类复合膜在高温低湿性能、阻隔燃料、机械性能、热稳定性、化学稳定性等方面都取得了突破。

Zhou[31] 等人用苯乙烯-马来酸酐共聚物为前驱物通过溶胶凝胶法在 TEOS-APTMS 介质中制备出了聚丙烯酸钠与二氧化硅的复合材料。结果表明，复合膜的热稳定性会随着二氧化硅含量的增加而提升，这来源于反应过程中形成的有机无机相间的共价键。Honma[32] 等人通过自组装的方法成功制备了聚苯乙烯磺酸钠（PSSA）-磷钨酸（PWA）复合膜，这种复合膜能够在无水状态下实现质子的传输。

磺化聚醚醚酮（SPEEK）凭借其廉价、机械性能及热稳定性好的特点，在质子交换膜领域正受到越来越广泛的关注。然而，高度磺化的聚醚醚酮吸水性极佳，导致其溶胀率过大，用于直接甲醇燃料电池使甲醇渗透率过大。当薄膜失水时，其收缩也是一个严重的问题。在过去的几十年中，SPEEK 膜与各种无机纳米颗粒的复合膜被广泛研究，包括 SiO_2、磷酸锆磺基苯磷酸盐、ZrP 等通过渗透法成功引入了 SPEEK 膜内[33-37]。无机相的引入并未对膜的柔韧性产生过大影响，在 100℃、100% 相对湿度的条件下，含有 10%Si、30%ZrP 与 40% 磷酸锆磺基苯磷酸盐的复合膜质子传导率在 $0.03 \sim 0.09$ S/cm 之间。在 SPEEK-ZrP 复合膜内引入聚苯并咪唑以一部分质子传导率为牺牲，使得甲醇渗透率大大下降，并且其尺寸稳定性有了很大的改善[36]。Shahi 等人[33] 通过电化学方法使得阴极侧的 HPO_4^{2-} 与阳极侧的 Zr^{4+} 在膜内的孔洞内发生反应生成 $Zr(HPO_4)_2$，进一步处理即可得到 ZrP 纳米颗粒，图 3-8 为磷酸氢锆与 SPEEK 聚合物之间的相互作用示意图。SPEEK 膜与氧化物（SiO_2、ZrO_2、TiO_2）的复合能够形成无机物网络，从而降低质子传导率、溶胀率以及燃料渗透率[38-44]。Colicchio 等人[41] 通过非水系溶胶凝胶法将聚乙氧基硅烷转变为 SiO_2，进而制得 SPEEK-SiO_2 复合膜，尽管 SiO_2 并没有质子传导能力，但实验结果表明，在 90% 相对湿度的条件下，复合膜的质子传导率要高于纯 SPEEK 膜。在冷热循环测试中，低掺杂量的复合膜的表现更加稳定，对水的依赖性更小。总体来看，通过溶胶凝胶法制备的 SPEEK-SiO_2 复合膜含水率降低，质子传导率提升（80℃、75% 相

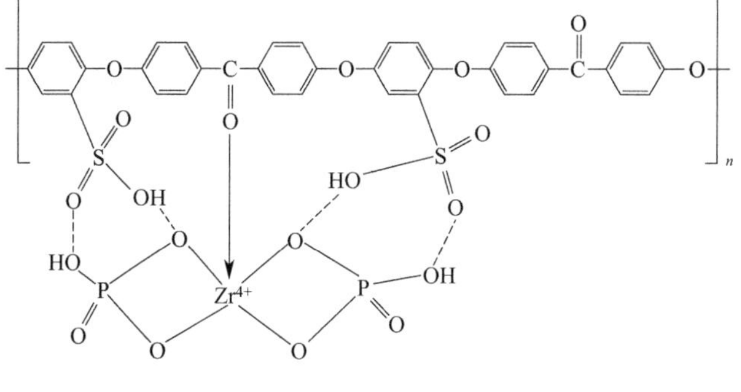

图 3-8 磷酸氢锆与 SPEEK 聚合物之间的相互作用示意图

对湿度下为 0.05S/cm），在 PEMFC 中的性能也相当可观。Vona[43] 等人通过溶胶凝胶法制备出 SPEEK-TiO$_2$ 复合膜，该复合膜有更高的含水率、保水性能，以及更低的甲醇渗透率。

聚苯并咪唑（PBI）有着良好的热稳定性、机械稳定性和较低的氢渗透率，相比 Nafion® 系列产品有较大的价格优势。PBI 本身既不是电子导体也不是离子导体，在引入无机酸后能够表现出良好的离子传输能力。PBI/H$_3$PO$_4$ 膜由于具有高质子传导率，在燃料电池中有着良好的应用[45-48]，复合膜的质子传导率随着酸含量的增加而增加，最终会接近于纯酸的质子传导率。Weber J 等人[49] 通过溶液混合的方式制备了 PBI/H$_3$PO$_4$ 膜，在 130℃下质子传导率在 $5×10^{-3}$～$2×10^{-2}$S/cm 之间，在 190℃下质子传导率高达 3.5S/cm，用于直接甲醇燃料电池时，甲醇渗透率也较低。Samms 等[50] 通过固态 NMR 表征发现，磷酸分子在 PBI 基体内相对固定，不易发生迁移。Staiti 等人[51] 曾尝试对 PBI 进行磺化，但所制得的磺化 PBI 质子传导率极低（160℃，$7.5×10^{-5}$S/cm）。H. Pu 等[52] 制备了一系列 PBI/SiO$_2$ 复合膜，可以在 600℃高温下不分解，并且机械性能也有所提升。

聚酰亚胺也是一类重要的非氟化质子交换膜材料，凭借极佳的力学性能、低的热膨胀系数等性能，受到越来越广泛的关注。目前提出了很多用于合成 PI 与无机材料复合膜的方法[53-57]，这其中，无机相的聚集是影响复合膜性能的一个重要因素。Sen 等人[58,59] 首次成功合成相容性较好的 PI-SiO$_2$ 复合材料。Ha 等人[60] 通过溶胶凝胶法与热亚胺化合成了一类 PI-SiO$_2$ 复合膜，其中偶联剂 APTMS（3-氨丙基三甲氧基硅氧烷）的存在能够使得 SiO$_2$ 与 PI 基体形成良好的相互作用，进而防止无机相 SiO$_2$ 的聚集。

3.5.4　其他复合型质子交换膜

目前，商业 Nafion® 膜的各项性能指标均已达到美国能源部对质子交换膜的要求，但在面对复杂工况（如频繁启停、低温启动、变载怠速等）时，Nafion 膜的化学腐蚀问题尤为突出，导致燃料电池的寿命大大衰减。Nafion® 膜的化学腐蚀主要来源于活性含氧自由基对其活性端基（由于 Nafion® 合成为缩聚反应，其端基常常会残留羧基）的攻击。以超氧自由基为例，化学腐蚀机理可以表示为如下反应式：

$$R_f—CF_2COOH + ·OH \longrightarrow R_f—CF_2· + CO_2 + H_2O \tag{3-1}$$

$$R_f—CF_2· + ·OH \longrightarrow R_f—CF_2OH \longrightarrow R_f—COF + HF \tag{3-2}$$

$$R_f—COF + H_2O \longrightarrow R_f—COOH + HF \tag{3-3}$$

其中，羧基端基再次出现，最终会导致化学腐蚀不断进行下去。Curtin 课题组[61] 通过在 Nafion 挤出成型时用氟气进行处理，将端基进行处理，大大降低了 Nafion® 膜的化学腐蚀速率。然而，即便是对所有端基都进行保护，仍然没法消除化学腐蚀，原因在于全氟磺酸膜的另一种腐蚀机制，即开链腐蚀机制，全氟主链会在活性自由基的攻击下发生断裂。因而，近些年提出了引入自由基淬灭剂的方法来消除自由基对树脂的化学腐蚀。Y. Yao 等[62] 将天然多酚类物质 α-生育酚（α-TOH 是维生素 E 中最为常见的一种物质）通过共混浇铸的方式，成功制备了 Nafion/α-TOH 复合膜，通过 OCV 加速老化测试与纯再铸 Nafion 膜进行对比，成功提升了 Nafion 膜的化学稳定性，在 16 个 OCV 循环后（24h 1 个循环）后，$1000mA/cm^2$ 处的电压没有任何衰减，而氢渗透值在 9 个 OCV 循环之内都没有任何的增加。该课题组还采用原位电化学测试的方法，探测了不同条件下，燃料电池质子交换膜膜内的电位变化，用以监测膜内 H_2O_2 的含量。结果表明，引入 α-TOH 后，H_2O_2 的含量大大下降，证明了其对 H_2O_2 的抑制作用。

参 考 文 献

[1] Grubb W T，Niedrach L. W. Batteries with solid ion-exchange membrane electrolytes 2 low-temperature hydrogen-oxygen fuel cells. Journal of the Electrochemical Society，1960，107：131-135.

[2] Wiley R H，Venkatachalam T K. Sulfonation of polystyrene crosslinked with pure m-divinylbenzene. Journal of Polymer Science Part a-1-Polymer Chemistry，1966，4：1892.

[3] Prater K. The renaissance of the solid polymer fuel-cell. Journal of Power Sources，1990，29：239-250.

[4] Kerres J，Schoenberger F，Chromik A，et al. Partially fluorinated arylene polyethers and their ternary blend membranes with PBI and H_3PO_4. Part I Synthesis and characterisation of polymers and binary blend membranes，Fuel Cells，2008，8：175-187.

[5] Kerres J A，Xing D，Schoenberger F. Comparative investigation of novel PBI blend ionomer membranes from nonfluorinated and partially fluorinated poly arylene ethers. Journal of Polymer Science Part B-Polymer Physics，2006，44：2311-2326.

[6] Genies C，Mercier R，Sillion B，et al. Soluble sulfonated naphthalenic polyimides as materials for proton exchange membranes. Polymer，2001，42：359-373.

[7] Genies C，Mercier R，Sillion B，et al. Stability study of sulfonated phthalic and naphthalenic polyimide structures in aqueous medium. Polymer，2001，42：5097-5105.

[8] 余剑英，万影，胡绪昌，等. 聚芳醚类聚合物合成路线的比较和探讨. 玻璃钢/复合材料，1997：19-21，31.

[9] Noshay A，Robeson L M. Sulfonated polysulfone. Journal of Applied Polymer Science，1976，20：1885-1903.

[10] Bishop M T, Karasz F E, Russo P S, et al. Solubility and properties of a poly (aryl ether ketone) in strong acids. Macromolecules, 1985, 18: 86-93.

[11] Allcock H R, Fitzpatrick R J, Salvati L. Sulfonation of (aryloxy) phosphazenes and (arylamino) phosphazenes-small-molecule compounds, polymers and surfaces. Chemistry of Materials, 1991, 3: 1120-1132.

[12] Wycisk R, Pintauro P N. Sulfonated polyphosphazene ion-exchange membranes. Journal of Membrane Science, 1996, 119: 155-160.

[13] Allcock H R, Hofmann M A, Ambler C M, et al. Phenylphosphonic acid functionalized poly aryloxyphosphazenes. Macromolecules, 2002, 35: 3484-3489.

[14] Liu F, Xing D, Yu J, et al. Nafion/PTFE Composite Membrane for PEMFC. Electrochemistry, 2002, 8: 86-92.

[15] Antonucci P L, Arico A S, Creti P, et al. Investigation of a direct methanol fuel cell based on a composite Nafion (R) -silica electrolyte for high temperature operation. Solid State Ionics, 1999, 125: 431-437.

[16] Baradie B, Dodelet J P, Guay D. Hybrid Nafion (R) -inorganic membrane with potential applications for polymer electrolyte fuel cells. Journal of Electroanalytical Chemistry, 2000, 489: 101-105.

[17] Finsterwalder F, Hambitzer G. Proton conductive thin films prepared by plasma polymerization. Journal of Membrane Science, 2001, 185: 105-124.

[18] Tazi B, Savadogo O. Effect of various heteropolyacids (HPAs) on the characteristics of Nafion((R)) -HPAS membranes and their H_2/O_2 polymer electrolyte fuel cell parameters. Journal of New Materials for Electrochemical Systems, 2001, 4: 187-196.

[19] Di Noto V, Lavina S, Negro E, et al. Hybrid inorganic-organic proton conducting membranes based on Nafion and 5 wt% of M_xO_y (M=Ti, Zr, Hf, Ta and W), Part II: Relaxation phenomena and conductivity mechanism. Journal of Power Sources, 2009, 187: 57-66.

[20] Yao Y, Lin Z, Li Y, et al. Superacidic Electrospun Fiber-Nafion Hybrid Proton Exchange Membranes. Advanced Energy Materials, 2011, 1: 1133-1140.

[21] Wan H, Yao Y, Liu J, et al. Engineering mesoporosity promoting high-performance polymer electrolyte fuel cells. International Journal of Hydrogen Energy, 2017, 42: 21294-21304.

[22] Prabhakaran V, Arges C G, Ramani V. Investigation of polymer electrolyte membrane chemical degradation and degradation mitigation using in situ fluorescence spectroscopy. Proc Natl Acad Sci USA, 2012, 109: 1029-1034.

[23] Savinell R, Yeager E, Tryk D, et al. A polymer electrolyte for operation at temperatures up to 200-degrees-c. Journal of the Electrochemical Society, 1994, 141: L46-L48.

[24] Yang C, Srinivasan S, Arico A S, et al. Composition Nafion/zirconium phosphate membranes for direct methanol fuel cell operation at high temperature. Electrochemical and Solid State Letters, 2001, 4: A31-A34.

[25] Malhotra S, Datta R. Membrane-supported nonvolatile acidic electrolytes allow higher temperature operation of proton-exchange membrane fuel cells. Journal of the Electrochemical Society, 1997, 144: L23-L26.

[26] Wang H T, Holmberg B A, Huang L M, et al. Nafion-bifunctional silica composite proton conductive membranes. Journal of Materials Chemistry, 2002, 12: 834-837.

[27] Adjemian K T, Srinivasan S, Benziger J, et al. Investigation of PEMFC operation above 100 degrees C employing perfluorosulfonic acid silicon oxide composite membranes. Journal of Power Sources, 2002, 109: 356-364.

[28] Adjemian K T, Lee S J, Srinivasan S, et al. Silicon oxide Nafion composite membranes for proton-exchange membrane fuel cell operation at 80-140 degrees C. Journal of the Electrochemical Society, 2002, 149: A256-A261.

[29] Park Y I, Kim J D, Nagai M. In Electroactive Polymers. Zhang Q M, Furukawa T, BarCohen Y, et al, Eds, 2000: 299-304.

[30] Tazi B, Savadogo O. Parameters of PEM fuel-cells based on new membranes fabricated from Nafion (R), silicotungstic acid and thiophene. Electrochimica Acta, 2000, 45: 4329-4339.

[31] Zhou W, Dong J H, Qiu K Y, et al. Preparation and properties of poly (styrene-co-maleic anhydride) silica hybrid materials by the in situ sol-gel process. Journal of Polymer Science Part a-Polymer Chemistry, 1998, 36: 1607-1613.

[32] Yamada M, Honma I. Heteropolyacid-encapsulated self-assembled materials for anhydrous proton-conducting electrolytes. Journal of Physical Chemistry B, 2006, 110: 20486-20490.

[33] Tripathi B P, Shahi V K. SPEEK-zirconium hydrogen phosphate composite membranes with low methanol permeability prepared by electro-migration and in situ precipitation. Journal of Colloid and Interface Science, 2007, 316: 612-621.

[34] Bauer B, Jones D J, Roziere J, et al. Electrochemical characterisation of sulfonated polyetherketone membranes. Journal of New Materials for Electrochemical Systems, 2000, 3: 93-98.

[35] Alberti G, Casciola M, D'Alessandro E, et al. Preparation and proton conductivity of composite ionomeric membranes obtained from gels of amorphous zirconium phosphate sulfophenylenphosphonates in organic solvents. Journal of Materials Chemistry, 2004, 14: 1910-1914.

[36] Silva V S, Ruffmann B, Vetter S, et al. Characterization and application of composite membranes in DMFC. Catalysis Today, 2005, 104: 205-212.

[37] Tchicaya-Bouckary L, Jones D J, Roziere J. Hybrid Polyaryletherketone Membranes for Fuel Cell Applications. Fuel Cells, 2002, 2: 40-45.

[38] Nunes S P, Ruffmann B, Rikowski E, et al. Inorganic modification of proton conductive polymer membranes for direct methanol fuel cells. Journal of Membrane Science, 2002, 203: 215-225.

[39] Silva V S, Ruffmann B, Silva H, et al. Proton electrolyte membrane properties and direct methanol fuel cell performance I, Characterization of hybrid sulfonated poly (ether ether ketone) /zirconium oxide membranes. Journal of Power Sources, 2005, 140: 34-40.

[40] Roelofs K S, Hirth T, Schiestel T. Sulfonated poly (ether ether ketone) -based silica nanocomposite membranes for direct ethanol fuel cells. Journal of Membrane Science, 2010, 346: 215-226.

[41] Colicchio I, Demco D E, Baias M, et al. Influence of the silica content in SPEEK-silica membranes prepared from the sol-gel process of polyethoxysiloxane: Morphology and proton mobility. Journal of Membrane Science, 2009, 337: 125-135.

103

［42］ Sambandam S, Ramani V. SPEEK/functionalized silica composite membranes for polymer electrolyte fuel cells. Journal of Power Sources, 2007, 170: 259-267.

［43］ Di Vona M L, Ahmed Z, Bellitto S, et al. SPEEK-TiO$_2$ nanocomposite hybrid proton conductive membranes via in situ mixed sol-gel process. Journal of Membrane Science, 2007, 296: 156-161.

［44］ Dou Z, Zhong S, Zhao, C, et al. Synthesis and characterization of a series of SPEEK/TiO$_2$ hybrid membranes for direct methanol fuel cell. Journal of Applied Polymer Science, 2008, 109: 1057-1062.

［45］ Wainright J S, Wang J T, Weng D, et al. Acid-doped polybenzimidazoles-a new polymer electrolyte. Journal of the Electrochemical Society, 1995, 142: L121-L123.

［46］ Bouchet R, Siebert E. Proton conduction in acid doped polybenzimidazole. Solid State Ionics, 1999, 118: 287-299.

［47］ Li Q, He R, Jensen J O, et al. PBI-Based Polymer Membranes for High Temperature Fuel Cells-Preparation, Characterization and Fuel Cell Demonstration. Fuel Cells, 2004, 4: 147-159.

［48］ Ma Y L, Wainright J S, Litt M H, et al. Conductivity of PBI membranes for high-temperature polymer electrolyte fuel cells. Journal of the Electrochemical Society, 2004, 151: A8-A16.

［49］ Weber J, Kreuer K D, Maier J, et al. Proton conductivity enhancement by nanostructural control of poly (benzimidazole) -phosphoric acid adducts. Advanced Materials, 2008, 20: 2595.

［50］ Samms S R, Wasmus S, Savinell R F. Thermal stability of proton conducting acid doped polybenzimidazole in simulated fuel cell environments. Journal of the Electrochemical Society, 1996, 143: 1225-1232.

［51］ Staiti P, Lufrano F, Arico A S, et al. Sulfonated polybenzimidazole membranes - preparation and physico-chemical characterization. Journal of Membrane Science, 2001, 188: 71-78.

［52］ Pu H, Liu L, Chang Z, et al. Organic/inorganic composite membranes based on polybenzimidazole and nano-SiO$_2$. Electrochimica Acta, 2009, 54: 7536-7541.

［53］ Ahmad Z, Mark J E. Polyimide-ceramic hybrid composites by the sol-gel route. Chemistry of Materials, 2001, 13: 3320-3330.

［54］ Mark J E, Wang S, Ahmad Z. Inorganic-organic composites, including some examples involving polyamides and polyimides. Macromolecular Symposia, 1995, 98: 731-751.

［55］ Wen J Y, Wilkes G L. Organic/inorganic hybrid network materials by the sol-gel approach. Chemistry of Materials, 1996, 8: 1667-1681.

［56］ Schmidt H, Kasemann R, Burkhart T, et al. In Hybrid Organic-Inorganic Composites. Mark J E, Lee C Y C, Bianconi P A, Eds, 1995: 331-347.

［57］ Morikawa A, Iyoku Y, Kakimoto M, et al. Preparation of new polyimide silica hybrid materials via the sol-gel process. Journal of Materials Chemistry, 1992, 2: 679-690.

［58］ Nandi M, Conklin J A, Salvati L, et al. Molecular-level ceramic polymer composites 21 synthesis of polymer-trapped silica and titania nanoclusters. Chemistry of Materials, 1991, 3: 201-206.

［59］ Nandi M, Conklin J A, Salvati L, et al. Molecular-level ceramic polymer composites 1 synthesis of polymer-trapped oxide nanoclusters of chromium and iron. Chemistry of Materials, 1990, 2: 772-776.

104

［60］ Son M，Ha Y，Choi M C，et al. Microstructure and properties of polyamideimide/silica hybrids compatibilized with 3-aminopropyltriethoxysilane. European Polymer Journal，2008，44：2236-2243.

［61］ Zhou C，Guerra M A，Qiu Z M，et al. Chemical durability studies of perfluorinated sulfonic acid polymers and model compounds under mimic fuel cell conditions. Macromolecules，2007，40：8695-8707.

［62］ Yao Y，Liu J，Liu W，et al. Vitamin E assisted polymer electrolyte fuel cells. Energy Environ Sci，2014，7：3362-3370.

第<big>4</big>章
膜电极

4.1 概况及要求

4.1.1 膜电极组成及功能

膜电极（membrane electrode assembly，MEA）是燃料电池的核心组件，其制备工艺也始终是燃料电池领域的核心技术之一。膜电极由催化剂层（阴极和阳极）、质子交换膜和气体扩散层组成（图 4-1），直接决定燃料电池的性能、寿命及成本。

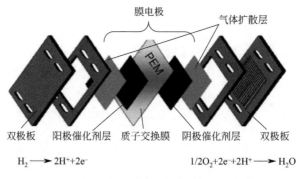

图 4-1 膜电极示意图（由参考文献 [1] 修改）

膜电极的催化剂层提供了三相物质传输界面和电化学反应场所，使得反应气体（氢气或者氧气）、质子、电子能够在电催化剂上发生反应。其中，氢气在阳极催化剂层中氧化，氧气在阴极催化剂层中还原。阴极催化剂层和阳极催化剂层紧贴质子交换膜两侧，质子交换膜为质子提供从阳极到阴极的传递通道，同时也将阳极的氢气和阴极的氧气（或空气）隔开，避免反应气体发生混合。膜电极中的气体扩散层通常直接与双极板上的流道接触，起到机械支撑、电子传导、反应气体扩散和排水的作用。气体扩散层对于燃料电池的水管理、热管理都有极其重要的作用。

4.1.2　膜电极组件材料概况

膜电极的催化剂层是膜电极的核心，也是反应物质发生电化学反应产生电流的场所。由于目前非铂催化剂活性低、耐久性差，实际应用中的膜电极催化剂层主要由含铂（Pt）催化剂、催化剂载体和黏结剂（binder）组成。金属铂是地壳中最稀少的元素之一，价格高昂。铂催化剂的使用大幅提升了燃料电池的成本，阻碍了燃料电池的商业化。为了提高铂催化剂的活性并降低铂载量，研究人员尝试调整铂纳米晶体的暴露晶面（Pt-111），尝试制备铂合金、核壳结构、枝杈结构、非均质结构的纳米晶体，以及尝试修饰铂纳米颗粒表面[2]，都取得了不俗的效果。催化剂载体以碳材料为主，常用的有炉法炭黑、导电炭黑、乙炔炭黑等。为了进一步提高催化剂的寿命，研究人员尝试使用石墨化的碳材料作为铂基催化剂的载体，实验结果表明，这些碳材料如碳纤维、碳纳米管和石墨烯等，拥有更高的石墨特征，可以有效地减少启停工况和高电位运行时的载体氧化[3]。Nafion是目前大部分膜电极催化剂层中黏结剂和离聚物的首选，但是随着研究的深入，一些新型的黏结剂，比如磺化聚醚醚酮（SPEEK）[4]、磺化聚芳（SPE）[5]，也在膜电极的催化剂层中取得了不错的使用效果。催化剂的具体内容，详见第2章相关内容。

质子交换膜的材料需要满足起到质子传导作用和阻隔燃料的要求，一般是能够传导质子的聚合物。目前，应用最多的是全氟磺酸质子交换膜，比如杜邦公司的Nafion膜。随着质子交换膜研究的推进，不同种类材料的质子交换膜也被相继研发。根据分布情况，主要可分为统计共聚物型质子交换膜（全氟磺酸质子交换膜、部分氟化磺酸质子交换膜等）、接枝共聚物型质子交换膜、嵌段共聚物型质子交换膜以及其他新型复合质子交换膜[3]。质子交换膜的具体内容，详见第3章相关内容。

气体扩散层通常是涂覆了一层微孔层，经过聚四氟乙烯疏水处理后的碳纸或碳布。气体扩散层起到将反应气体传递到催化剂层，同时将生成的水排出的作用。反应气体的传质和水排出直接影响着膜电极的性能，不良的传质容易造成膜电极饥饿或者水淹现象。另外，金属网、烧结金属、金属泡沫、硅材料、玻璃纤维以及其他一些特殊设计的气体扩散层也可以作为膜电极的气体扩散层。

膜电极中的组件，如质子交换膜、气体扩散层、催化剂和催化剂载体，在工作过程中相互影响，所以膜电极制备的优化和材料、工艺上的创新需要综合考虑电化学反应三相界面及电子、质子、反应气体和水的传质通道等诸多因素。

4.1.3 膜电极要求

膜电极的测试标准主要分为性能、寿命和成本三个方面。

膜电极的性能是指电压相对电流变化的特性，也称为极化特性。膜电极的性能可通过极化曲线测试得到（图 4-2）。当膜电极有电流通过时，膜电极电压因动力学损失、欧姆损失、传质损失而下降。燃料电池单电池的理论开路电压为 $1.169V^{[1]}$，但是实际上燃料电池单电池的开路电压是达不到理论开路电压的，因为反应气体（氢气和氧气）不能完全被质子交换膜阻隔，且实际的膜电极存在欧姆电阻。当电流从 0 上升到 $0.1A/m^2$ 时，电压损失 370mV（图 4-2），电压的对数下降由铂催化反应过程中的动力学损失造成。当电流继续增大时，由于欧姆损失的存在，膜电极的电压损失呈线性（图 4-2）。如果对极化曲线进行欧姆损失补偿，那么补偿后的极化曲线和理想极化曲线（仅考虑动力学损失）之间的差别就是传质损失。

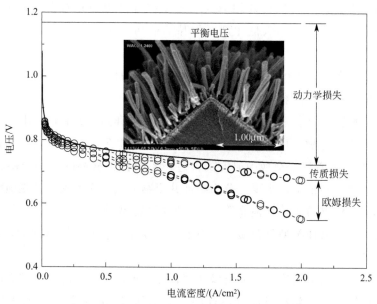

图 4-2　膜电极极化曲线（由参考文献 [1] 修改）

提高膜电极性能就是减少膜电极在工作电流下的动力学损失、欧姆损失和传质损失。通常来说，在工作电流范围（$0.1\sim2.5A/m^2$）内，减少欧姆损失和传质损失相比减少动力学损失更加容易、有效。综上，理想的膜电极应该具有以下

的特性[6]:

(1) 良好的传质能力以及尽可能小的传质阻力

① 质子交换膜和催化剂层中的离聚物应具有较高的质子传导率;

② 气体扩散层中反应生成的水能快速排出。

(2) 良好的导电能力以及尽可能小的阻抗

① 催化剂层中的催化剂和气体扩散层应该有良好的电子电导率;

② 膜电极各部分间接触紧密。

(3) 催化层中具有充足的三相反应区域

① 三相反应区越多,催化剂利用率越高,电池性能越高;

② 催化剂层也应该有较好的质子、电子、反应气体的传输特性。

(4) 膜电极的各组件有较长的寿命

① 质子交换膜具有较好的热、机械和化学稳定性;

② 催化剂和催化剂载体具有较好的化学稳定性和耐毒性;

③ 气体扩散层具有较好的机械和化学稳定性。

寿命也是评价膜电极好坏的重要参数。车用质子交换膜燃料电池膜电极的使用寿命要求需要能达到现有内燃发动机的水平。为此,美国能源部给出了燃料电池的耐久性2020年指标为5000h(大约能够在汽车行驶工况下运行7个月,行驶工况包括相对湿度变化、启停、融冰/结冰、低温启动等),而终极指标为8000h。一般来说,燃料电池寿命是指10%的总体性能损失的运行时间。虽然,随着研究的进行,燃料电池的平均寿命从2006年的950h增加到了2017年的4100h[7],且燃料电池最长的运行时间已经达到了5600h,但是还不能满足美国能源部8000h的寿命要求。其主要原因是在运行过程中组件的失效。已知的膜电极失效模式有:催化剂结块、铂溶解、催化剂载体氧化、催化剂毒化、膜变薄、膜针孔、质子交换膜结构破坏、催化剂层疏水性变化、聚四氟乙烯分解、气体扩散层疏水性变化等[8]。为了延长膜电极的使用寿命,一些研究通过材料的改性来提高膜电极的整体寿命。比如,调整质子交换膜的化学结构,增加直支链的比例[9]。针对气体扩散层失效,研究表明,在制备过程中使用石墨化的纤维可以有效增加气体扩散层的寿命[10]。

除了膜电极的性能和寿命的参数外,制备过程和材料选择中也需要考虑膜电极的成本。美国能源部对燃料电池2020年的成本要求是40美元/kW,而终极成本要求是30美元/kW和$0.125mgPGM/cm^2$的铂族催化剂载量[11]。2016年的研究报告估计了当时的质子交换膜燃料电池系统的成本为59美元/kW[12]。燃料电池系统的生产成本与生产规模有关,根据2017年美国能源部的报告[7],如果年产 500000 套，燃料电池系统成本为 45 美元/kW；如果年产 100000 套，燃料电池系统成本则增加到 50 美元/kW。虽然 2017 年的燃料电池系统成本已经逼近美国能源部的要求，但仍然达不到美国能源部对燃料电池的目标。这就要求调整已有的制造技术来低成本地生产新燃料电池材料或者发展实验室的新制造技术，以适应低成本、大量的生产。成本分析表明，大规模量产之后膜电极催化剂层的成本占总成本的比例较高，所以找到降低膜电极催化剂层中铂载量的途径才能有效控制燃料电池成本。

膜电极对于燃料电池十分重要，高性能、长寿命、低铂载量的膜电极的开发和研究对于加速质子交换膜燃料电池的商业化进程具有十分重要的意义。目前，掌握低铂载量膜电极量产制备技术的公司在全球范围内还较少，主要集中在美国和日本等发达国家，主要有美国 3M 公司、美国杜邦公司、美国戈尔公司、日本旭硝子公司、英国 JM 公司、德国 Solvicore 公司。但是，国际上绝大多数掌握了膜电极制备核心技术的厂商因为市场战略等原因，都不对外销售膜电极产品（如加拿大巴拉德、德国戴姆勒、日本丰田等公司），导致膜电极产品在市场上供不应求。即使以美国的戈尔公司、德国的巴斯夫公司为代表的膜电极制造商选择对外销售，但这些公司的膜电极产品通常价格不菲。出于成本的考虑，一般国内企业也无法大量购买。这些市场条件对质子交换膜燃料电池膜电极关键材料的国产化提出了要求。

4.1.4　总结

经过多年的研究，质子交换膜燃料电池膜电极的功率密度、催化剂载量、比质量功率、比面积功率等各个性能指标都有所进步。本章将围绕铂基催化剂膜电极技术的演化过程，重点介绍第一代的热压法膜电极，第二代的 CCM 法制备的膜电极，以及新一代的高性能有序化膜电极制备方法的相关研究进展和专利情况。本章将介绍气体扩散层的材料、设计，以及其对膜电极性能、水管理方面的影响。本章介绍了膜电极寿命方面的相关研究进展，阐述了膜电极组件的失效机理。在综述现有研究的基础上，比较了不同膜电极制备方法的优缺点，并总结膜电极发展的限制和提出未来的发展方向。

4.2　热压法制备膜电极

4.2.1　热压法制备膜电极简介

热压法是早期膜电极制备的方法，主要在 1990 年之前使用。热压法是指将催化剂、聚四氟乙烯（PFTE）乳液与醇类溶剂混合，制备到气体扩散层上形成气体扩散电极，然后将质子交换膜夹在两层涂覆有催化剂层的气体扩散电极之间进行热压制成膜电极的方法。热压法膜电极的催化剂层包括两个关键组件：疏水的 PTFE 黏结剂和铂黑或者铂碳催化剂。PTFE 作为黏结剂可以将铂催化剂紧密黏结在一起，形成一层疏水、多孔的催化剂层，厚度一般为 $100\mu m$[13]。这样的催化剂层可以同时提供反应气体传递到催化剂层表面的通路，同时也可以起到排水的作用。在铂黑催化剂层中，铂催化剂既作为反应位点，也作为电子传递的介质。如果是铂碳作为催化剂，那么铂和催化剂载体炭黑都可以作为电子传递的介质，而铂催化剂作为反应位点。

4.2.2　热压法制备膜电极研究进展

4.2.2.1　早期热压法制备膜电极

由于热压法制备的膜电极催化剂层较厚，所以其铂利用率较低。在早期的实验中，使用 PTFE 作为黏结剂的铂黑催化剂层的载量非常高，高达 $4mg/cm^2$。通过催化剂的研发和革新，使用载体催化剂 Pt/C 可以将铂载量降低到 $0.4mg/cm^2$[14]。氢燃料电池中使用铂碳作为催化剂是从磷酸燃料电池借鉴而来的。热压法制备的气体扩散电极由负载有直径 2nm 的铂颗粒的催化剂层、炭黑基层和碳布（碳纸）组成，并利用 25%～50%（质量分数）的 PTFE 将各层黏合在一起。

虽然 PTFE 是一种有效的黏结剂，同时可以增加电极的疏水性，但是实际上在催化剂位点附近分布的 PTFE 并不会对电化学反应有显著贡献[15]。这个结论与早期较为普遍的理念相反，即 PTFE 必须在催化剂层内提供疏水区域才能使反应气体进入催化剂层反应；而早期理论认为，反应气体在催化剂层内的理想传质形式是以 PTFE 为薄壁的通孔。然而事实上，PTFE 因为熔化过程中分布不均匀，很容易形成离散且致密的团块，不能够形成薄壁的结构。即使 PTFE 均匀地分布在各个孔中，PTFE 的特性也不能帮助提高膜电极的性能。虽然氧气在 PTFE 中的溶解度较高[16]，但是仅对 PTFE 和碳载体界面处的催化剂颗粒有用。然而，PTFE 和碳载体之间的界面往往拒绝质子进入，所以 PTFE 的高溶氧特性无法帮助提升反应气体与催化剂的接触。

4.2.2.2　全氟磺酸离子交联聚合物浸渍法

为了进一步有效降低铂载量，实验发现，在催化剂层表面刷涂全氟磺酸离子交联聚合物（Nafion）可以提高阴极催化剂的共活性 10～15 倍（图 4-3 所示结果），并在保持性能不变的基础上将载量降低到 $0.35mg/cm^2$[17]。加入 Nafion 离聚物之后可以增加质子在催化剂层中的通路，以加速质子的迁移。质子传递通路的增加有助于提升催化位点的数量，满足电化学反应对三相界面的要求。但是，即使如此，铂的利用率也只有 20% 左右[18,19]。

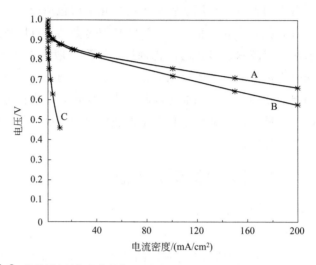

图 4-3　氢燃料电池极化曲线 [测试条件：50℃，1atm（1atm=101325Pa）]

A—刷涂 Nafion 的 PTFE 黏结剂催化剂层（铂载量为 0.35mg/cm² ）；

B—PTFE 黏结剂催化剂层（铂载量为 4mg/cm² ）；

C—PTFE 黏结剂催化剂层（铂载量为 0.35mg/cm² ）[17]

随后，一些研究试图通过优化刷涂 Nafion 的量以提高性能。Lee 等在表面刷涂 Nafion 的热压法膜电极制备过程中研究了 Nafion 载量优化（0～2.7mg/cm² ）对膜电极性能的影响[20]，结果表明，Nafion 载量和膜电极极化性能之间是非线性关系（图 4-4），且氧化剂的组分（空气或者氧气）对最优的 Nafion 载量也有影响。当空气作为氧化剂时，Nafion 载量的增加（0～0.6mg/cm² ）可以使得膜电极性能快速上升，此时最优载量为 0.6mg/cm² 。但是，当氧气作为氧化剂时，Nafion 的最优载量增加为 1.9mg/cm² 。研究认为，当空气作为氧化剂时，因为氧气的分压较低，所以氧气的传质受到了限制，所以继续增加 Nafion 的载量无法继续提升膜电极的性能。同时，该实验也对比了不刷涂 Nafion 的情况，结果表明，如果表面不涂覆 Nafion 的话，催化剂层中的大部分催化剂没有被充分利用，而当 Nafion 的载量过高时，催化剂层的孔隙率减小，反而会影响传质[21]。另外一些文献报道了优化制备过程，比如通过调整热压的参数（将气体扩散层在 120℃ 和 50atm 热压）；以及调整膜电极测试工况，比如调整氢气的温度比单电池的温度高 10～15℃，氧气的温度比燃料电池的温度高 5℃ 和高温高湿的条件运行（80℃，5atm）[21,22]，可以进一步提高膜电极的催化活性。

112

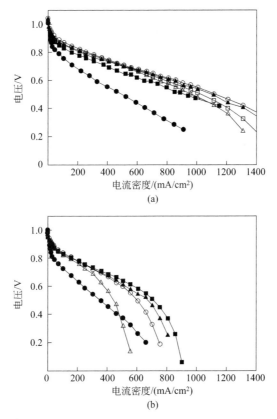

图 4-4 不同 Nafion 表面处理的膜电极的极化曲线 [70℃，2atm。反应气体：

（a）氢气和氧气；（b）氢气和空气]

● 0.0mg/cm²；■ 0.6mg/cm²；▲ 1.3mg/cm²；○ 1.9mg/cm²；□ 2.1mg/cm²；△ 2.7mg/cm²

虽然表面涂覆的 Nafion 能够提高铂使用率，但是实验表面 Nafion 只能穿透 $10\mu m$ 左右的深度。所以，使用比较薄的催化剂层或者将铂催化剂固定在催化剂层表面会更加高效。研究表明，在总载量相同的情况下，使用 20% 和 40% 的铂碳催化剂相比 10% 铂碳催化剂有效提高了膜电极的活化、欧姆和传质性能（图 4-5）[13]。研究认为，性能提高的原因是使用铂含量较高的催化剂时，电极厚度减小，使得反应气体到催化剂层的传质阻力减小。特别是在高电流区域，在电极内部的欧姆极化减小非常显著。除了提高催化剂中铂的质量分数外，使用反应溅射法也可以将铂催化剂固定在催化剂层的表面。用反应溅射法在催化剂层的表面沉积一层铂薄层（相当于加上 50nm 的铂薄层，并将载量从原来的 0.4mg/cm² 提高到 0.45mg/cm²），可以提升功率密度 100%～150%。催化剂层表面催化剂浓度的增加使得多孔电极中的欧姆过电位有效减小，该研究也表明，使用反应溅射法制备的膜电极传质损失也更小[13]。如果结合反应溅射法和提高催化剂中铂的质量分数的方法，1A/cm² 下的功率密度可以提升 1 倍，功率提升的原因是由催化剂层厚度减小和电极表面催化剂浓度提升共同作用引起的活化、欧姆和传质性能损失的减少。

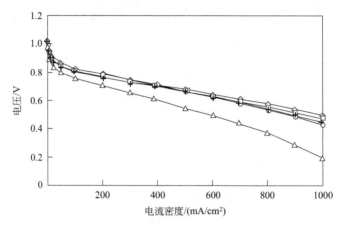

图 4-5 在保持载量不变（0.4mg/cm²）的情况下，
增加铂碳催化剂质量分数对输出电压的影响
△ 10%；○ 20%；◇ 40%

　　除了反应溅射法，对电极催化剂层的表面处理方法还有刷涂铂黑催化剂或者电沉积等。在比较不同表面处理方式对膜电极性能影响的研究中，实验结果表明，直接刷涂氯铂酸的电极表面处理方法相比电沉积和刷涂铂黑催化剂更加经济，与反应溅射法一样，可以作为膜电极实现高功率输出的备选方法[23]。另外，使用较薄的质子交换膜可以有效提高功率输出，降低离子阻抗，在高电流下降低传质阻力。在相同的实验条件下，实验比较了陶氏公司的质子交换膜和杜邦公司的 Nafion 膜，结果显示，陶氏公司的质子交换膜可以产生更高的功率。表征后发现，陶氏公司的质子交换膜有更高的质子传导率，更小的传质阻抗，更好的水管理。

4.2.3　热压法制备典型过程

　　热压法制备的膜电极分为两种：一种是以铂黑作为催化剂的膜电极；另一种使用的是有载体的催化剂，比如铂碳催化剂等。典型的铂黑膜电极是直接将铂黑催化剂涂覆到气体扩散层[24]，形成气体扩散电极，主要的制作过程如下：

　　① 将铂黑催化剂颗粒和水（比如 1g 铂黑催化剂：3mL 水）充分混合 24h，以减少催化剂的团聚；

② 将 PTFE 溶液稀释到 6%；

③ 将 PTFE 溶液加入铂黑催化剂和水的混合物中，并充分搅拌，控制铂黑催化剂和 PTFE 的比例约为 85:15，混合后作为浆料；

④ 将混合后的浆料均匀涂覆到气体扩散层表面；

⑤ 将涂覆了催化剂的气体扩散层放入 340℃ 的充氮烘箱中加热 30min；

⑥ 取出后在室温下冷却，将涂覆了催化剂的气体扩散层与质子交换膜热压组装成膜电极。

虽然，这样制备出的膜电极有较好的耐久性，但是铂黑催化剂的膜电极缺点也十分明显。比如，催化剂载量相对较高，电化学活性面积较小（约 $25m^2/g$），铂黑催化剂溶液结块导致混合不均匀，以及膜电极的传质特性较差等[3]。如果使用的是有载体的催化剂，比如铂碳，可以在铂黑催化剂的基础上显著降低催化剂的载量（$0.4mg/cm^2$）。尽管相比铂黑催化剂，铂碳催化剂的铂使用率提高了，但是仍然只有 20% 左右[19]。铂碳作为催化剂的催化剂层制备也使用 PTFE 作为黏结剂，具体制备过程如下[17]：

① 将质量分数为 20% 的铂碳催化剂和水混合 30min；

② 将 PTFE 乳状液加入混合物中，直到 PTFE 的含量达到 30%；

③ 加入桥接剂和分散剂，然后搅拌混合 30min 作为浆料使用；

④ 将制备好的浆料涂覆在碳纸上；

⑤ 将涂有催化剂的碳纸在空气中风干 24h，然后在 225℃ 烘箱中加热 30min，作为电极；

⑥ 在 350℃ 的烘箱中加热 30min；

⑦ 将 5% 的 Nafion 溶液涂覆在催化剂层表面；

⑧ 将涂有 Nafion 的电极放入 80℃ 的烘箱中干燥 1h。

4.2.4 热压法总结

以 PTFE 为黏结剂的催化剂层在膜电极中有两个重要的作用，一是作为电化学反应发生的催化剂层，二是起到了气体扩散层的作用。这种催化剂层的设计使得反应气体传质、排水、电化学反应在同一个层内发生。如果这样的催化剂层结构中没有离子交联聚合物，铂的利用率将比较低。虽然在以 PTFE 作为黏结剂的催化剂层表面刷涂 Nafion 离子交联聚合物可以有效降低铂载量，提高铂利用率，但是想在保持性能的前提下进一步降低载量将十分困难。另外，热压法制备的膜电极还有一些明显的劣势。比如，刷涂 Nafion 离子交联聚合物会导致 Nafion 分布不均匀，有些局部已经饱和，而有些局部却没有分布。在那些

Nafion 离子交联聚合物饱和的位置，反应气体的传质阻力增加，而在 Nafion 离子交联聚合物分布较少的位置，质子传导阻力又较大。事实证明，这种刷涂 Nafion 离子交联聚合物的方法很难做到 Nafion 离子交联聚合物在催化剂层中均匀分布。

4.3　CCM 法制备膜电极

4.3.1　CCM 法简介

　　与热压法先制备气体扩散电极不同，CCM 法将催化剂直接涂覆在质子交换膜的两面。相比热压法制备的膜电极，CCM 法制备的膜电极的催化剂层更薄，且具有更高的催化剂利用率，能够建立更好的三相催化剂界面。一般认为，CCM 法比热压法制备的膜电极能够产生更高的电池性能。由于 CCM 法直接将催化剂层涂覆在质子交换膜上，CCM 法制备的膜电极的电解质和催化剂层之间的界面结合特性大大加强，不易发生剥离。基于这些优点，CCM 法制备的膜电极是当今膜电极的主流形式。

4.3.2　CCM 法膜电极研究进展

　　1993 年，Wilson[25] 在他的专利中首先介绍了 CCM 制备方法，该方法将黏合剂 PTFE 换为亲水的 Nafion。尽管相比 Nafion，PTFE 的黏合能力更强且能够增加气体扩散层的疏水性，但研究结果表明，Nafion 更加适合作为催化剂层的黏结剂，因为 Nafion 的加入可以增加催化剂层的质子传导性[15]。实验结果显示，CCM 法相比热压法（包括 Nafion 浸渍），所制备的催化剂层活性面积可以增加 22% ～ 45.4%[26]，而且 CCM 法制备的 MEA 更加适用于电堆中的组装[27]。

　　为了优化 CCM 制备方法，研究人员在 Nafion 载量、溶剂的使用、热处理和梯度化设计等方面做了大量优化工作，进一步提高了 CCM 制备的膜电极的性能。

4.3.2.1　Nafion 载量的影响

　　CCM 中加入的 Nafion 溶液与 Nafion 膜不同，因为 Nafion 溶液不能通过熔化重塑，因此不具有商业质子交换膜的整体结构。Nafion 可以在高温加热下硬化重塑，加热过程会发生酸催化变色和脱色反应。比如，在 135℃下干燥基于甘油的催化剂浆料 30min，Nafion 中的磺酸活性基团会退化（磺酸基团的浓度降低），使得制备的催化剂层不如未退化前亲水。但是，研究表明部分退化的 Nafion 造成的亲水性下降和强度提高对缓解阴极的水淹现象是有益的[15]，所以 Nafion 载量与退化程度对于膜电极的性能优化十分重要。

Frey 等比较了 CCM 法和热压法制备的膜电极在不同 Nafion 含量下的性能[28]。实验结果表明，当 Nafion 载量为 35%（质量分数）时，CCM 法制备的膜电极（经过热处理）的单电池性能优于热压法制备的膜电极。但是，进一步提高 Nafion 的载量到 50%（质量分数），电池性能不会进一步提升，此时热压法制备的膜电极性能反而优于 CCM 法。结合两种制备方法，阴极使用 CCM 方法制备而阳极使用热压法制备，Passos 等研究了使用低质量分数铂催化剂［20%（质量分数）Pt/C］情况下 Nafion 载量的影响，研究结果显示，最佳 Nafion 载量为 15%（质量分数）[29]。Kim 等人发现，CCM 法制备的膜电极的最佳 Nafion 载量与催化剂层的活性表面积、质子传导率以及反应气体的传质特性都有关[30]。优化实验的结果发现，当使用高铂含量［45.5%（质量分数）］催化剂的时候，最优的 Nafion 载量为阳极 Nafion 载量 25%（质量分数）和阴极 Nafion 载量 30%（质量分数）。当 Nafion 载量下降时，催化剂层的活性表面积减小；当 Nafion 载量上升时，反应气体的传质特性下降。

4.3.2.2　有机溶剂的影响

由于膜电极的 CCM 制备方法将催化剂浆料直接涂覆在质子交换膜表面，那么浆料的特性对于涂覆的成功和涂覆后的性能有着重要的影响。为了增加催化剂浆料的可涂覆性，通常会将有机溶剂（如甘油）添加到浆料的混合物中。

Chun 等研究了催化剂浆料中的甘油含量对制备的催化剂层性能的影响[27]。他们发现，高甘油含量（甘油：5% Nafion 溶液＝3：1）会导致 $350\ \mathrm{mA/cm^2}$ 以上电流密度区域性能显著下降。他们推测高甘油含量减小了催化剂与离聚物的接触面积，从而影响了电子传递。Uchida 等[31] 和 Shin 等[32] 提到用于催化剂浆料的溶剂的介电常数（ε）决定了浆料中 Nafion 的状态。根据溶剂介电常数的值，Nafion 和溶剂混合物可以呈溶液状态（$\varepsilon > 10$）、胶体状态（$3 < \varepsilon < 10$）或沉淀物状态（$\varepsilon < 3$）。Shin 等比较了两种催化剂浆料，一种含有异丙醇（IPA，$\varepsilon = 18.3$），另一种含有乙酸正丁酯（NBA，$\varepsilon = 5.01$）[32]。由 NBA 作为催化剂浆料溶剂制成的 MEA 相比由 IPA 制成的 MEA 具有更高的功率输出。该研究认为，胶体状的 Nafion 相比溶液状的 Nafion 可以在催化剂层中产生更多的孔隙结构（孔径约为 736nm），从而提升催化剂层中的传质。Yang 等研究比较了不同有机溶剂在 MEA 制备过程中的影响，如 NBA（$\varepsilon = 5.01$）、草酸二乙酯（$\varepsilon = 8.10$）、异戊醇（$\varepsilon = 15.8$）、乙二醇（$\varepsilon = 38.66$）和乙二醇二甲醚（$\varepsilon =$

117

55.0)[33]，结果显示，用乙二醇（高 ε 值）作为浆料溶剂时，制备的 MEA 性能最佳。

溶剂介电常数影响了 Nafion 和催化剂颗粒的分散。总的来说，高黏度的浆料中的颗粒比低黏度的浆料中的颗粒更稳定。黏度高的浆料更加适合于刮刀涂布，而黏度较低的浆料更加适合于喷涂的方式。具有高沸点、低蒸发速率的溶剂在涂布期间更稳定，但是在涂布之后更加难以去除。

4.3.2.3 热塑性离子交联聚合物

Wilson 等[34] 和 Chun 等[27] 尝试在催化剂层中引入一种热塑性离子交联聚合物，即四丁基铵（TBA+），以减轻由于催化剂层结合不良造成的性能衰减。引入 TBA+ 后，Nafion 可以通过与疏水反离子（TBA+）进行离子交换，转化为热塑性形式。在热塑性形式下，Nafion 可以实现熔化状态下加工，这使得传统加工手段（注塑、切割），也可以被使用在 Nafion 的结构加工过程中。

热塑性催化剂层的制备方法类似于 Wilson 的 CCM 制备方法[25]（详见4.3.2，区别只是在于催化剂浆料中加入 TBA+）。加入疏水的 TBA+ 可能会阻碍催化剂层中的质子传导，因此，热塑性 Nafion 需要一个比普通的 CCM 制备方法更严格可控的离子交换过程。结果表明，使用热塑性 Nafion 的膜电极在 $0.12mg/cm^2$ 的低铂载量下，额定功率密度维持在一个较高水平，而且运行 4000h 后，额定功率密度仅下降 10%。

4.3.2.4 梯度化 CCM

模拟研究表明，各向同性、均匀催化剂层（现有的大多数膜电极），从性能角度考虑，并不是最理想结构。在质子交换膜附近增加离聚物含量，在微孔层附近增加催化剂层中的孔隙，可以进一步提高膜电极的性能[35,36]。这一计算结果得到了 Xie 等实验工作的证明[35]。通过比较含有 30%（质量分数）Nafion 各向均匀催化剂层与梯度化催化剂层［20%、30%、40%（质量分数）Nafion］，结果发现，在催化剂层/质子交换膜界面处具有较高 Nafion 含量的梯度化催化剂层产生了最高的功率密度。通过电化学阻抗谱测试发现，催化剂层/质子交换膜界面处 Nafion 含量的增加提高了局部的质子传导率，使得离子传导电阻降低，从而提高了性能。另外，孔隙率测量发现，由于催化剂层/气体扩散层界面 Nafion 含量较低，界面处孔容和孔隙率增加。孔隙率的增加可以促进排水和氧气传递，从而降低了传质阻力。在中等和高电流密度下，Nafion 梯度化催化剂层功率显著提高。Kim 等提出了双层催化剂层的概念，每一层催化剂层具有不同的Nafion 载量[37]。实验结果表明，当气体扩散层侧的催化剂层 Nafion 载量为23%（质量分数）而膜侧 Nafion 载量为 33%（质量分数）时，膜电极性能达到最佳。在高电池电压（0.85V）下，Nafion 梯度化催化剂层的反应电阻与 Nafion 各向均匀催化剂层相差不大；而在高电流密度区，Nafion 梯度化催化剂层对比各向均匀催化剂层有较大的提升。实验认为，气体扩散层侧的 Nafion 量减少 [23%（质量分数）] 可以提升高电流下的水管理，从而实现更佳性能。

除了 Nafion 梯度化之外，由于催化剂层内各处的反应速率不均匀（理论计算），所以在催化剂层中进行铂载量的梯度化优化也可以降低铂载量[35]。Taylor 等通过喷墨打印的方法制备了一种梯度化的催化剂层，催化剂层内铂含量梯度如图 4-6(a) 所示[38]。实验结果显示，在高电流区域，催化剂层铂含量梯度化的膜电极表现出了更高的性能。

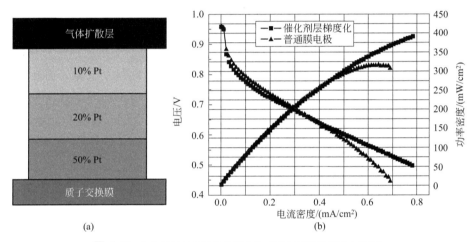

图 4-6 催化剂层铂质量分数梯度化对膜电极性能的影响 [35]

另外，还有一些结合黏合剂和催化剂的催化剂层梯度化研究。比如，Zhang 等提出了一种双层催化剂层结构，使用 PTFE 作为气体扩散层侧的黏合剂，而使用 Nafion 作为质子交换膜侧的黏合剂[39]。这种使用两种不同黏合剂的膜电极在高电流密度区相比各向均匀的膜电极产生了更高的功率。Qiu 等也制备了一种双层催化剂层的 CCM（铂载量 0.28mg/cm²），以改善外层催化剂层（靠近气体扩散层）的水管理和反应气体传质，以及改善内层催化剂层（靠近质子交换膜）内离子传导[40]。催化剂层外层由两种不同的铂碳催化剂 [50%（质量分数）和 60%（质量分数）] 和 PTFE 组成，并在 340℃加热以更好地黏结铂碳颗粒并减少催化剂损失。内层催化剂层类似于常规催化剂层，但 Nafion 载量较高 [相对铂碳为 50%（质量分数）]。双层催化剂层的 CCM 的极化曲线性能与铂载量为 0.7mg/cm² 的膜电极（对照组）相当。Su 等也制备了一种双层催化剂层（0.2mg/cm²），结合了梯度化的铂碳催化剂和 Nafion 载量[41]。内层催化剂层使用 40%（质量分数）铂碳催化剂和 33%（质量分数）的 Nafion 黏合剂，而外层催化剂层使用 10%（质量分数）的铂碳催化剂和 20%（质量分数）的 Nafion 黏合剂。实验结果表明，与单层各向均一的催化剂层（铂载量相同的对照组）相比，在 0.6V 下的电流密度高出 35.9%。在高电流密度区，双层催化剂层的 CCM 性能也有所提升，研究认为，性能的提升与氧传质和水管理提高有关。

总之，梯度化 CCM（铂载量和 Nafion 载量）可优化催化剂层内的质子传导和反应速率。梯度化 CCM 通过提高催化剂层内层的 Nafion 和铂载量以提升氧还原反应和质子传导，从而减小催化剂层外层的 Nafion 载量以提高水管理和氧传质。梯度化 CCM 通常在高电流密度下有更加显著的作用，这和催化剂层内反应速率的空间分布有关。在低的电流密度下，催化剂层的反应速率分布更均匀，而在高的电流密度下，主要的电化学反应倾向于发生在催化剂层内侧[42]。有些研究提出，催化剂层和质子交换膜不应作为两个分离的组件，而更应理解为具有梯度的 Nafion、铂碳和孔隙分布的整体。在质子交换膜侧应减少空隙，而在气体扩散层侧应尽可能提高孔隙率。Nafion 也应从催化剂层内层的高载量减少到催化剂层外层的低载量，以减小接触电阻。铂含量的梯度优化也遵循与 Nafion 梯度化相似的规律。当然，CCM 的梯度化应该考虑膜电极的运行工况。

4.3.3　CCM 制备方法

4.3.3.1　干法制备

干法制备 CCM 主要可以分为干式喷涂和转印法，其特点是制备过程中无须使用溶剂，制备过程相对较为简单。制备过程中一般需要用热压工艺来提高催化剂层与质子交换膜的结合，减小接触电阻。

（1）干式喷涂

干式喷涂是一种将干燥的电极材料喷涂制备成催化剂层的方法，并通过滚压工艺提高催化剂层与质子交换膜的结合。干式喷涂是由德国 DLR 小组[43,44] 发明并完善，用于制造由 PTFE 或 Nafion 黏合的催化剂层。首先，将催化剂层材料（催化剂、PTFE 或 Nafion 固体粉末）在刀式粉碎机中混合，之后将其雾化并在氮气流中通过狭缝喷嘴直接喷射到质子交换膜上。然后，通过压延机将该催化剂层与质子交换膜紧密地结合在一起。尽管催化材料在表面上的黏附力较强，但是一般还是会通过热压进一步加强催化剂层的紧实程度，以减小接触电阻。

干式喷涂的优点：其一是步骤简单，因为不用使用任何溶剂且无蒸发或干燥步骤；其二是制备的催化剂层均匀度好；其三是可通过改变粉末原料和沉积条件来制备梯度化催化剂层。DLR 小组利用干式喷涂制备的电极的铂载量可以低至

$0.08mg/cm^2$，且性能优异。根据雾化程度，干式喷涂制备的催化剂层厚度低至$5\mu m$，且催化剂层均匀程度好[45]。所以，干层喷涂被视为一种具有大规模生产潜力的制备方法。

（2）转印法

转印法是制备质子交换膜燃料电池膜电极最为常用的方法之一[15,46]。转印法是先将催化剂浆料（离子交联聚合物、催化剂和溶剂的混合物）涂覆在转印介质（如 PTFE 膜、表面处理后的玻璃纤维等）上，之后再热压转印到质子交换膜上形成 CCM 的制备工艺。

目前，广泛使用的转印介质是玻璃纤维加强的聚四氟乙烯膜（200～300mm）。在转印介质上涂覆催化剂层之前，转印介质需要预处理。预处理过程首先使用清洁溶剂清洗转印介质的表面，然后用聚四氟乙烯脱模剂处理转印介质，并在室温下干燥。预处理结束后，在转印介质上重复涂覆催化剂浆料，并在80℃下干燥。涂覆过程可以通过调整涂覆的次数控制催化剂的负载量。涂覆结束后，将涂覆浆料的转印介质置于高温（100～150℃）真空烘箱中干燥30～60min，确保溶剂完全蒸发和离子交联聚合物重新均匀分布。将质子交换膜夹在两个涂覆有催化剂的转印介质之间，并放入热压机中进行热压处理。在热压的过程中，催化剂层会从转印介质转移到质子交换膜上。将热压后的质子交换膜/转印介质组件冷却至室温，并剥离转印介质。转印介质剥离后，催化剂层会留在质子交换膜表面，形成 CCM。转印法制备的 CCM 的催化剂层较为紧实，均匀度好，且催化剂层接触电阻较低。

4.3.3.2 乳化制备法

乳化制备法主要可以分为铺展法、刷涂法和丝网印刷法。乳化制备法的第一步是将催化剂、离子交联聚合物和黏合剂制备为乳化浆料，之后直接将浆料均匀地涂覆在质子交换膜表面。在性能上，一般认为乳化制备法比转印法制备的 CCM 性能更好，因为乳化法制备的 CCM 质子交换膜与催化剂层之间的结合更加紧密[27]。

（1）铺展法

铺展法通过使用重型不锈钢圆筒（铺展研磨机）辊压或者两个旋转圆筒之间滚入的方法[47]，将预先制备的催化剂乳液均匀地铺展到平坦的质子交换膜表面。催化剂层的厚度可以通过调节滚轮与质子交换膜之间的距离来控制。铺展制备成的 CCM 催化剂层厚度均匀，且催化剂负载与催化剂层的厚度成正比。

（2）刷涂法

刷涂法直接将预先制备的催化剂乳液均匀地刷涂在干燥的质子交换膜表面，

以制备 CCM。通常质子交换膜需要预先转换为 Na^+ 形式，再开始刷涂过程。刷涂完成后，将 CCM 放入烘箱中烘烤以蒸发催化剂乳液中的溶剂。最后，将刷涂催化剂层后的质子交换膜（CCM）浸入微沸的硫酸溶液中，将质子交换膜转化回 H^+ 形式。

刷涂法一般很难保证催化剂层的均匀度，因为在刷涂和干燥的过程中质子交换膜可能出现变形、褶皱等问题。为了解决这些问题，刷涂的过程通常需要在真空加热台上的夹具中进行，以尽量克服干燥过程中质子交换膜的变形。另外，为了减轻干燥过程中催化剂层的开裂，催化剂的浆料中的大部分溶剂需要在较低温度（<80℃）下去除，剩余的溶剂需要在较高温度（>80℃）下快速去除。

（3）丝网印刷法

就 CCM 的制备而言，丝网印刷法相比刷涂法和铺展法来说应用相对较少。丝网印刷由四个部分组成：印刷介质（催化剂油墨），印刷基材（质子交换膜），用于分散催化剂油墨的丝网，以及用于迫使催化剂油墨通过丝网的刮刀[48]。丝网印刷法将丝网固定在基材（质子交换膜）上方，然后将预制催化剂油墨施加在丝网上。当刮刀在丝网上移动时，刮刀将催化剂油墨向下挤压，通过丝网后的催化剂油墨均匀地沉积在质子交换膜的表面上。

丝网的孔径需要优化到与催化剂颗粒大小相近，以实现最佳的印刷效果。丝网印刷法有一定的局限性，比如当使用较大的催化剂颗粒时，丝网易于堵塞，并且在质子交换膜表面沉积的催化剂层可能因结块等原因而分布不均匀。

4.3.3.3 气相沉积法

气相沉积法与基于浆料（油墨）的制备方法不同，制备而成的催化剂层不是催化剂和离子交联聚合物（黏合剂）组成的均匀薄层。气相沉积法将金属催化剂蒸气直接沉积在质子交换膜表面。由于气相沉积法制备的催化剂层超薄（低至 $1\mu m$），所以催化剂层中不需要加入离子交联聚合物以增加质子传导能力。最常见的气相沉积法是物理气相沉积（PVD，如磁控溅射）和化学气相沉积（CVD）。

（1）磁控溅射

磁控溅射是物理气相沉积工艺中的一种，通过侵蚀催化剂金属材料（前体）将催化剂原子沉积到基材上（质子交换膜）。物理气相沉积一般在真空腔或使用氩等离子体的环境腔中进行。

尽管制备的催化剂层薄至 $1\mu m$，但由于制备的催化剂层厚度和催化剂粒度（<10nm）的不同，磁控溅射法沉积制备的膜电极的性能可能相差几个数量级。由于催化剂层中没有加入离子交联聚合物，磁控溅射法制备的催化剂层不宜过厚

（>10μm）[49]。尽管磁控溅射法可以相对容易和直接地制备催化剂层，但该方法的主要缺点是铂催化剂与质子交换膜之间的结合性差，使得催化剂在变载工况下易于溶解和烧结。这样的催化剂层并不能满足膜电极耐久性的要求。

（2）化学气相沉积

化学气相沉积在许多方面与物理气相沉积工艺相似，但是与物理气相沉积使用固体前体不同，化学气相沉积将气相催化剂前体沉积到质子交换膜表面。该制备过程将气态前体分子化学转化为基底表面上的薄膜，或以粉末形式沉积到基材表面。

本质上，化学气相沉积不直接制备催化剂层，但是可以将分散的碳颗粒铂化。铂颗粒会选择性地沉积在碳颗粒的表面缺陷上（酸预处理后产生）。因此，化学气相沉积制备而得的催化剂颗粒很小（<5nm），且高度分散[50]。

4.3.3.4 电辅助催化剂沉积法

电辅助催化剂沉积法是在电场（电化学过程）的影响下制备电极的新技术，包括电沉积法、电喷涂法（ES）和电泳沉积法（EPD）。与气相沉积方法类似，电辅助催化剂沉积法也可以实现超薄CCM催化剂层的制备。

（1）电沉积法

电沉积法是将电解质中的催化剂通过电化学还原的方式沉积到质子交换膜上的方法。催化剂沉积的位点是电解质中的催化剂与导电碳直接接触的位置（也是燃料电池运行过程中的反应位点）。

电沉积法制备催化剂层的优点是催化剂金属的选择性沉积，催化剂只会沉积在质子和电子传导率高的位置，因此电沉积法可以有效降低铂载量（低至 $10\mu g/cm^2$）。

（2）电喷涂法

电喷涂法（ES）是在高电场的作用下通过毛细管喷射催化剂油墨的射流到质子交换膜上，以制备CCM的方法[51]。催化剂油墨通过加压惰性气体（氮气或氩气）从毛细管喷枪喷射到基材上（质子交换膜）。在喷枪的喷口和基板之间施加非常高的电场（3~4kV），使得从毛细管喷枪出来的催化剂油墨在电场的作用下转换成带电粒子的射流。由于溶剂蒸发和库仑膨胀（高电荷密度引起的液滴分裂），在到达基材之前喷出的墨滴粒径会减小。电喷涂法制备的催化剂层从形态和结构上都优于常规喷涂方法，这有助于提高催化剂的利用率。

（3）电泳沉积法

电泳沉积法（EPD）是在高电场的影响下悬浮液中的带电粒子向电极移动并沉积的制备方法[52]。在电泳沉积过程中，催化剂颗粒逐渐凝结成致密的团块，形成致密的催化剂层。

该制备方法可以制备复杂几何形状的电极和梯度化的材料，适合于制备梯度化膜电极。值得注意的是，催化剂悬浮液必须具有良好的电化学稳定性，以避免法拉第寄生反应的发生。电泳沉积法的优点是直接将催化剂/离子交联聚合物组成的催化剂层紧密地覆盖在质子交换膜表面，而不需要额外的热压或转印过程以增强结合。

4.3.3.5　前体制备法

前体制备法主要是浸渍还原制备方法，也称为无电沉积[53]。制备时先将质子交换膜转换为 Na^+ 形式，然后将质子交换膜浸渍在 $(NH_3)_4PtCl_2$ 联氨和 H_2O/CH_3OH 的混合溶剂中。浸渍后，将质子交换膜在真空中干燥。干燥后取出，将质子交换膜的一个面暴露于空气中，另一个面上暴露于水性还原剂如肼（N_2H_4）或 $NaBH_4$ 中，将铂离子还原为金属铂。

前体制备法制备的催化剂层载量约为 $2\sim6mg/cm^2$。CCM 制备完成后，将 CCM 中的质子交换膜转换回 H^+ 形式。值得注意的是，如果需要为催化剂提供载体的话，该制备方法需要先涂覆催化剂载体，再开始浸渍过程。

4.3.3.6　雾化制备法

（1）雾化喷涂法

与铺展和浇铸制备方法相似，雾化喷涂法使用的是催化剂油墨。雾化喷涂法是最常用的催化剂层制备工艺之一[54]。雾化喷涂法使用加压的惰性气体（氩气或氮气）将催化剂油墨从喷口喷出到质子交换膜上。为了达到所需的铂载量或者催化剂层厚度，喷涂通常分多步进行。质子交换膜上喷涂好的催化剂油墨在 $80\sim120℃$ 下干燥蒸发，然后再进行下一层催化剂层薄层的喷涂。手动喷涂的催化剂层的均匀度较低，但计算机和电路控制的工业喷雾器被证明可以制备均匀的催化剂层。

（2）超声喷涂法

超声喷涂法是一种基于超声波和超声电化学装置制备 CCM 的新技术[55-57]。首先将催化剂油墨插入超声注射器中，然后在喷嘴中雾化，喷雾流速高达 $2.4mL/min$。

为了达到最优载量，对超声喷涂法进行了一系列优化。超声喷雾设备包括超声波雾化喷嘴，在喷嘴钛壳体内的压电传感器能够产生高频超声波（120kHz）振动。催化剂油墨首先被泵送到喷嘴，并在喷嘴处雾化成细雾，以产生均匀的微米级液滴。超声喷涂法制备的催化剂层涂层厚度为 $200nm\sim500\mu m$。与刷涂方法相比，超声喷涂法能够更均匀地分散催化剂油墨，从而实现更高的催化剂利用率，特别是在催化剂载量较低的情况下。

Wilson[25] 在他的研究中，给出了典型的超声喷涂过程：

① 加入含量为 5％ 的全氟磺酸离子聚合物（如 Nafion）溶液和 20％（质量分数）的 Pt/C 催化剂，Nafion 与催化剂的比例为 1∶3；

② 按碳∶水∶甘油＝1∶5∶20 的质量比加入水与甘油；

③ 超声混合，直至催化剂在溶液中分布均匀，且混合物的黏度适合涂覆；

④ 在 NaOH 溶液中浸泡质子交换膜，使膜转变为 Na^+ 态，用去离子水洗净后干燥；

⑤ 将碳、水、甘油的混合墨水喷涂于质子交换膜的一侧（通常需要喷涂超过两层，以获得足够的催化剂载量）；

⑥ 置于约 160℃ 下真空干燥；

⑦ 重复⑤、⑥步骤喷涂质子交换膜的另一侧；

⑧ 放入 0.1mol/L 轻微沸腾的 H_2SO_4 溶液中，使膜质子化，用去离子水洗净；

⑨ 在膜两侧放置气体扩散层，热压制成膜电极。

4.3.4　CCM 法总结

与热压法制备的膜电极不同，CCM 制备方法以 Nafion 作为黏合剂的浆料直接涂覆到质子交换膜的表面，形成 CCM 结构。CCM 制备方法显著降低了铂催化剂的载量，且实现了功率密度的提升。CCM 法制备的催化剂层厚度较薄，铂催化剂的利用率高，传质特性好，是目前主流的膜电极制备方式，在学术和工业界都有广泛的应用。

本节总结了 CCM 法制备膜电极的相关研究。相比热压法制备的膜电极，CCM 制备方法提高了质子交换膜与催化剂层之间的结合度，加强了质子膜/催化剂层界面的传递，优化了反应气体和水在催化剂层中的传质。膜/催化剂层间结合的优化减小了传质阻力，在高电流密度下对膜电极的性能提升作用显著。梯度化催化剂层是利用催化剂层内孔隙和反应速率分布不均匀的特性来提高铂催化剂利用率的催化剂层设计。梯度化膜电极通过增加质子交换膜/催化剂层界面的催化剂含量和 Nafion 载量，以提高界面的质子传导率和反应速率；减少催化剂层/气体扩散层界面的 Nafion 载量提高孔隙率，以提高水和反应气体的传质。

另外，本节还详述 CCM 制备的不同制备工艺，如干法制备、乳化制备、气相制备、电辅助制备、雾化制备等。CCM 的制备工艺之间各有优势，同时也都存在需要克服的缺点。CCM 的制备工艺的选择需要综合考虑产量、性能、浆料制备难度、设备成本等各个方面。

4.4 有序化膜电极

4.4.1 有序化膜电极简介

无论是热压法制备的膜电极还是 CCM 法制备的膜电极，催化剂层中铂载量相比美国能源部提出的终极目标（铂族金属用量 0.125g/kW 和质量比活性 0.44A/mgPGM）仍然有差距，催化剂利用率低是主要原因，且直接导致膜电极单位功率的成本偏高。另外，由于催化剂层中质子、电子、气体等物质传输通道均处于无序状态，催化剂层中物质输运效率仍然有提高的空间，使得催化剂层内存在较大的浓差极化。为此，在热压法和 CCM 法的基础上，新一代的膜电极必须实现质子、电子、反应气体和水等物质的多相传输的有序化进行，进一步提高催化剂利用率。本节整理了目前有序化膜电极方面的研究进展，列举了一些有序化膜电极的制备工艺和方法，以及有序化膜电极的性能参数。

4.4.2 有序化膜电极类型

目前，有序化膜电极的设计可以分为三类：有序化载体材料、有序化催化剂和有序化质子导体。无论哪一类，有序化膜电极的设计都是为了实现高比表面积和较快的反应物、生成物的传质，以有效提升膜电极的性能。

4.4.2.1 有序化载体材料

在质子交换膜燃料电池中，理想的催化剂载体材料应具备以下几个特性：①高比表面积；②高电导率；③与催化剂结合紧密；④化学稳定性好，抗高电位腐蚀；⑤拥有介孔结构，传质速率快[58]。传统的催化剂载体材料一般是碳材料（如炭黑、活性炭）或者金属氧化物材料等。虽然催化剂载体的引入相比直接使用铂黑催化剂，有效减少了铂载量，但是其在催化剂层中呈无序化分布（颗粒在空间内无序排列），使得膜电极的电荷和物质传输在大电流下都受到了限制。有序化催化剂载体的引入可以在一定程度上解决无序化引起的电荷和传质受限的问题。比如，碳纳米管薄膜作为载体，沿着纳米管的方向电导率高于径向电导率，电子传输能量损耗低；碳纳米管薄膜的纳米管方向有较好的透气性和超疏水性[59]。所以，有序化排列的碳纳米管薄膜制备的有序化膜电极相比传统的 CCM 法和热压法制备的膜电极具有更好的水管理，可以避免水淹现象的发生。同时，膜电极内部的传质阻力也因为透气性的定向提高而减小。另外一些高度有序化的材料，如热解石墨[60]、多壁碳纳米[61,62]、杯状碳纳米管[63]、巴基纸[64] 作为催化剂载体也能够提升膜电极中催化剂的利用率，进而提升膜电极的性能。

报道最多的有序化催化剂载体有碳纳米管和金属氧化物纳米管等。使用制备的氢化处理的 TiO_2 纳米管作为催化剂载体，可以提高铂颗粒的稳定性[66]。实验表征发现，TiO_2 纳米管表面上存在的氧空位和羟基能够锚定铂原子，可以有效减少电化学活性面积（ECSA）在测试过程中（1000 次电压循环 $0\sim1.2V$，$vs.$ RHE）的损失（ECSA 损失 36%，相比商业化铂碳催化剂的 ECSA 损失 68%）。Tian 等报道了比较具有商业化潜力有序化载体的制备方法[65]。首先，在铝箔基板上使用化学气相沉积法和等离子体增强化学沉积法制备垂直于基板的碳纳米管。然后，采用物理溅射的方法将铂纳米颗粒催化剂沉积在碳纳米管表面。最后，将制备好的有序化电极转移到膜上（制备过程如图 4-7）。这种垂直碳纳米管载铂为催化剂层的膜电极可以在低铂载量（$35\mu g/cm^2$，商业化的载量约为 $400\mu g/cm^2$）下产生高性能（最高功率密度 $1.03W/cm^2$）。

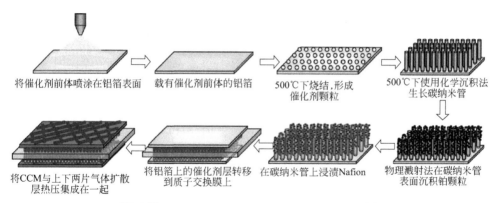

将催化剂前体喷涂在铝箔表面　载有催化剂前体的铝箔　500℃下烧结,形成催化剂颗粒　500℃下使用化学沉积法生长碳纳米管

将CCM与上下两片气体扩散层热压集成在一起　将铝箔上的催化剂层转移到质子交换膜上　在碳纳米管上浸渍Nafion　物理溅射法在碳纳米管表面沉积铂颗粒

图 4-7　垂直碳纳米管有序化膜电极制备过程示意图[65]

4.4.2.2　有序化催化剂

最早出现的有序化催化剂是纳米线结构的铂催化剂。由于纳米材料的高比表面积、特殊的晶面和较少的表面缺陷，所以对比传统铂碳催化剂，纳米线铂催化剂具有更高的氧还原比活性（商业化催化剂的 1.5 倍）。碳载体上原位生长的铂纳米线作为催化剂时，膜电极可以在铂载量为 $0.3mg/cm^2$ 时，达到最大功率密度 $0.47W/cm^{2[67]}$。随着研究的深入，其他类型的有序化催化剂也被开发和使用在燃料电池膜电极中。

目前，有序化催化剂已经在美国 3M 公司实现商用，但是大部分还停留在实验室阶段。美国 3M 公司以单层定向有机染料晶须作为催化剂载体，在有机染料晶须上溅射沉积铂薄层作为催化剂层[68-70]。有机染料晶须能抵御高电位下载体的腐蚀，且铂催化剂的形态为薄层而非单个颗粒，不会在高电位下发生铂溶解，这极大地提高了膜电极中催化剂层的寿命。

研究人员利用电沉积在阳极氧化铝模板上制备出 60nm 和 25nm 两种直径的铂纳米线，作为膜电极的阴极催化剂以提高活性表面积、传质和氧还原活性[71]。循环伏安法测试结果表明，铂纳米线阵列催化剂的电化学活性面积远大于其表观面积，且各相传质阻力减小。Middenman 报道了一种特殊催化剂层的开发方法来控制催化剂形态[72]。为了提高制备催化剂的取向性，在制备过程中，提高了温度并加入添加剂以增加催化剂层的流动性，同时施加外加电场以改变催化剂的取向。该研究指出，这种方法几乎可以将催化剂层中铂的利用率提高到 100%，并且性能也可以增加约 20%。

4.4.2.3　有序化质子导体

在膜电极中，质子主要靠在高聚物中传导，因此质子导体的有序化就是要引入具有导向性的高聚物，比如 Nafion 纳米线[73,74]。单根的 Nafion 纳米线可以通过阳极氧化铝模板负压抽滤法制得，直径在 $50nm \sim 30\mu m$ 之间，但是长度却能够达到厘米级[75,76]。不同直径的纳米线电化学阻抗谱分析显示，单根的 Nafion 纳米线的质子传导率比普通的商业化 Nafion 膜高 3～4 个数量级。因为纳米尺寸效应，随着直径的减小，Nafion 纳米线的质子传导率迅速增加（直径小于 $2.5\mu m$）。

Elabd 等利用静电纺丝技术制备出高纯度的 Nafion 纳米线（直径 400nm），电导率高达 1.5S/cm，高于目前商业化的 Nafion 膜（0.1S/cm）[77]。该研究也发现了 Nafion 纳米线具有纳米尺寸效应，在一定的直径范围内，随着纳米线直径的减小，质子传导率快速增加。该研究还比较了 Nafion 纳米线和 Nafion 膜在不同湿度下的质子传导率变化情况，结果表明，随着相对湿度的提高（50%～90%），Nafion 纳米线（600nm）质子传导率相比 Nafion 膜多提高一个数量级。

4.4.3　有序化膜电极总结

本节分别介绍了基于催化剂载体的有序化膜电极、基于催化剂的有序化膜电极和基于质子导体的有序化膜电极的一些研究进展。总的来说，有序化膜电极使得电子、质子和反应气体在膜电极中高效传质，从而提高膜电极性能，并有效降低铂族金属的载量。虽然整体而言有序化膜电极仍然处于实验室研究阶段，但是已经有一些有序化膜电极成功实现商业化。比如，3M 公司的有序化膜电极在低铂载量（$0.15mg/cm^2$）下，基本达到了美国能源部 2015 年订立的目标（$0.125mg/cm^2$、额定功率密度 $1W/cm^2$ 和寿命 5000h）。

随着研究的深入，相信在未来会有越来越多的有序化膜电极实现商业化。但是，大多数现有有序化技术的制备工艺都比较复杂，或者在制备过程中需要使用高精度仪器和进行严格的条件控制。寻找更简单、成本更低的有序化膜电极制造工艺可能是未来非常重要的发展方向。

4.5 气体扩散层

4.5.1 气体扩散层简介

质子交换膜燃料电池中的气体扩散层通常夹在双极板气体流道和膜电极的催化剂层之间，其结构影响了催化剂利用率和整体电池性能。气体扩散层有多重作用[78]：第一，气体扩散层是集流双极板和催化剂层之间的电子导体。所以，高电导率且薄的气体扩散层可以有效减小内阻。第二，气体扩散层是一种多孔介质，这使得反应气体、水蒸气和反应生成的水可以在孔隙内传质。反应气体的传质有助于电化学反应的进行；水蒸气扩散到质子交换膜可以增加质子交换膜的离子电导率；液态水滴在催化剂层/扩散层的界面形成后，当局部压力较大时，水会透过气体扩散层向外排出。为了提高传质可以适当提高气体扩散层的孔隙率，但是这样会增加气体扩散层的电阻。第三，气体扩散层阻止水进入膜电极的内层。如果催化剂层中积累水，则会造成水淹，那么催化剂层中铂催化剂的利用率就会下降。为了增加气体扩散的排水性能，一般会通过 PTFE 处理气体扩散层以提高排水特性，使得气体扩散层表面和孔隙不会被液态水堵塞。但是，PTFE 的导电性能较差，而且加入过量 PTFE 会降低孔隙率，导致排水和传质性能的下降。因此，PTFE 的加入量需要经过优化。通常，气体扩散层中的最优的 PTFE 含量为 30% 左右。另外，在热压法制备的膜电极中，多孔的气体扩散层也常常作为催化层的基底。

燃料电池技术的发展对膜电极水管理提出了更高的要求，越来越多的研究开始关注气体扩散层在膜电极中的作用。本节将重点介绍各种不同气体扩散层（如碳基或金属基）的材料和研究进展，以及气体扩散层参数（如厚度、疏水性和添加剂等）对性能的影响。

4.5.2 气体扩散层研究进展

一篇 2009 年的综述性论文统计了 1992~2007 年之间发表的与燃料电池气体扩散层相关的论文的情况[79]。这份统计中的数据基于科学引文索引数据库（SCI，美国费城科学信息研究所的多学科数据库）中 172 个科学学科的 6426 种主要期刊。如果使用"气体扩散层"和"燃料电池"作为搜索标题的关键词、摘要或关键字，搜索可以发现有关气体扩散层的文章数量有了惊人的增长，这其中还包括一些跨学科的研究。发表文章数量的增长显示了气体扩散层在燃料电池中的重要性和不可或缺的作用。

　　总的来说，气体扩散层通常由基底层（MPS，单层结构）或者覆有一层较薄的微孔碳层的碳纸或者碳布（基底层，双层结构）组成。双层气体扩散层结构如图 4-8（a）所示，基底层直接与气流通道接触，用作气体分散体和集电体。基底层以上是较薄的微孔层，含有碳粉和疏水剂，主要管理液态水和水蒸气的流动[80]。与双层结构相反，单层结构的气体扩散层只有一层结构，没有微孔层和基底层的分别[图 4-8（b）]。无论哪种结构，理想的气体扩散层应可以实现良好的水管理，并具有最佳的弯曲刚度、孔隙率、梯度结构、表面接触角、透气性、水蒸气扩散、电气/电子传导性且无裂纹表面形态，高机械完整性和较强化学稳定性，以及各种操作条件下的耐久性[79]。

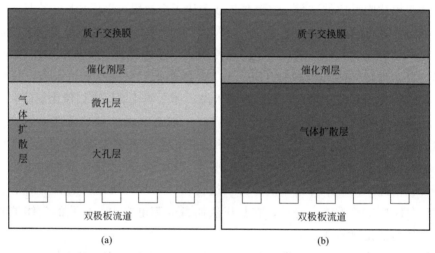

图 4-8　双层气体扩散层结构（a）和单层气体扩散层结构（b）

4.5.2.1　单层气体扩散层研究进展

　　单层气体扩散层通常是碳基产品，包括编织碳布、无纺碳纸、碳毡和碳泡沫。选择碳材料作为单层气体扩散层的原因是：①碳材料在酸性环境中稳定；②碳材料能够提供高透气性和良好的电子传导性；③碳材料在压缩时具有弹性；④碳材料能有效控制气体扩散层中的孔径分布情况。除了碳基材料外，由于良好的机械强度和较宽电位范围内的稳定性，金属基气体扩散层，例如金属网、金属泡沫和微机械加工的金属基板，也可以作为膜电极的气体扩散层材料，并已经取得了不错的效果。单层气体扩散层需要进行疏水处理，以防止水淹的发生并促进氧传质。许多研究人员针对单层气体扩散层进行了广泛的实验和理论研究，以总结基底和疏水处理对膜电极性能的影响。

（1）碳纸以及碳布

单层气体扩散层最常见的基材是碳纸或碳布。碳纸是将高温（＞2000℃）下石墨化的碳纤维（提高电子传导性和机械强度）用热固性树脂浸渍加工而成[81]。碳纤维大多由热解聚丙烯腈（PAN）纤维制备而成，除了 PAN 纤维外，其他的纤维比如人造纤维丝、沥青纤维等也可以作为碳纤维合成的前驱体。碳布也是质子交换膜燃料电池气体扩散层的常用材料之一。与碳纸类似，碳布也是由 PAN 纤维交错扭曲制备而成。

一些研究通过改变碳材料的制备工艺来提高气体扩散层的性能。比如，在石墨化之前用酚醛树脂改性碳布可以改善膜电极极化性能，减少欧姆和传质损失[82]。Liu 等制备了具有不同单位质量的（70～320g/m²）的碳纸作为阴极气体扩散层，实验结果表明，质量较小和较薄的碳纸具有较低的渗透性和更好的性能，尽管其电子导电性相对较小[83]。

（2）单层气体扩散层参数影响

疏水处理可以控制碳纸或碳布的润湿性，有效地去除阴极中饱和的水。为了增加疏水性，一般会使用疏水剂处理碳纸或碳布，常用的疏水剂有 PTFE[84]、聚偏二氟乙烯（PVDF）[85] 和氟化乙烯丙烯（FEP）[86]。疏水剂可以以不同方式施加到气体扩散层上，比如浸渍、喷涂、刷涂等。一种典型的疏水处理方式是将气体扩散层浸入含有疏水剂的悬浮液中，取出后在 350℃ 以上加热以除去表面活性剂并均匀分散疏水剂。气体扩散层中疏水剂的量可以通过浸渍时间和悬浮液的浓度来控制。

Bevers 等研究了不同 PTFE 载量和不同烧结温度对碳纸基底的气体扩散层的影响[87]。实验结果表明，具有较高含量 PTFE 的碳纸可以降低气体扩散层中水的饱和度，但是同时也增加气体传质阻力和内阻。Park 等人研究了阴极碳纸中的 PTFE 浓度如何影响膜电极在不同相对湿度（RH）下的极化曲线性能[88]。研究结果表明，由于高透气性和快速排水的特性，载量为 15％ 的 PTFE 碳纸可以达到最佳性能。这一结果与另一组研究人员的结果相近，该实验发现，CCM 膜电极中气体扩散层的 PTFE 含量最佳值为 15％[89]。Prasanna 等人使用扫描电子显微镜（SEM）、气体渗透率测量、电化学阻抗谱和极化曲线等手段比较了具有不同 PTFE 含量（质量分数 10％～40％）的市售碳纸[90]。对比发现，当阴极 PTFE 负载超过 30％（质量分数）时，单电池性能下降，这主要是气体扩散层孔隙率降低引起的。气体渗透率测量和交流阻抗研究表明，气体扩散层中最优的 PTFE 含量为 20%（质量分数），因为该含量下气态氧扩散和液态水传质阻力较小。Lim 和 Wang 比较了 10%（质量分数）或 30%（质量分数）的 FEP 对商用气体扩散层（TGP-H-090，Toray）的处理效果[91]。结果表明，10%（质量分数）FEP 能够提供足够的疏水性以避免气体扩散层内的水淹，特别是在高工作温度（90℃）下。该研究认为，反应气体和产物的传质增强的原因是气体扩散层表面的孔隙阻塞较少。

除了疏水性之外，气体扩散层的厚度也会对其性能有较大的影响。Paganin 等表明，当气体扩散层厚度从 $15\mu m$ 增加到 $35\mu m$ 时，薄膜电极的性能会大大提高[89]。这种性能的提高是因为催化剂层和集流板之间接触电阻减小，也有可能是较薄的气体扩散层不能抵抗双极板压力。这种压缩会迫使双极流道下面的气体扩散层破裂。当厚度从 $35\mu m$ 进一步增加到 $50\mu m$ 时，性能的边际增加可以忽略不计。而当扩散层厚度增加到 $60\mu m$ 时，他们发现，在较高电流密度下性能反而下降。这种极化可归因于扩散阻力和内阻的增加。

（3）碳布与碳纸比较

碳布或者碳纸比较研究通常是将碳布或者碳纸作为燃料电池阴极气体扩散层进行的，因为阳极侧实验结果表明，阳极气体扩散层无论在高湿度或者低湿度下对性能的影响相对较小。综合实验结果来看，碳布相比碳纸作为气体扩散层在高电流密度下能够产生更高的性能，因为碳布更加利于排水和氧传质。

Ralph 等人比较了商业化的碳纸（TGP-090，Toray）和碳布（Panex PWB-3，Zoltek），比较的结果表明，用碳布作为气体扩散层基材的膜电极在高电流密度下具有更高的功率密度[10]。Wang 等人计算了燃料电池中碳纸和碳布作为单层气体扩散层的模拟两相传输[92]，实验结果表明，对于完全湿润的反应气体，由于碳布的曲折度较低和表面相对粗糙，所以碳布的排水性能更好，加强了氧化剂向催化剂层位点的传质。但是，在低湿度条件下，碳纸可以缓解质子交换膜失水过干现象，从而提高低湿度条件下的性能。

Schulz 通过数值模拟发现，气体扩散层长度、宽度方向液态水饱和比厚度方向严重[93]。根据这个结果，Gerteisen 等试图通过激光穿孔沿着流道在碳纸上钻孔，在气体扩散层上形成直径 $80\mu m$、边沿清晰的通孔[94]。单电池测试结果表明，激光穿孔的气体扩散层在变化的负荷下的水管理提高了。激光穿孔对碳纸的改性增加大孔的孔容，产生了与碳布类似的双孔径分布结构（PSD）。一般认为，碳布具有低曲折度和双孔径分布（PSD）的特点，这是碳纱之间和碳纤维之间的空间造成的[95]。使用碳布或带有穿孔的碳纸可以改善局部的水淹现象，因为饱和的水可以通过钻孔或者碳布的大孔快速排出。

Frey 和 Linardi 的实验证明，与碳纸 [0.17mm，35%（质量分数）PTFE，EC-TP1-060T] 相比，虽然碳布比碳纸厚，但是使用碳布 [0.33mm，35%（质量分数）PTFE，EC-CC1-060T] 作为气体扩散层可以实现更好的性能，因为碳布有更高的孔隙率[28]。与该实验结果相似，另一研究也表明，膜电极阴极气体扩散层孔隙率的提高对排水的作用显著[96]。

（4）其他气体扩散层

除了使用碳布和碳纸作为基底的单层气体扩散层之外，其他的碳材料或者金属材料作为气体扩散层也得到了广泛的研究。

研究人员制备了一种集成碳气凝胶的气体扩散层[97]。制备方法是将 PTFE 和碳粉颗粒渗透到气体扩散层的两面。之后在 280℃下干燥 30min 以去除 PTFE 中的分散剂。然后将气体扩散层在 330℃下烧结，并进行热处理或者化学处理。集成碳气凝胶气体扩散层减小了电极和双极板之间的接触电阻，气体扩散层在 80%孔隙率下的最高电导率达到了 28S/cm。另外一些研究人员提出了用柔性石墨板穿孔工艺制造的膨胀石墨作为气体扩散层的想法[98]。使用膨胀石墨作为气体扩散层的膜电极，达到了与商业化气体扩散层（Elat，E-TEK）相当的性能。另外，由活性碳纤维（Beam Associate Co.，Ltd）织成的碳布也可以用于制备气体扩散层，经过 CF_4 等离子体疏水化处理后，实现疏水性材料（氟分子和 CF_3^+ 及疏水性官能团）的均匀分布而不减少活性碳纤维之间的空隙[99]。气体扩散层在 20psi（1psi=6.895kPa）的背压下产生的功率密度比没有经过 CF_4 处理的 GDL[10%（质量分数）PTFE]高 1.5 倍。Gao 等人开发了一种新型碳纸，由碳纳米管（CNT）、聚丙烯腈基碳纤维和疏水剂 PTFE 组成[100]。这种气体扩散层的石墨化程度高，孔容较大（0.03～3μm），比 Toray 碳纸（TGP-H-060）的电导率更高。

另外，由不锈钢网、钛网、镍网或镍铁合金泡沫制成的金属基材也可以作为燃料电池气体扩散层。Ioroi 等和 Wittstadt 等将钛基体浸入 PTFE 乳液中后进行热处理，得到的钛基气体扩散层可以减缓燃料电池运行过程中的水淹[101,102]。金属气体扩散层可以使用微机械加工技术开发，加工步骤主要包括：①掩模设计；②光刻胶涂覆到金属或牺牲层上；③光刻出设计图形；④金属或牺牲层的化学蚀刻；⑤光刻胶和牺牲层的去除[103]。使用微机械加工技术，Fushinobu 等设计了不同集电体、不同孔径和不同厚度的薄钛气体扩散层[104]。单电池测试结果表明，当使用薄钛气体扩散层时，加湿的反应气体容易在低温下使阴极发生水淹，导致性能下降。另外，使用金属的气体扩散层电导率增加，使得高温下的性能得到了提升。实验结果还显示，在保持孔隙率不变的前提下，更小的微孔和厚度更薄的气体扩散层具有更好的性能。薄钛气体扩散层在低电流密度（小于 200mA/cm^2）下的性能可以达到与商用气体扩散层相近的水平。Zhang 等使用微机械加工技术制造了薄铜气体扩散层（$12.5\mu m$），并比较了薄铜气体扩散层与商用气体扩散层（碳纸，Toray，TGP-H-060）作为阴极气体扩散层的性能差异[103]。实验结果表明，碳纸在高化学计量比下（氢气：空气＝4：4）的输出功率更高（1A/cm^2）；而薄铜气体扩散层在低化学计量比下（氢气：空气＝2：2）可以提高氧化剂扩散速率，改善水管理。该研究认为，氧化剂扩散速率的提高是由于薄铜气体扩散层厚度较薄和薄铜气体扩散层中存在直孔。尽管薄金属基材在电导率和气体扩散方面有一定优势，但金属基材在低 pH 值环境中的抗氧化能力仍然需要测试验证。因此，有必要进行长期或加速腐蚀测试以检查金属基材气体扩散层的化学耐久性。

4.5.2.2　双层气体扩散层研究进展

双层气体扩散层也称为复合气体扩散层。双层气体扩散层通常由 PTFE 处理过的碳布或碳纸基底层和微孔疏水层组成，与单层气体扩散层相比增加了一层微孔疏水层。碳布或碳纸基底层起到气体分散和机械支撑物的作用，微孔疏水层包含炭黑粉末和疏水剂。微孔疏水层阻隔催化剂颗粒进入气体扩散层中的大孔中，并有效地降低催化剂层与双极板之间的接触电阻。微孔疏水层还能改善基底层和催化剂层界面的传质机制，以改善膜电极的水管理。一些研究人员推测，水管理的提高是由于微孔疏水层的微孔使得水滴不能在疏水且孔径较小的孔隙中停留，所以不容易出现水淹现象[105]。

（1）双层气体扩散层中微孔疏水层的作用

微孔疏水层的浆料一般由碳粉、PTFE 溶液、有机溶剂和添加剂混合而成。双层气体扩散层的制备方法是将浆料沉积在用 PTFE 悬浮液预处理过的碳纸或布的一面。之后对双层气体扩散层进行热处理以蒸发剩余的表面活性剂，并使得 PTFE 均匀分散在微孔疏水层中。

研究人员从理论计算和实验出发，探讨了微孔疏水层对于水管理的作用。比如，Nam 和 Kaviany 根据水形成速率，蒸发/冷凝动力学以及气体扩散层中冷凝水的毛细运动进行了模拟研究，计算结果表明，微孔疏水层的加入降低了微孔疏水层/基底层界面处的液态水饱和度，从而抑制了阴极的水淹[106]。Weber 和 Newman 认为，微孔疏水层的作用是将水从催化疏水层推向双极板流道，以控制水饱和度[107]。Park 和 Popov 的研究表明，增加微孔疏水层的疏水性可以减小基底层的湿润面积，从而促使阴极催化剂层更快排水[108]。

Lin 和 Nguyen 测试了三种商用的气体扩散层：SGL SIGRACET、Toray TGPH 碳纸和涂有微孔疏水层的 SGL SIGRACET 碳纸[109]。实验结果表明，即使在较低的空气化学计量下，与碳纸相比，涂覆微孔疏水层的碳纸作为气体扩散层的膜电极可产生更高的单电池性能，该研究认为，微孔疏水层有助于水从阴极侧通过膜反向扩散到阳极。

另一项研究指出，加入微孔疏水层可以减小同种、不同批次的碳纸之间的差异[110]。该研究首先指出，不同批次、相同型号的碳纸制备的膜电极可能有较大的性能差别，但是加入微孔疏水层可以减小性能差异。比如，将 35％的 PTFE 和 65％的 Vulcan XC-72（$2.0mg/cm^2$）混合物涂覆到 20％PTFE 处理后的碳纸上，形成微孔疏水层，可以相对稳定地达到最佳性能。

至今，已经有大量研究探讨微孔疏水层的碳粉、润湿性、碳载量，以及多孔结构对水管理、电导率和传质的影响。

（2）碳粉的影响

Jordan 等研究了在不同电池操作条件下（氧气或空气作为氧化剂），阴极微孔疏水层[10％（质量分数）PTFE]中的不同碳粉（Vulcan XC-72 和乙炔黑）对单电池性能的影响[111,112]。实验结果显示，含有乙炔黑的微孔疏水层的性能优于含有 Vulcan XC-72 的微孔疏水层，性能的提高归因于乙炔黑组成的微孔疏水层孔隙结构较少。实验还发现，如果将微孔疏水层在 350℃下热处理 30min，PTFE 在微孔疏水层内的分布更加均匀，使得制备的微孔疏水层更疏水，排水性能提升。

Antolin 等研究了气体扩散层不同微孔疏水层的影响，该实验比较了两种炭黑类型，分别是油炉炭黑和乙炔黑（Vulcan XC-72R 和 Shawinigan 碳粉）[113]，结果表明，使用 Shawinigan 碳粉的电极相比含有 Vulcan XC-72R 的电极具有显著的性能优势（85℃下测试），额定电压下的功率密度提高了 35％。此外，实验还发现，如果使用两种碳粉末的组合作为微孔疏水层，并增加氧化剂和燃料的气压，膜电极可以达到更高的性能水平。

为了研究碳的多孔结构对膜电极性能的影响，Passalacqua 等利用不同类型的炭黑制备了微孔疏水层：Asbury 850（表面积为 $13m^2/g$）、Mogul L（$140m^2/g$）、Vulcan XC-72（$250m^2/g$）和 Shawinigan 乙炔黑（$70m^2/g$）（微孔疏水层其他特性如表 4-1）[114]。实验结果显示，Shawinigan 乙炔黑制备的微孔疏水层可以实现最优性能，性能改善的原因是微孔疏水层较大的孔体积和乙炔黑较小的粒径使得微孔疏水层内的水饱和度下降。

表 4-1　不同碳粉组成微孔疏水层的气体扩散层特性

微孔疏水层	$V/(cm^3/g)$	$APR/\mu m$	$V_p/(cm^3/g)$	$V_s/(cm^3/g)$	$APR_p/\mu m$	$APR_s/\mu m$
Asbury 850	0.346	3.5	0.212	0.134	0.29	8.6
Mogul L	0.276	6.0	0.157	0.119	0.20	13.6
Vulcan XC-72	0.489	1.8	0.319	0.170	0.24	4.9
Shawinigan 乙炔黑	0.594	1.7	0.368	0.226	0.27	4.3

注:V 表示孔容;APR 表示平均孔径;下标 p 和 s 表示主要和次要。

Antolini 等制造了三层式的气体扩散层（微孔疏水层/基底层/微孔疏水层）来研究碳粉特性对膜电极极化性能的影响[113]，结果发现，微孔疏水层载量为 3.0mg/cm^2 的 Shawinigan 乙炔黑气体扩散层达到了最高性能。此外，该研究还探讨了不同微孔疏水层组合制备的气体扩散层对性能的影响，实验结果表明，以 Shawinigan 乙炔黑/碳布/Shawinigan 乙炔黑组合制备而成的气体扩散层相比其他组合的气体扩散层，拥有更高的极限电流和更低的总电阻（不同的背压下）。

另外，碳纳米管也经常被用来构建气体扩散层的微孔疏水层。比如，Kannan 等采用了部分有序的石墨化碳（Pureblack 205-110 Carbon，Superior Graphite Co.）生长的碳纳米管，并制备成微孔疏水层以提供高疏水性和机械支撑[115,116]。实验结果显示，与 Vulcan XC-72 相比，由于碳纳米管的高度有序化，所以石墨化的碳纳米管微孔疏水层可以增强膜电极内部反应气体和水的传质。Tang 等尝试在商业碳纸（TGP-H-090，Toray）上直接生长碳纳米管作为微孔疏水层，并通过改变化学气相沉积过程中乙烯的流量成功地调整碳纳米管的各种结构和形态[117]。Kannan 等也使用化学气相沉积技术直接在碳纸上生长多壁碳纳米管作为微孔疏水层，制备得到的微孔疏水层可以在不添加疏水剂的情况下在相对湿度 70%～100%时保持较好的排水性能[118]。

（3）疏水和亲水处理

气体扩散层主要通过毛细现象排水，毛细现象引起的水滴流动源于液相和气相之间的压力差。在燃料电池工作环境中，给定温度下的蒸汽压力变化较小，所以毛细现象主要驱动力为催化剂层或者微孔疏水层中局部的液体压力。疏水处理可以改变催化剂层/微孔疏水层界面液体的局部压力，减少局部水的饱和度，同时增强氧气在气体扩散层中的传质。另外，微孔疏水层的疏水性的增加可能会造成催化剂层/微孔疏水层界面局部压力过大，反而会影响膜电极的性能。大量实验结果表明，相比疏水性造成局部压力过大对膜电极的负面影响，疏水处理对氧气传质的提高作用更加显著[119]。

关于气体扩散层的疏水性处理已经有了较多研究。Giorgi 等研究了微孔疏水层中 PTFE 含量如何影响燃料电池的性能[120]。他们根据实验结果，建议在微孔疏水层中加入 10%（质量分数）的 PTFE 作为黏合剂就可以避免水淹。Lufrano引入了一个疏水中间层，由碳和 PTFE 组成，喷涂在碳纸上[121]。通过实验发现，最佳 PTFE 含量为 20%。当氧化剂为空气时，单电池性能在高电流密度下受 PTFE 含量的影响较大。Song 等人通过电化学阻抗谱的方法对微孔疏水层中的 PTFE 和碳粉载量进行了优化，得到微孔疏水层中碳粉的最佳负载量为 $3.5mg/cm^2$，PTFE 的最佳含量为 30%[122]。

　　除了优化研究外，一些研究对疏水处理进行了更加深入的分析。Popov 等使用水银孔隙率测定法、水渗透实验和电化学极化技术研究了微孔疏水层中疏水剂浓度对性能的影响[123]。双层气体扩散层的孔容随着 PTFE 含量的增加而降低。测得双层气体扩散层经过 10%（质量分数）PTFE 处理的孔隙率为 80.8%，经过 20%（质量分数）PTFE 处理后为 80.5%，经过 30%（质量分数）PTFE 处理后为 80.0%，经过 40%（质量分数）PTFE 处理后为 77.9%。水渗透实验的结果表明，穿透双层气体扩散层的水的流动阻力随着 PTFE 含量的增加而增加，这是微孔疏水层疏水性增加和微孔疏水层孔隙率降低共同作用的结果。当空气用作氧化剂时，20%（质量分数）PTFE 的疏水处理达到最佳的性能。

　　（4）微孔疏水层厚度的影响

　　通过理论研究，Nam 和 Kaviany 提出微孔疏水层和基底层的最佳厚度比为 3∶7，以减小阴极处的传质限制[106]。Pasaogullari 和 Wang 计算了具有不同微孔疏水层厚度的气体扩散层阴极中水的平均饱和度，计算结果显示，当微孔疏水层厚度为 $38\mu m$ 时饱和度最小[124]。Weber 和 Newman 模拟了微孔疏水层厚度对膜电极性能的影响[107]。在所使用的模拟条件下，得到了最优的微孔疏水层厚度为 $20\mu m$。研究人员认为在最佳微孔疏水层厚度情况下，气体扩散层中的水饱和度的氧传输达到最佳平衡。

　　德克萨斯 A&M 大学电化学系统和氢能研究中心的一篇文章总结了该研究中心开发的气体扩散层，该气体扩散层的制备方法是将 0.65∶0.35 的乙炔黑-PTFE 混合物（$3mg/cm^2$）涂覆到碳布上[125]。通过与另外一种气体扩散层（ELAT）的比较发现，该研究中心开发的气体扩散层在孔隙率方面比 ELAT 高 33%，在厚度方面薄 0.08mm。该文章指出，较短的扩散路径可能是该气体扩散层优于 ELAT 的原因。

　　微孔疏水层的厚度通常直接由微孔疏水层的碳载量决定。Park 等研究了微孔疏水层中碳载量（乙酰基黑，alfa aesar）对燃料电池性能的影响[126]。实验结果证明，在 75℃和环境压力的运行工况下，$0.5mg/cm^2$ 的碳载量可以使限制电流达到最大值，燃料电池的总电阻最小。最优的碳载量（0.5mg/cm²）有效地控制催化剂层和气体扩散层中的水饱和度，从而促进阴极处的氧传输。这个实验结果与一些模拟计算的研究结论一致，即存在最佳碳载量（微孔疏水层厚度）使得膜电极传质性能最优[127]。

（5）添加剂的影响

孔隙结构对于气体扩散层具有重要性，一些研究人员尝试在气体扩散层中添加各种造孔剂，从而控制气体扩散层微孔疏水层的孔隙孔容。

Kong 等通过在气体扩散层的制造过程中添加造孔剂的方法，对气体扩散层中孔径分布影响进行了研究[128]。实验将含有碳粉、异丙醇和碳酸锂（造孔剂）的黏性混合物涂覆到碳布上，作为气体扩散层。同时，实验还比较了热处理形成的孔与造孔剂制造的孔对性能的影响。在热处理的过程中，PTFE 熔化并转变成纤维相，增加了孔隙率。实验结果表明，同时进行热处理和添加造孔剂实验组产生了最高的孔隙率和功率密度。压汞孔隙率测试结果表明，热处理增加了直径在 $0.03\sim0.07\mu m$ 之间的孔容，而造孔剂增加了直径更大的孔数量，其孔径范围在 $2\sim13\mu m$ 之间。该研究得到的扩散层中造孔剂的最佳添加量为 7mg/cm²（碳载量为 5mg/cm²，催化剂层中的铂载量为 0.4mg/cm²）。

Tang 等将不同量的氯化铵（NH_4Cl）作为造孔剂添加到微孔疏水层的含碳浆料中，并制成孔隙梯度式微孔疏水层［结构为：催化剂层/微孔疏水层 1，含 10%（质量分数）NH_4Cl/微孔疏水层 2，含 50%（质量分数）NH_4Cl/基底层］[129]。含有梯度微孔疏水层的气体扩散层的膜电极比只含有 10% 或 50% NH_4Cl 微孔疏水层的膜电极在高电流密度下性能更高。实验结果证明，微孔疏水层中孔隙梯度使得水向外流动的驱动力更大（更高的毛细管压力），从而改善阴极的水管理。

Manahan 等用激光切在双层气体扩散层（SGL 10BB）上切孔，并通过中子射线照相测试定量分析膜电极中的水[130]。实验结果表明，气体扩散层会在穿孔处保水，导致在中等电流密度下性能提高，而在高电流密度下的性能严重下降。因为在高电流密度下，穿孔的保水特性会使得疏水处理的效果下降。

4.5.3　气体扩散层总结

本节总结了不同材料和不同结构的气体扩散层的研究进展。由于高孔隙率、电导率和柔韧性等特点，碳基材料，如碳纸和碳布，通常作为气体扩散层的基材。碳布由于其独特的编织结构，可以实现快速出水；而碳纸在低湿度下可实现膜电极的保水性。另外，金属气体扩散层由于其高电导率和支撑强度，也可作为气体扩散层基底的选择之一。实验也表明，金属气体扩散层在一定的电位范围内能够保持化学稳定。通过微机械加工技术制备的金属气体扩散层可以达到和碳基材料类似的性能。

为了防止水淹现象，气体扩散层的基底层一般会经过疏水化处理，直接决定了基底层润湿性与孔隙结构。双层气体扩散层在单层的基础上添加了微孔疏水层，其加入使得气体扩散层的欧姆极化和浓差极化降低，可以显著提升膜电极的水平衡。另外，本节也讨论了其他气体扩散层参数对气体扩散层性能的影响，如添加剂、微孔疏水层厚度、微孔疏水层碳粉等。

气体扩散层中水和反应气体的传质还受到燃料电池运行工况的影响，气体扩散层的材料选择和结构选择也需要考虑到燃料电池具体的运行工况。另外，在流道方向上传质不均问题也应该受到关注，并通过材料或者结构设计的优化逐步解决。

4.6　膜电极寿命

4.6.1　简介

如前面章节所介绍，膜电极的性能受诸多内部和外部因素的影响，如膜电极设计、组装、材料和操作条件等。在燃料电池的运行过程中，性能下降是不可避免的，最终造成膜电极失效。通过全面了解膜电极失效机制，可以有效减缓膜电极性能的下降，防止失效。对于燃料电池来说，有三种典型的寿命参数：

可靠性：燃料电池或电池组在规定工况或者条件下运行的寿命。燃料电池可靠性的失效包括灾难性故障和低于可接受性能。

耐久性：燃料电池抵御长时间运行导致的性能衰减的能力。耐久性的衰减不会导致灾难性故障，而只会造成膜电极性能的不可恢复或不可逆下降（电化学表面积的损失、碳腐蚀等）。

稳定性：燃料电池在连续运行期间恢复功率损失的能力。稳定性衰减与操作条件（例如水管理）和材料的可逆变化有关。

燃料电池在连续和不间断操作期间的性能衰减率是稳定性衰减和耐久性衰减率的总和。一般来说，膜电极失效是指在寿命结束前燃料电池系统的效率损失小于 10%，并且电压衰减率相对较小（$2\sim10\mu\mathrm{V/h}$）[131]。虽然寿命对于膜电极好坏的评价至关重要，但是由于测试成本高且测试时间长，只有相对少数的研究针对燃料电池的寿命。比如，对燃料电池公共汽车系统（275kW）进行 20000h 的测试需要花费 200 万美元（38 亿英尺^3 的氢气，5.3 美元/m^3）。固定式燃料电池发电系统的寿命测试需要超过 4.5 年的不间断测试，以确保该系统达到 40000h 的寿命要求。为了提高样品通量并缩短测试时间，一些燃料电池开发商，如 Ballard Power Systems、DuPont、Gore 和 General Motors，提出并实施了不同的加速测试方法（AST）以确定膜电极或燃料电池的耐久性。

本节详述了有关膜电极耐久性的学术和工业研究结果，包括稳定状态、加速测试条件和离线测试条件下燃料电池膜电极组件，以及质子交换膜、催化剂和气体扩散层的失效模式和失效机理研究。

4.6.2 质子交换膜失效

质子交换膜失效可分为三类：机械失效、热失效和化学/电化学失效。

4.6.2.1 机械失效

质子交换膜的机械失效是质子交换膜先天性缺陷或不正确的组装（MEA）导致的穿孔、裂缝、撕裂或针孔引起的，通常会导致质子交换膜在使用过程中早期失效。双极板的流道和平台的交界处，膜电极通常会承受非均匀的机械应力，这容易导致质子交换膜的穿孔或撕裂。在燃料电池运行期间，由于不加湿[132]、低湿度[131,133,134] 和相对湿度循环[135] 引起的膜电极整体尺寸变化也会造成机械失效。膜电极中的质子交换膜会在低湿度下收缩和在高湿度下膨胀，使得质子交换膜承受应力。局部针孔和穿孔导致的质子交换膜的物理破坏可能导致窜气，这使得氧化剂和还原剂在催化剂表面直接燃烧反应产生局部热点。窜气和局部热点导致的针孔加速了质子交换膜的失效。Huang 等的研究结果表明，质子交换膜机械损伤始于随机的局部缺陷，最终导致质子交换膜的整体失效[135]。

4.6.2.2 热失效

燃料电池的工作温度通常为 60～80℃之间，以确保质子交换膜有较为合适的水含量。早期的质子交换膜的玻璃化转变温度通常在 80℃左右，过高的温度也导致质子交换膜的热失效。许多的研究人员报道了质子交换膜的热失效问题。

由于 C—F 键的稳定性和带负电荷氟的屏蔽效应，类聚四氟乙烯骨架结构使 Nafion 膜具有更高的相对稳定性，热稳定性可以超过 150℃[136]。在较高温度下，Nafion 侧磺酸基团开始分解。Surowiec 和 Bogoczek 使用热重分析法、差热分析和傅里叶变换红外光谱研究了 Nafion 的热稳定性，结果发现，在 280℃ 以下仅检测到水[137]，温度高于 280℃时才有磺酸基团分解。Chu 等在研究高温空气中铂对 Nafion 膜的影响时发现，磺酸基团在 300℃ 加热 15min 后开始分解[138]。Deng 等使用相似的测试方法在 400℃测得磺酸基团分解生成的二氧化硫[139]。Wilkie[134] 和 Samms[138] 等提出了全氟磺酸质子交换膜热降解的详细机制，即 C—S 键断裂生成二氧化硫、OH·自由基和左手性碳基自由基，以造成在更高温度下进一步裂解。

除了高温失效外，结冰温度下质子交换膜也会失效，但是低温对质子交换膜的损伤程度仍然不明确。Kim 等的研究表明，质子交换膜中的游离水不与 Nafion 聚合物链结合，在 0℃ 以下会结冰[141]。Cappadonia[142] 等、Sivashinsky 和 Tanny[143] 等也发现 Nafion 中游离水会发生结冰，但是只有一部分水会冻结。Cho 等研究了冷热循环后膜电极的变化[144]，结果表明，质子交换膜和电极之间的接触电阻在循环后增加，但电导率不受影响。然而，麦克唐纳等的研究结果表明，经过 385 个冷热循环后（80～−40℃），尽管未出现灾难性故障，但 Nafion 膜的质子传导率、不透气性和机械强度都会严重损伤[145]。Nafion 膜的损伤归因于水在冷冻/解冻循环过程中发生相变和体积变化。

4.6.2.3 化学/电化学失效

在燃料电池的运行过程中，氢气和空气窜气造成的燃料电池效率损失仅 $1\%\sim3\%$[146,147]，但是，由于氢气和氧气局部反应放热造成的质子交换膜针孔，可以引起灾难性故障。更严重的是，阳极和阴极催化剂上的电化学反应会产生自由基（HO·）和过氧自由基（HOO·），这些自由基在低湿度和高电位下会加速生成，被认为是造成质子交换膜化学损伤的主要原因[148-150]。

根据研究的结果，质子交换膜有几种失效机理，但是关于失效的起点仍然存在争议。比如，一些研究结果显示质子交换膜化学结构的破坏始于阳极侧，之后向阴极扩散[151,152]，但是 Pozio 等提出了质子交换膜结构破坏始于阴极[153]。另外，Mattsson 等的观察结果表明，就失效而言，阳极和阴极两侧没有明显差异[154]。

外来阳离子的污染也可以显著降低燃料电池性能。因为许多阳离子在全氟磺酸型质子交换膜中与磺酸基团有更强的亲和力，质子交换膜和离聚物中的活性位点会被外来阳离子占据，从而影响质子交换膜的质子传导率、水含量和交换容量等特性[155]。不过外来阳离子的污染只有在占据超过 50% 的磺酸基团后才会对性能产生显著的影响。外来阳离子取代质子交换膜中的质子也会导致水通量和质子传导率的下降，并导致膜更快失水，特别是在阳极侧。

另外，金属双极板或端板的腐蚀（例如 Fe^{2+} 和 Cu^{2+}）也可以加速质子交换膜的变薄和性能衰减。加速膜失效的机理是催化自由基的生成的反应，反应方程式如下[156]：

$$H_2O_2 + Fe^{2+} \longrightarrow HO\cdot + OH^- + Fe^{3+}$$

$$Fe^{2+} + HO \cdot \longrightarrow Fe^{3+} + OH^-$$
$$H_2O_2 + HO \cdot \longrightarrow HO_2 \cdot + H_2O$$
$$Fe^{2+} + HO_2 \cdot \longrightarrow Fe^{3+} + HO_{2-}$$
$$Fe^{3+} + HO_2 \cdot \longrightarrow Fe^{2+} + H^+ + O_2$$

自由基的生成会导致膜变薄或膜上形成针孔，并最终造成燃料电池灾难性的故障。反应过程中产生的自由基和过氧自由基，可能攻击不同结构类型的膜上芳族基团上的 α-碳、醚键或聚合物的枝点。全氟磺酸型质子交换膜不可避免地存在含 H 的羧酸酯端末端基团，其对自由基攻击较为敏感，被认为是膜化学失效的诱导剂。随着化学攻击的进行，质子交换膜的聚合物化学结构发生解拉链反应[157]、主链断裂反应[156]，并最终使膜的聚合物分解成低分子量的化合物。化学攻击的过程中，会释放氟离子，所以氟流失率的测量被认为是全氟磺酸型质子交换膜化学失效的重要表征方法。

4.6.3 催化剂层失效

从催化剂耐久性来看，目前已知材料的性能在恶劣的运行条件下（高湿度，低 pH 值，高温，动态负载，以及氧化/还原环境）仍然不能完全满足商业化的要求[158]。但是，燃料电池运行过程中，铂催化剂失效机理已经有了较为详细的研究。首先，铂催化剂可能受到反应物或燃料电池系统杂质的污染，导致活性下降[146]。其次，铂催化剂在碳载体上烧结或迁移和铂催化剂分离、溶解到电解质中，都会造成铂催化剂活性面积的损失，导致活性降低。催化剂在烧结、迁移、分离和溶解过程中，颗粒粒径生长，也被称为催化剂粗化过程。此外，碳载体的腐蚀也会造成催化剂活性的损失。

在燃料电池的运行过程中，铂催化剂颗粒粗化的原因有三种：①较小的铂颗粒先溶解在离聚物相中，并重新沉积在大颗粒的表面上，导致催化剂颗粒生长，这种现象称为 Ostwald 熟化[159]；另外，溶解的铂离子可能在离聚物相中扩散到质子交换膜中，并被阳极侧透过的氢气还原沉淀，这会显著降低膜的稳定性和传导率[160]。②由于催化剂簇团的随机碰撞，碳载体上的铂颗粒可能在纳米尺度上团聚，导致催化剂颗粒尺寸以对数正态分布重新排列[161]。③催化剂颗粒可能在原子尺度上因为簇团吉布斯自由能最小化而生长[162]。但是，关于哪种机理占主导作用尚无定论[163]。颗粒的运动和碳载体上聚结引起的催化剂粗化，可导致催化活性表面积减小[164]。另外，在阳极或阴极侧形成的金属氧化物可能导致催化剂粒径增加[165,166]。

碳载体的腐蚀是催化剂层耐久性的另一个重要影响因素。两种运行模式被认为可以造成碳腐蚀：第一种情况为启停循环之间的转换；第二种情况为在燃料饥饿情况下运行（因为燃料阻塞等）。第一种情况下，碳载体的腐蚀是启停循环过程中阳极上的燃料不均匀分布和氧气窜气引起的。第二种情况下，燃料饥饿可能是单电池供燃料不均匀或者结冰阻塞（燃料电池在低于冰点温度下工作）引起的。在这两种情况下，阳极只有部分氢气覆盖，在氢气不足的情况下，阳极电位将向负方向移动，直到水和碳发生如下氧化反应：

$$2H_2O \Longleftrightarrow O_2 + 4H^+ + 4e^- \qquad E^\ominus = 1.229V(vs.RHE)$$

$$C + 2H_2O \longrightarrow CO_2 + 4H^+ + 4e^- \qquad E^\ominus = 0.207V(vs.RHE)$$

燃料电池在正常运行过程中（电压小于1.1V），碳腐蚀速率很慢，可忽略不计。但是，Pt/C或PtRu/C等电催化剂会加速碳腐蚀，并将碳氧化的电位降低到0.55V（vs.RHE）或更低[167]。在膜电极中存在足够的水时，水的氧化反应先于碳腐蚀发生，可以起到保护催化剂载体的作用[168]。燃料饥饿会导致燃料电池电压反转，这对催化剂层和气体扩散层的耐久性具有潜在影响。在电压反转的过程中，由于碳腐蚀，催化剂层中导电材料的比率下降，导致接触电阻和电池内阻的增加。另外，催化剂的位点数量会随着碳腐蚀而减少，导致催化剂金属烧结[169]，在极端的情况下导致电极的结构破坏。

4.6.4 气体扩散层失效

过去有关气体扩散层的研究，焦点一直是材料和设计对燃料电池性能的影响，而不是其寿命或耐久性。但是，一些研究发现，燃料电池运行11000h[170]和冷启动[144]之后，气体扩散层表面亲水性增加。目前，气体扩散层的失效研究较少，一般使用离线测试方法，以避免其他组件（催化剂层和双极板）对失效测试的影响。

Borup等的研究结果表明，气体扩散层疏水性的损失随着运行温度的增加而增加，而且当实验使用空气代替氮气时，疏水性的损失也会加快[171]。实验结果表明，微孔疏水层是造成气体扩散层属性变化的主要原因。Frisk等通过在82℃下将气体扩散层浸没在15%（质量分数）的过氧化氢中来测试气体扩散层的失效[172]。实验结果表明，气体扩散层的质量损失和表面接触角随时间的延长而增加，并将该变化归因于微孔疏水层中碳的氧化。Kangasniemi等研究了电化学表面氧化对气体扩散层表面特性的影响，实验结果表明，将气体扩散层样品浸入1mol/L H₂SO₄中，并将气体扩散层电位控制在1.2V（vs.SHE），微孔疏水层表面的接触角随时间显著降低[173]。Lee 和 Mérida 研究了失效测试（稳态测试：1500h，80℃，200psi。结冰测试：54 个结冰融冰循环，－35～20℃）前后的气体扩散层各方面的特性变化，如电阻率、弯曲刚度、空气透性、表面接触角、孔隙率和水蒸气扩散[174]。随着燃料电池的运行，气体扩散层的 PTFE 和碳复合材料容易遭受化学攻击（HO·自由基）和电化学氧化[172]，导致气体扩散层物理性质的变化（电导率和疏水性的降低）。

4.6.5　膜电极寿命总结和展望

目前，耐久性、成本和可靠性是燃料电池商业化之前必须解决的三个问题。随着燃料电池技术的进步，成本逐步下降，可靠性已经大幅提高，耐久性成为了最大障碍。本节总结了膜电极各组件的失效研究，阐释了膜电极中质子交换膜、催化剂层和气体扩散层的失效模式和失效机理。

在稳态运行的燃料电池中，质子交换膜受到自由基的化学攻击，逐渐导致质子交换膜高分子化学结构的破坏。质子交换膜的化学损伤对膜电极性能的影响较小，但是决定了膜电极的使用寿命。催化剂在稳态运行过程中会出现粗化现象，导致催化剂颗粒生长，活性降低。气体扩散层随着运行表面物理特性变化（疏水性降低），导致排水效率下降。但是，在极端的工况条件下，如变载、启停、高温运行、燃料饥饿、低湿度运行或者湿度循环工况下，膜电极的失效显著加速，且膜电极组件在这些工况下还会相互作用，进一步加速膜电极的整体失效。特别是催化剂载体腐蚀，在稳定运行工况下比较缓慢，但是在车辆运行工况下显著加速。极端工况在实际的车辆运行工况中都有可能发生，这就对燃料电池膜电极材料的耐久性提出了更高的要求。

为了提高质子交换膜的耐久性，一些研究通过化学改性的方式提高了质子交换膜的化学/电化学稳定性，而机械耐久性增强也可以通过 PTFE 增强结构来实现。但是，质子交换膜的透氢问题和极端运行工况下的稳定性仍然需要进一步改进。另外，质子交换膜耐久性的提高也需要考虑到汽车实际的运行工况与失效测试工况的不同。

目前，膜电极的催化剂层耐久性还不能满足美国能源部提出的要求，特别是在极端的工况，如变负载工况和相对湿度循环下，催化剂性能衰减仍然较快。进一步提高和优化催化剂层材料需要加强对降解机理的理解。将铂合金催化剂，如 Pt-Co、Pt-Au 或 Pt-Cr-Ni 负载在具有高电化学氧化抗性的载体上，是燃料电池催化剂有潜力的发展方向，可以有效减轻催化剂在燃料电池运行过程中的铂溶解和碳腐蚀等。

对气体扩散层失效的研究比较有限，目前以离线测试方法为主。气体扩散层对燃料电池的水热管理有着至关重要的作用，所以气体扩散层的物理特性随运行时间变化及气体扩散层的失效机理仍然需要开展更多、更深入的研究工作。

参 考 文 献

[1] Debe M K. Electrocatalyst approaches and challenges for automotive fuel cells. Nature，2012，486：43-51.

[2] 王诚，赵波，张剑波. 质子交换膜燃料电池膜电极的关键技术. 科技导报，2016，34：62-68.

[3] David P，Wilkinson J Z，Rob Hui，Jeffrey Fergus，Xianguo Li. Proton exchange membrane fuel cells：Materials properties and performance. Taylor and Francis Group，LLC，2010.

[4] Park J S，Krishnan P，Park S H，et al. A study on fabrication of sulfonated poly（ether ketone）-based membrane-electrode assemblies for polymer electrolyte membrane fuel cells. Journal of Power Sources，2008，178：642-650.

[5] Yoda T，Shimura T，Bae B，et al. Gas diffusion electrodes containing sulfonated poly（arylene ether）ionomer for PEFCs：Part 1. Effect of humidity on the cathode performance. Electrochimica Acta，2009，54：4328-4333.

[6] 夏高强. Thesis. Type，天津：天津大学，2014.

[7] Papageorgopoulos D. Fuel cells sub-program overview，2017.

[8] Yuan X Z，Li H，Zhang S，et al. A review of polymer electrolyte membrane fuel cell durability test protocols. Journal of Power Sources，2011，196：9107-9116.

[9] 2005 Annual Merit Review Proceedings，2009.

[10] Borup R L. In Fuel Cell Durability Conference Washington. DC，USA，2005.

[11] Fuel Cell Technologies Office Multi-Year Research，Development，and Demonstration Plan.

[12] James B. Mass Production Cost Estimation of Direct H2 PEM Fuel Cell Systems for Transportation Applications：2016 Update，2016.

[13] Ticianelli E A，Derouin C R，Srinivasan S. Localization of platinum in low catalyst loading electrodes to attain high power densities in SPE fuel cells. Journal of Electroanalytical Chemistry，1988，251：275-295.

[14] Membranes I E，Van Zee J W. Proceedings of the Symposium on Diaphragms，Separators，and Ion-Exchange Membranes. Electrochemical Society，1986.

[15] Wilson M S，Gottesfeld S. Thin-film catalyst layers for polymer electrolyte fuel cell electrodes. Journal of Applied Electrochemistry，1992，22：1-7.

[16] Pasternak R A，Christensen M V，Heller J. Diffusion and Permeation of Oxygen，Nitrogen，Carbon Dioxide，and Nitrogen Dioxide through Polytetrafluoroethylene. Macromolecules，1970，3：366-371.

[17] Ticianelli E A，Derouin C R，Redondo A，et al. Methods to advance technology of proton exchange membrane fuel cells. Journal of the Electrochemical Society，1988，135：2209-2214.

[18] Murphy O J，Hitchens G D，Manko D J. High power density proton-exchange membrane fuel

145

cells. Journal of Power Sources, 1994, 47: 353-368.

[19] Cheng X, Yi B, Ming H, et al. Investigation of platinum utilization and morphology in catalyst layer of polymer electrolyte fuel cells. Journal of Power Sources, 1999, 79: 75-81.

[20] Lee S J, Mukerjee S, Mcbreen J, et al. Effects of Nafion impregnation on performances of PEMFC electrodes. Electrochimica Acta, 1998, 43: 3693-3701.

[21] Ticianelli E A, Redondo A. Methods to advance technology of proton exchange membrane fuel cells. Journal of The Electrochemical Society, 1988, 135: 2209-2214.

[22] Srinivasan S, Ticianelli E A, Derouin C R, et al. Advances in solid polymer electrolyte technology with low platinum loading. Nasa Sti/recon Technical Report N, 1988, 88: 359-375.

[23] Srinivasan S, Enayetullah M A, Somasundaram S, et al. In Energy Conversion Engineering Conference, 1989, Iecec-89. Proceedings of the Intersociety, 1988: p 1623-1629.

[24] Fedkiw P S. An Impregnation-Reduction Method to Prepare Electrodes on Nafion SPE. Journal of the Electrochemical Society, 1989, 136: 899-900.

[25] Wilson M S. Membrane catalyst layer for fuel cells. US5234777A, 1993.

[26] Cheng X, Yi B, Han M, et al. Investigation of platinum utilization and morphology in catalyst layer of polymer electrolyte fuel cells. Journal of Power Sources, 1999, 79: 75-81.

[27] Chun Y G, Kim C S, Peck D H, et al. Performance of a polymer electrolyte membrane fuel cell with thin film catalyst electrodes. Journal of Power Sources, 1998, 71: 174-178.

[28] Frey T, Linardi M. Effects of membrane electrode assembly preparation on the polymer electrolyte membrane fuel cell performance. Electrochimica Acta, 2005, 50: 99-105.

[29] Passos R R, Paganin V A, Ticianelli E A. Studies of the performance of PEM fuel cell cathodes with the catalyst layer directly applied on Nafion membranes. Electrochimica Acta, 2006, 51: 5239-5245.

[30] Kim K H, Lee K Y, Kim H J, et al. The effects of Nafion ionomer content in PEMFC MEAs prepared by a catalyst-coated membrane (CCM) spraying method. International Journal of Hydrogen Energy, 2010, 35: 2119-2126.

[31] Uchida M, Fukuoka Y, Sugawara Y, et al. Improved Preparation Process of Very-Low-Platinum-Loading Electrodes for Polymer Electrolyte Fuel Cells. Journal of the Electrochemical Society, 1998, 145: 3708-3713.

[32] Lobato J, Rodrigo M A, Linares J J, et al. Effect of the catalytic ink preparation method on the performance of high temperature polymer electrolyte membrane fuel cells. Journal of Power Sources, 2006, 157: 284-292.

[33] Yang T H, Yoon Y G, Park G G, et al. Fabrication of a thin catalyst layer using organic solvents. Journal of Power Sources, 2004, 127: 230-233.

[34] Wilson M S, Valerio J A, Gottesfeld S. Low platinum loading electrodes for polymer electrolyte fuel cells fabricated using thermoplastic ionomers. Electrochimica Acta, 1995, 40: 355-363.

[35] Wang Q, Eikerling M, Song D, et al. Functionally Graded Cathode Catalyst Layers for Polymer Electrolyte Fuel Cells. Journal of the Electrochemical Society, 2005, 151: A1171-A1179.

[36] Antoine O, Bultel Y, Ozil P, et al. Catalyst gradient for cathode active layer of proton exchange membrane fuel cell. Electrochimica Acta, 2000, 45: 4493-4500.

[37] Kim K H, Kim H J, Lee K Y, et al. Effect of Nafion gradient in dual catalyst layer on proton exchange membrane fuel cell performance. International Journal of Hydrogen Energy, 2008, 33: 2783-2789.

[38] Taylor A D, Kim E Y, Humes V P, et al. Inkjet printing of carbon supported platinum 3-D catalyst layers for use in fuel cells. Journal of Power Sources, 2007, 171: 101-106.

[39] Zhang X, Shi P. Dual-bonded catalyst layer structure cathode for PEMFC. Electrochemistry Communications, 2006, 8: 1229-1234.

[40] Qiu Y, Zhang H, Zhong H, et al. A novel cathode structure with double catalyst layers and low Pt loading for proton exchange membrane fuel cells. International Journal of Hydrogen Energy, 2013, 38: 5836-5844.

[41] Su H N, Liao S J, Wu Y N. Significant improvement in cathode performance for proton exchange membrane fuel cell by a novel double catalyst layer design. Journal of Power Sources, 2010, 195: 3477-3480.

[42] Hess K C, Epting W K, Litster S. Spatially resolved, in situ potential measurements through porous electrodes as applied to fuel cells. Analytical Chemistry, 2011, 83: 9492-9498.

[43] Gülzow, E, Kaz T. New results of PEFC electrodes produced by the DLR dry preparation technique. Journal of Power Sources, 2002, 106: 122-125.

[44] Gülzow E, Schulze M, Wagner N, et al. Dry layer preparation and characterisation of polymer electrolyte fuel cell components. Journal of Power Sources, 2000, 86: 352-362.

[45] Schulze M, Schneider A, Gülzow E. Alteration of the distribution of the platinum catalyst in membrane-electrode assemblies during PEFC operation. Journal of Power Sources, 2004, 127: 213-221.

[46] Wilson M S, Gottesfeld S. High Performance Catalyzed Membranes of Ultralow Pt Loadings for PEFC. Journal of the Electrochemical Society (United States), 1992, 139: L28-L30.

[47] Mehta V, Cooper J S. Review and analysis of PEM fuel cell design and manufacturing. Journal of Power Sources, 2003, 114: 32-53.

[48] Rodriguez F J, Sebastian P J, Solorza O, et al. Mo-Ru-W chalcogenide electrodes prepared by chemical synthesis and screen printing for fuel cell applications. International Journal of Hydrogen Energy, 1998, 23: 1031-1035.

[49] Hirano S, Kim J, Srinivasan S. High performance proton exchange membrane fuel cells with sputter-deposited Pt layer electrodes. Electrochimica Acta, 1997, 42: 1587-1593.

[50] Morse J D, Jankowski A F, Graff R T, et al. Novel proton exchange membrane thin-film fuel cell for microscale energy conversion. Journal of Vacuum Science & Technology A Vacuum Surfaces & Films, 2000, 18: 2003-2005.

[51] Baturina O A, Wnek G E. Characterization of Proton Exchange Membrane Fuel Cells with Catalyst Layers Obtained by Electrospraying. Electrochemical and Solid-State Letters, 2005, 8: A267-A269.

[52] Morikawa H, Tsuihiji N, Mitsui T, et al. Preparation of Membrane Electrode Assembly for Fuel Cell by Using Electrophoretic Deposition Process. Journal of the Electrochemical Society, 2004, 151: A1733-A1737.

[53] Hwang B J, Liu Y C, Hsu W C. Nafion-based solid-state gas sensors: Pt/Nafion electrodes prepared

by an impregnation-reduction method in sensing oxygen. Journal of Solid State Electrochemistry，1998，2：378-385.

[54] Mosdale，Wakizoe，Masanobu，et al. Fabrication of electrodes for proton exchange membrane fuel cells using a spraying method and their performance evaluation，1994.

[55] Millington B，Whipple V，Pollet B G. A novel method for preparing proton exchange membrane fuel cell electrodes by the ultrasonic-spray technique. Journal of Power Sources，2011，196：8500-8508.

[56] Pollet B G. A novel method for preparing PEMFC electrodes by the ultrasonic and sonoelectrochemical techniques. Electrochemistry Communications，2009，11：1445-1448.

[57] Pollet B G，Valzer E F，Curnick O J. Platinum sonoelectrodeposition on glassy carbon and gas diffusion layer electrodes. International Journal of Hydrogen Energy，2011，36：6248-6258.

[58] 刘锋，王诚，张剑波，等. 质子交换膜燃料电池有序化膜电极. 化学进展，2014，26：1763-1771.

[59] Caillard A，Charles C，Boswell R，et al. Improvement of the sputtered platinum utilization in proton exchange membrane fuel cells using plasma-based carbon nanofibres. Journal of Physics D Applied Physics，2008，41：2824-2833.

[60] Zhou J，Zhou X. Scanning tunneling microscopy of hundred-nanometer thick Nafion polymer covered Pt and highly ordered pyrolytic graphite. Journal of Applied Physics，2013，113：323-420.

[61] Wang C，Waje M，Wang X，et al. Proton Exchange Membrane Fuel Cells With Carbon Nanotube Based Electrodes. Nano Letters，2004，4：345-348.

[62] Mezalira D Z，Bron M. High stability of low Pt loading high surface area electrocatalysts supported on functionalized carbon nanotubes. Journal of Power Sources，2013，231：113-121.

[63] Waje M M，Li W，Chen Z. Durability Investigation of Cup-stacked Carbon Nanotubes Supported Pt as PEMFC Catalyst. Ecs Transactions，2006，3：415.

[64] Zhu W，Ku D，Zheng J P.，et al. Buckypaper-based catalytic electrodes for improving platinum utilization and PEMFCs performance. Electrochimica Acta，2010，55：2555-2560.

[65] Tian Z Q，Lim S H，Poh C K，et al. A Highly Order-Structured Membrane Electrode Assembly with Vertically Aligned Carbon Nanotubes for Ultra-Low Pt Loading PEM Fuel Cells. Advanced Energy Materials，2011，1：1205-1214.

[66] Zhang C，Yu H Li Y，et al. Supported noble metals on hydrogen-treated TiO$_2$ nanotube arrays as highly ordered electrodes for fuel cells. Chemsuschem，2013，6：659-666.

[67] Yao X，Su K，Sheng S，et al. A novel catalyst layer with carbon matrix for Pt nanowire growth in proton exchange membrane fuel cells (PEMFCs). International Journal of Hydrogen Energy，2013，38：12374-12378.

[68] Debe M K. Tutorial on the Fundamental Characteristics and Practical Properties of Nanostructured Thin Film (NSTF) Catalysts. Journal of the Electrochemical Society，2013，160：F522-F534.

[69] Gancs L，Kobayashi T，Debe M K，et al. Crystallographic Characteristics of Nanostructured Thin-Film Fuel Cell Electrocatalysts：A HRTEM Study. Chemistry of Materials，2008，20：2444-2454.

[70] Sinha P K，Gu W，Kongkanand A，et al. Performance of Nano Structured Thin Film (NSTF) Electrodes under Partially-Humidified Conditions. Journal of the Electrochemical Society，2011，158：B831.

148

[71] 张敏，李经建，潘牧，等 . Pt 纳米线阵列的氧还原催化性能 . 物理化学学报，2011，27：001685-001688.

[72] Middelman E. Improved PEM fuel cell electrodes by controlled self-assembly. Fuel Cells Bulletin，2002，2002：9-12.

[73] Choi J，Lee K M，Wycisk R，et al. Composite Nanofiber Network Membranes for PEM Fuel Cells. Ecs Transactions，2008，16：1433-1442.

[74] Choi J，Lee K M，Wycisk R，et al. Nanofiber Network Ion-Exchange Membranes. Macromolecules，2008，41：4569-4572.

[75] Pan C，Wu H，Wang C，et al. Nanowire-Based High-Performance &-ldquo；Micro Fuel Cells&-rdquo；；One Nanowire，One Fuel Cell. Advanced Materials，2010，20：1644-1648.

[76] Lu Z，Pan C F，Jing Z. Growth Mechanism and Optimized Parameters to Synthesize Nafion-115 Nanowire Arrays with Anodic Aluminium Oxide Membranes as Templates. Chinese Physics Letters，2008，25：3056.

[77] Dong B，Gwee L，David Salas-de la Cruz，et al. Super proton conductive high-purity nafion nanofibers. Nano Letters，2010，10：3785-3790.

[78] Litster S，McLean G. PEM fuel cell electrodes. Journal of Power Sources，2004，130：61-76.

[79] Cindrella L，Kannan A，Lin J F，et al. Gas diffusion layer for proton exchange membrane fuel cells-A review，2009，194.

[80] Park S，Lee J W，Popov B N. A review of gas diffusion layer in PEM fuel cells：Materials and designs. International Journal of Hydrogen Energy，2012，37：5850-5865.

[81] Mathias M F，Roth J，Fleming J，. Diffusion media materials and characterization. Handbook of fuel cells-fundamentals，technology and applications，2003，3：517-537.

[82] Liao Y K，Ko T H，Liu C H. Performance of a Polymer Electrolyte Membrane Fuel Cell with Fabricated Carbon Fiber Cloth Electrode. Energy &. Fuels，2008，22：3351-3354.

[83] Liu C H，Ko T H，Chang E C，et al. Effect of carbon fiber paper made from carbon felt with different yard weights on the performance of low temperature proton exchange membrane fuel cells. Journal of Power Sources，2008，180：276-282.

[84] Macleod Edward N. Wet proofed conductive current collector for the electrochemical cells，1980.

[85] Cabasso Israel，Yuan Youxin，Xu Xiao. Gas diffusion electrodes based on poly（vinylidene fluoride）carbon blends，1998.

[86] Staiti P，Poltarzewski Z，Alderucci V，et al. Influence of electrodic properties on water management in a solid polymer electrolyte fuel cell，1992，22.

[87] Bevers D，Rogers R，Bradke M V. Examination of the influence of PTFE coating on the properties of carbon paper in polymer electrolyte fuel cells. Journal of Power Sources，1996，63：193-201.

[88] Park G G，Sohn Y J，Yang T H，et al. Effect of PTFE contents in the gas diffusion media on the performance of PEMFC. Journal of Power Sources，2004，131：182-187.

[89] Paganin V A，Ticianelli E A.，Gonzalez E R. Development and electrochemical studies of gas diffusion electrodes for polymer electrolyte fuel cells. Journal of Applied Electrochemistry，1996，26：297-304.

149

［90］ Prasanna M，Ha H Y，Cho E A，et al. Influence of cathode gas diffusion media on the performance of the PEMFCs. Journal of Power Sources，2004，131：147-154.

［91］ Chan L，Wang C Y. Effects of hydrophobic polymer content in GDL on power performance of a PEM fuel cell. Electrochimica Acta，2004，49：4149-4156.

［92］ Wang Y，Wang C Y，Chen K S. Elucidating differences between carbon paper and carbon cloth in polymer electrolyte fuel cells. Electrochimica Acta，2007，52：3965-3975.

［93］ Schulz V P，Becker J，Wiegmann A，et al. Modeling of Two-Phase Behavior in the Gas Diffusion Medium of PEFCs via Full Morphology Approach. Journal of the Electrochemical Society，2007，154：B419-B426.

［94］ Gerteisen D，Heilmann T，Ziegler C. Enhancing liquid water transport by laser perforation of a GDL in a PEM fuel cell. Journal of Power Sources，2008，177：348-354.

［95］ Park S，Popov B N. Effect of a GDL based on carbon paper or carbon cloth on PEM fuel cell performance. Fuel，2011，90：436-440.

［96］ Park S，Lee J W，Popov B N. A review of gas diffusion layer in PEM fuel cells：Materials and designs. International Journal of Hydrogen Energy，2012，37：5850-5865.

［97］ Glora M，Wiener M，Petričević R，et al. Integration of Carbon Aerogels in PEM Fuel Cells. Journal of Non-Crystalline Solids，2001，285：283-287.

［98］ Yazici M S. Mass transfer layer for liquid fuel cells. Journal of Power Sources，2007，166：424-429.

［99］ Pai Y H，Ke J H，Huang H F，et al. CF$_4$ plasma treatment for preparing gas diffusion layers in membrane electrode assemblies. Journal of Power Sources，2006，161：275-281.

［100］ Gao Y，Sun G Q，Wang S L，et al. Carbon nanotubes based gas diffusion layers in direct methanol fuel cells. Energy，2010，35：1455-1459.

［101］ Ioroi T，Oku T，Yasuda K，et al. Influence of PTFE coating on gas diffusion backing for unitized regenerative polymer electrolyte fuel cells. Journal of Power Sources，2003，124：385-389.

［102］ Wittstadt U，Wagner E，Jungmann T. Membrane electrode assemblies for unitised regenerative polymer electrolyte fuel cells. Journal of Power Sources，2005，145：555-562.

［103］ Zhang F Y，Advani S G，Prasad A K. Performance of a metallic gas diffusion layer for PEM fuel cells. Journal of Power Sources，2008，176：293-298.

［104］ Fushinobu K，Takahashi D，Okazaki K. Micromachined metallic thin films for the gas diffusion layer of PEFCs. Journal of Power Sources，2006，158：1240-1245.

［105］ Qi Z，Kaufman A. Enhancement of PEM fuel cell performance by steaming or boiling the electrode. Journal of Power Sources，2002，109：227-229.

［106］ Jin H N，Kaviany M. Effective diffusivity and water-saturation distribution in single-and two-layer PEMFC diffusion medium. International Journal of Heat & Mass Transfer，2003，46：4595-4611.

［107］ Weber A Z. Effect of Microporous Layers in Polymer Electrolyte Fuel Cell. Journal of the Electrochemical Society，2005，152：A677-A688.

［108］ Park S，Popov B N. Effect of hydrophobicity and pore geometry in cathode GDL on PEM fuel cell performance. Electrochimica Acta，2009，54：3473-3479.

［109］ Lin G. Effect of Thickness and Hydrophobic Polymer Content of the Gas Diffusion Layer on Elec-

150

trode Flooding Level in a PEMFC. Journal of the Electrochemical Society，2005，152：A1942-A1948.

[110]　Qi Z，Kaufman A. Improvement of water management by a microporous sublayer for PEM fuel cells. Journal of Power Sources，2002，109：38-46.

[111]　Jordan L R，Shukla A K，Behrsing T，et al. Effect of diffusion-layer morphology on the performance of polymer electrolyte fuel cells operating at atmospheric pressure. Journal of Applied Electrochemistry，2000，30：641-646.

[112]　Jordan L R，Shukla A K，Behrsing T，et al. Diffusion layer parameters influencing optimal fuel cell performance. Journal of Power Sources，2000，86：250-254.

[113]　Antolini E，Passos R R，Ticianelli E A. Effects of the carbon powder characteristics in the cathode gas diffusion layer on the performance of polymer electrolyte fuel cells. Journal of Power Sources，2002，109：477-482.

[114]　Şengül E，Erkan S，Eroǧlu İ，et al. Effect of gas diffusion layer characteristics and addition of pore-forming agents on the performance of polymer electrolyte membrane fuel cells. Chemical Engineering Communications，2008，196：161-170.

[115]　Kannan A M，Menghal A，Barsukov I V. Gas diffusion layer using a new type of graphitized nano-carbon PUREBLACK for proton exchange membrane fuel cells. Electrochemistry Communications，2006，8：887-891.

[116]　Kannan A M，Munukutla L. Carbon nano-chain and carbon nano-fibers based gas diffusion layers for proton exchange membrane fuel cells. Journal of Power Sources，2015，167：330-335.

[117]　Tang Z，Poh C K，Tian Z，et al. In situ grown carbon nanotubes on carbon paper as integrated gas diffusion and catalyst layer for proton exchange membrane fuel cells. Electrochimica Acta，2011，56：4327-4334.

[118]　Kannan A M，Kanagala P，Veedu V. Development of carbon nanotubes based gas diffusion layers by in situ chemical vapor deposition process for proton exchange membrane fuel cells. Journal of Power Sources，2009，192：297-303.

[119]　Sinha P K，Wang C Y. Liquid water transport in a mixed-wet gas diffusion layer of a polymer electrolyte fuel cell. Chemical Engineering Science，2008，63：1081-1091.

[120]　Giorgi L，Antolini E，Pozio A，et al. Influence of the PTFE content in the diffusion layer of low-Pt loading electrodes for polymer electrolyte fuel cells. Electrochimica Acta，1998，43：3675-3680.

[121]　Lufrano F，Passalacqua E，Squadrito G，et al. Improvement in the diffusion characteristics of low Pt-loaded electrodes for PEFCs，1999，29.

[122]　Song J M，Cha S Y，Lee W M. Optimal composition of polymer electrolyte fuel cell electrodes determined by the AC impedance method. Journal of Power Sources，2001，94：78-84.

[123]　Park S，Lee J W，Popov B N. Effect of PTFE content in microporous layer on water management in PEM fuel cells. Journal of Power Sources，2008，177：457-463.

[124]　Pasaogullari U，Wang C Y. Two-phase transport and the role of micro-porous layer in polymer electrolyte fuel cells. Electrochimica Acta，2004，49：4359-4369.

[125]　Gamburzev S，Appleby A J. Recent progress in performance improvement of the proton exchange

151

membrane fuel cell (PEMFC). Journal of Power Sources, 2002, 107: 5-12.

[126] Park S, Lee J W, Popov B N. Effect of carbon loading in microporous layer on PEM fuel cell performance. Journal of Power Sources, 2006, 163: 357-363.

[127] Weber A Z, Darling R M, Newmann J. Modeling two-phase behavior in PEFCs. Journal of the Electrochemical Society, 2004, 151: A1715-A1727.

[128] Kong C S, Kim D Y, Lee H K, et al. Influence of pore-size distribution of diffusion layer on mass-transport problems of proton exchange membrane fuel cells. Journal of Power Sources, 2002, 108: 185-191.

[129] Tang H, Wang S, Mu P, et al. Porosity-graded micro-porous layers for polymer electrolyte membrane fuel cells. Journal of Power Sources, 2007, 166: 41-46.

[130] Manahan M P, Hatzell M C, Kumbur E C, et al. Laser perforated fuel cell diffusion media, Part I: Related changes in performance and water content. Journal of Power Sources, 2011, 196: 5573-5582.

[131] Knights S D, Colbow K M, St-Pierre J, et al. Aging mechanisms and lifetime of PEFC and DMFC. Journal of Power Sources, 2004, 127: 127-134.

[132] Zhang T. Composite polymer membranes for proton exchange membrane fuel cells operating at elevated temperatures and reduced humidities, 2006.

[133] Yu J, Matsuura T, Yoshikawa Y, et al. In Situ Analysis of Performance Degradation of a PEMFC under Nonsaturated Humidification. Electrochemical and Solid-State Letters, 2005, 8: A156-A158.

[134] Yu J, Matsuura T, Yoshikawa Y, et al. Lifetime behavior of a PEM fuel cell with low humidification of feed stream. Physical Chemistry Chemical Physics, 2004, 7: 363-368.

[135] Huang X, Solasi R, Zou Y, et al. Mechanical endurance of polymer electrolyte membrane and PEM fuel cell durability. Journal of Polymer Science Part B Polymer Physics, 2006, 44: 2346-2357.

[136] Wilkie C A, Thomsen J R, Mittleman M L. Interaction of poly (methyl methacrylate) and nafions. Journal of Applied Polymer Science, 2010, 42: 901-909.

[137] Surowiec J, Bogoczek R. Studies on the thermal stability of the perfluorinated cation-exchange membrane Nafion-417. Journal of Thermal Analysis, 1988, 33: 1097-1102.

[138] Chu D, Gervasio D, Razaq M, et al. Infrared reflectance absorption spectroscopy (IRRAS), Study of the thermal stability of perfluorinated sulphonic acid ionomers on Pt. Journal of Applied Electrochemistry, 1990, 20: 157-162.

[139] Deng Q, Wilkie C A, Moore R B, et al. TGA- FT ir investigation of the thermal degradation of Nafion®; and Nafion®; / [silicon oxide] -based nanocomposites. Polymer, 1998, 39: 5961-5972.

[140] Samms S R. Thermal Stability of Proton Conducting Acid Doped Polybenzimidazole in Simulated Fuel Cell Environments. Journal of the Electrochemical Society, 1996, 143: 1225.

[141] Yu S K, Dong L, Hickner M A, et al. State of Water in Disulfonated Poly (arylene ether sulfone) Copolymers and a Perfluorosulfonic Acid Copolymer (Nafion) and Its Effect on Physical and Electrochemical Properties. Macromolecules, 2003, 36: 6281-6285.

[142] Cappadonia M, Erning J W, Stimming U. Proton conduction of Nafion® 117 membrane between

140 K and room temperature. Journal of Electroanalytical Chemistry，1994，376：189-193.

[143] Sivashinsky N，Tanny G B. The state of water in swollen ionomers containing sulfonic acid salts. Journal of Applied Polymer Science，1981，26：2625-2637.

[144] Cho E A，Ko J J，Ha H Y，et al. Effects of Water Removal on the Performance Degradation of PEMFCs Repetitively Brought to，2004，151：A661-A665.

[145] Mcdonald R C.，Mittelsteadt C K，Thompson E L. Effects of Deep Temperature Cycling on Nafion®；112 Membranes and Membrane Electrode Assemblies. Fuel Cells，2004，4：208-213.

[146] Cheng X，Zhang J，Tang Y，et al. Hydrogen crossover in high-temperature PEM fuel cells. Journal of Power Sources，2007，167：25-31.

[147] Inaba M，Kinumoto T，Kiriake M，et al. Gas crossover and membrane degradation in polymer electrolyte fuel cells. Electrochimica Acta，2006，51：5746-5753.

[148] Büchi F N，Gupta B，Haas O，et al. Study of radiation-grafted FEP-G-polystyrene membranes as polymer electrolytes in fuel cells. Electrochimica Acta，1995，40：345-353.

[149] Hong W. Behavior of Raipore Radiation-Grafted Polymer Membranes in H [sub 2] /O [sub 2] Fuel Cells. Journal of the Electrochemical Society，1998，145：780-784.

[150] Endoh E. Degradation Study of MEA for PEMFC Under Low Humidity Conditions. Electrochemical and Solid-State Letters，2004，7：A209-A211.

[151] Huang C，Tan K S，Lin J，et al. XRD and XPS analysis of the degradation of the polymer electrolyte in H_2-O_2 fuel cell. Chemical Physics Letters，2003，371：80-85.

[152] Scherer G G. Polymer Membranes for Fuel Cells. Zeitschrift Fä¼r Elektrochemie Berichte Der Bunsengesellschaft Fä¼r Physikalische Chemie，2010，94：1008-1014.

[153] Pozio A，Silva R F，Francesco M D，et al. Nafion degradation in PEFCs from end plate iron contamination. Electrochimica Acta，2003，48：1543-1549.

[154] Mattsson B，Ericson H，Torell L M，et al. Degradation of a fuel cell membrane，as revealed by micro-Raman spectroscopy. Electrochimica Acta，2000，45：1405-1408.

[155] Wolf Vielstich，Arnold Lamm，Gasteiger H. Handbook of fuel cells：fundamentals，technology，and applications. Wiley，2009.

[156] Wu J，Xiao Z Y，Martin J J，et al. A review of PEM fuel cell durability：Degradation mechanisms and mitigation strategies. Journal of Power Sources，2008，184：104-119.

[157] Curtin D E，Lousenberg R D，Henry T J，et al. Advanced materials for improved PEMFC performance and life. Journal of Power Sources，2004，131：41-48.

[158] Cheng X，Shi Z，Glass N，et al. A review of PEM hydrogen fuel cell contamination：Impacts，mechanisms，and mitigation. Journal of Power Sources，2007，165：739-756.

[159] Watanabe M，Mizukami T，Tsurumi K，et al. Activity and stability of ordered and disordered Co-Pt alloys for phosphoric acid fuel cells. J Electrochem Soc，1994，141：2659-2668.

[160] Akita T，Taniguchi A，Maekawa J，et al. Analytical TEM study of Pt particle deposition in the proton-exchange membrane of a membrane-electrode-assembly. Journal of Power Sources，2006，159：461-467.

[161] Zhai Y，Zhang H，Xing D，et al. The stability of Pt/C catalyst in H_3PO_4/PBI PEMFC during high

temperature life test. Journal of Power Sources，2007，164：126-133.

[162] Ascarelli P，Contini V，Giorgi R. Formation process of nanocrystalline materials from x-ray diffraction profile analysis：Application to platinum catalysts. Journal of Applied Physics，2002，91：4556-4561.

[163] Shao Y，Yin G，Gao Y. Understanding and approaches for the durability issues of Pt-based catalysts for PEM fuel cell. J Power Sources，2007，171：558-566.

[164] Wilson M S，Garzon F H，Sickafus K E，et al. Surface Area Loss of Supported Platinum in Polymer Electrolyte Fuel Cells. Journal of the Electrochemical Society (United States)，1993，140：2872-2877.

[165] Cheng X，Chen L，Cheng P，et al. Catalyst Microstructure Examination of PEMFC Membrane Electrode Assemblies vs Time. Journal of the Electrochemical Society，2004，151：A48-A52.

[166] Ahn S Y，Shin S J，Ha H Y，et al. Performance and lifetime analysis of the kW-class PEMFC stack. Journal of Power Sources，2002，106：295-303.

[167] Roen L M，Paik C H，Jarvi T D. Electrocatalytic Corrosion of Carbon Support in PEMFC Cathodes. Electrochemical and Solid-State Letters，2004，7：A19-A22.

[168] Du B. Pollard R，Elter J. Proceedings of Fuel Cell Seminar 2006 Honolulu，Hawaii. USA：61-64.

[169] Mathias M F，Makharia R，Gasteiger H A，et al. Two Fuel Cell Cars In Every Garage Interfaces，2005，14.

[170] St-Pierre Jean，Jia Nengyou. Successful demonstration of ballard PEMFCS for space shuttle applications. Journal of New Materials for Electrochemical Systems，2002，5：263-271.

[171] Borup R，Davey J，Wood D，Garzon F，Inbody M，Guidry D. PEM fuel cell durability，DOE Hydrogen Program.

[172] Frisk J，Boand W，Hicks M，Kurkowski M，Atanasoski R，Schmoeckel A. In Fuel Cell Seminar San Antonio. TX，USA，2004.

[173] Kangasniemi K H，Condit D A，Jarvi T D. Characterization of Vulcan Electrochemically Oxidized under Simulated PEM Fuel Cell Conditions. Journal of the Electrochemical Society，2004，151：E125-E132.

[174] Lee C，Mérida W. Gas diffusion layer durability under steady-state and freezing conditions. Journal of Power Sources，2007，164：141-153.

第5章
双极板

5.1 概况及要求

　　双极板是质子交换膜燃料电池电堆的关键结构和功能部件之一，通过串联结构实现相邻单电池的导电连接，并让燃料、氧化剂、冷却剂以及反应产物在特定的流场内进行分配和传输。这就要求双极板具有优异的导电性和对气体、液体具有良好的阻隔性。双极板在燃料电池的体积、重量和成本中均占有较大比重，据估计，采用人工石墨材料制造的双极板大约占电堆总重量的 $60\% \sim 80\%$，占电堆总成本的 $30\% \sim 45\%$[1,2]。本章重点关注双极板研究和发展的现状及未来的趋势。

　　当前燃料电池已经在交通运输领域、物流运输领域、备用电源、便携式应用、固定式发电、热电联产、军用领域等获得了成功应用，且具有巨大的市场潜力。而不同的应用领域对燃料电池的工作条件，以及对功率、寿命、体积、重量、成本等一系列要求均有所不同，因此对燃料电池关键部件之一的双极板的设计和制造也提出了不同的要求。

　　例如，乘用车燃料电池需要体积小、高功率密度，同时能满足负载、温度和湿度频繁变化的严苛条件，因此一般采用厚度更薄、强度更高的金属双极板水冷电堆结构。而商用车以及固定式应用的燃料电池则要求更长的工作寿命，对电堆重量、尺寸以及机械和热性能不敏感，因此一般采用耐蚀性更好的石墨双极板电堆结构。便携式应用的燃料电池仅对体积和尺寸敏感，因此一般采用自吸式的一体化双极板和电堆结构。

　　为了实现双极板在不同应用环境中的各种功能，首先需要从材料角度进行开发。根据导电性、气密性、强度、耐蚀性、导热性、成本等一系列功能要求，对构建双极板的基体材料的特性提出相应的要求。根据相应材料的特性和成型工艺的不同，进行各种双极板的设计和制造过程的控制，从而确保燃料电池的性能、耐久性和成本要求。设计过程中普遍采用有限元分析来进行极板性能建模，涉及流体、传热、导电等一系列多物理场的耦合。制造公差和质量也会影响极板的性能和耐久性。因此，材料开发和极板选型需综合考虑设计和制造过程的要求和限制。

本章中，我们将根据不同应用领域对燃料电池的要求，从双极板的材料切入，介绍当前双极板的主要开发和应用成果，以及相应的制造工艺。由于车用领域市场潜力大，发展较快，本章将重点介绍交通运输领域燃料电池的双极板进展，以及未来的发展趋势。

5.1.1 双极板的结构与功能

图 5-1 展示了由英国 Bac2 公司设计的一个简易电堆结构，包含 3 个单电池[3]。

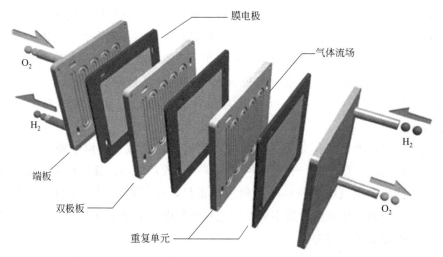

图 5-1 一种双极板及具有 3 个单电池的简易燃料电池电堆示意图

如图 5-1 所示，双极板表面具有用于燃料、氧化剂、冷却剂和反应产物进行分配传输的流场，因此也被称为流场板；同时，由于其起到分隔相邻单电池的作用，也被称为隔板。如同蓄电池的串联结构一样，燃料电池单电池通过相邻双极板的层叠，以串联的形式构成整个电堆。在整个电堆结构中，除两端的极板结构略有不同外，其内部的双极板以及单电池均为重复结构。

在实际的燃料电池中，极板通常包括阴极板、阳极板、冷却板（可与阴极板或阳极板集成）以及端板。阳极板和阴极板直接接触膜电极的阳极侧和阴极侧的气体扩散层（GDL）。电堆组装时极板和GDL形成封闭的流场。反应物（燃料和氧化剂）在一定的压力下从极板一端的入口流经流道或流场到达极板另一端的出口。在每个端口进行密封，防止流体泄漏。通过这个过程，反应物均匀地扩散到GDL并给每个电极供气，保证核心电化学反应以产生电流。

通常，将相邻单电池的两块阳极板和阴极板通过黏结或焊接来形成一个单独的极板，称为双极板。冷却剂则通过一块独立的冷却板或者与阳极或阴极集成的极板。冷却流道的集成可减小体积和成本，一般在阴极板和阳极板的内表面加工[4]。冷却剂的主要成分为乙二醇、去离子水等。由于燃料电池反应时产生大量的热和水，因此冷却剂在水热管理中起重要的作用。

电池两端的极板叫作端板，是与其他电池或系统进行电气连接和流体输入、输出连接的端口。端板实际上是一种单极板，与单电池接触的内表面有反应流道，而外表面为平面，只有流体进出口。由于端板和双极板通常使用相同的材料和相同的工艺制备，因此本章中除有特殊说明外将统一称其为极板。

流场是双极板的基本结构，是流体在双极板内流动的通道，其结构和形式对流体的传输与分配具有重要的作用。一般而言，流场设计需要保证在流场中产生和维持稳定均匀的流体流动，以便反应物能够充分扩散或者渗透穿过GDL合理地分配到电极。电极上电化学反应产生的热量和水应该能够快速排出，以保持需要的温度和湿度。

双极板的功能对实现电堆的电化学反应、水热管理、电流和功率传递具有非常重要的作用。双极板的详细功能如下：

① 保证燃料和氧化剂均匀稳定地通过GDLs流向膜电极，满足燃料电池高效稳定的电化学反应需求；

② 提供相邻单电池间串联形式的导电连接，向模块中的其他电池或系统提供导电输出；

③ 传送所需的冷却剂，传递产生的热量，确保启动阶段的快速加热；

④ 排出阴极产生的水，提供和维持质子交换膜需要的湿度，保证干燥的阳极侧有良好的湿度和热管理；

⑤ 结构性支撑和隔离每个单电池，包括隔离燃料和氧化剂，保持电池组或电堆的装配压力；

⑥ 保证端口密封和MEA密封，防止流体泄漏。

5.1.2 双极板的性能要求

美国DOE制定了交通运输领域燃料电池双极板2020年的目标值，包括性能、可靠性、工艺性和成本等，见表 5-1[5]。该指标在 DOE 历年的研发和示范应用中被不断更新，可作为极板及材料开发的评判标准。

表 5-1 DOE 交通运输领域燃料电池双极板 2015 年状态和 2020 年目标

特性	单位	2015 年状态	2020 年目标
成本	美元/kW$_{net}$	7	3
极板质量	kg/kW$_{net}$	<0.4	0.4
极板 H$_2$ 渗透系数 (80℃,3atm,100%RH)	Std·cm^3/(s·cm^2·Pa)	0	<1.3×10^{-14}
阳极腐蚀性	μA/cm^2	无活性峰	<1,且无活性峰
阴极腐蚀性	μA/cm^2	<0.1	<1
电导率	S/cm	>100	>100
平面电阻率	Ω·cm^2	0.006	<0.01
抗弯强度	MPa	>34(碳板)	>25
成型伸长率	%	20～40	40

注：数据来自 https://www.energy.gov/eere/fuelcells/doe-technical-targets-polymer-electrolyte-membrane-fuelcell-components.

其中，成本基于年产 50 万套 80kW 系统的产能进行测算，并假定 MEA 的性能能够满足 1W/cm^2 的目标。极板的重量目标则基于金属双极板进行测算。极板的透气率按照 ASTM D1434《塑料薄膜-薄板透气率标准测试方法》进行测试。阳极腐蚀电流测试条件为 pH 3，F 离子浓度 0.1×10^{-6}，80℃，在 Ar 吹扫排除空气的溶液中进行动电位测试，扫速 0.1mV/s，电压扫描范围 -0.4～+0.6V（参比电极使用 Ag/AgCl），峰值电流应小于 1μA/cm^2。阴极腐蚀电流测试条件为空气氛围，pH 3，F 离子浓度 0.1×10^{-6}，80℃下进行恒电位测试超过 24h，控制电位 +0.6V（参比电极使用 Ag/AgCl），钝化电流应小于 0.05μA/cm^2。面电阻率包括界面接触电阻，在 200psi 压力下进行测试。抗弯强度按照 ASTM D790—10《增强与未增强塑料及电绝缘材料弯曲性能的试验方法》进行测试。成型延伸率按照 ASTM E8M《金属材料拉伸性能测试方法》进行测试。高电导率和低面电阻率与降低燃料电池内部功率消耗直接关联，从而达到最大的功率输出。高抗弯强度和弹性的要求，对电堆装配时保证流场不发生变形和较大装配压力下极板不发生断裂具有重要的意义。这对于极板厚度越来越薄（≤1mm），流场越来越精细时尤其重要[6]。双极板受其流场结构影响，是一个极其不均匀和各向异性的部件。流道或者极板较大的变形会导致压力降和流体流量变化。这直接导致了流速降低和反应物或冷却剂的不均匀供应，使电堆性能或耐久性出现问题。

车用燃料电池对工作条件的要求更加严格，如需要进行频繁启停，工作温度更高，更严格的振动环境，在不同地区暴露在极热和极冷环境，以及高功率密度等。表 5-1 中列出的技术指标不仅是车用领域极板的指导指标，也是其他领域燃料电池极板的一个很好的参考。

材料及其制造工艺是任何部件的基础，因此，表 5-1 中针对双极板的部分要求可直接关联到极板材料的主要特性要求，包括：①高导热能力[>20W/(m·K)][7]；②高纯度或低挥发[8] 物（VOCs 和 EOCs）含量；③与 GDLs 具有化学和机械兼容性；④在电堆长期工作环境下没有明显的性能衰减（5000h）[9]；⑤ "良好的可制造性或可成形性，用来加工具有精细结构流场和较小公差的极板（例如对于量产规模而言，公差小于 0.05mm[7] ）"；⑥高表面平滑度。

这些要求能有效保证极板及其材料能够达到所需的性能、可靠性和成本目标。其中，导热能力与燃料电池的热管理有关。化学和机械稳定性对单体电池部件兼容性很重要。燃料电池中，膜和催化剂对从单电池其他部件中释放的各种类型的 EOCs 或 VOCs 等污染物尤其敏感。双极板寿命要求是车用燃料电池电堆耐久性要求的保障。第五项的可制造性和第六项的平滑度是大规模生产中与成本、制造能力和质量有关的要求。高制造精度和低表面粗糙度可以严格保证极板良好的导电接触、低流体阻力和低堵水能力，从而满足极板的性能要求。此外，为了排出阴极侧产生的水，尤其是为了防止电流密度较高时发生水淹，需要进一步研究阴极板的表面疏水处理方法[10]，更好地调整阴极和阳极板材料的疏水和亲水性。

5.2　石墨双极板

石墨材料最早被利用来制造双极板，包括人造石墨和天然石墨两种[10]。石墨在燃料电池工作环境下具有优异的耐蚀性、高化学稳定性、对催化剂和膜无污染以及良好的导电性。这些优点使石墨材料成为一种很好的制造双极板的原料，其流道一般采用机加工生产。半导体设备与材料制造商英特格（Entegris）的子公司 POCO Graphite 石墨公司生产了一种经典的石墨板[8]。该公司是领先的材料开发商，专门从事优质的石墨/碳化物及其他先进材料的生产。POCO 生产了一系列高强度、具有精细结构和各向同性的石墨，并保证均匀一致的微观结构以满足极板使用。针对燃料电池应用，开发了一种著名的无孔石墨材料 PyroCell^{TM}，用来保证电堆中不存在极板泄漏问题其基本参数如表 5-2 所示：

表 5-2　PyroCell 典型材料性质

表观密度	抗弯强度	压缩强度	电阻率	热膨胀系数	肖氏硬度	纯度
1.78g/mL	13000psi	22000psi	580$\mu\Omega$ · in	4.4μin(in · F)	74	99.99995%

注:1psi=6.895kPa。

　　然而,石墨材料由于其微观结构的特点在机械性能和工艺性上有其固有的缺点。与普通的碳材料或金刚石不同,石墨具有一层碳原子结构,层间的原子通过较强的共价键结合在一起,具有较小的原子间距。而层与层之间的原子通过较弱的范德华力结合,间距较大。因此,石墨本质上具有较低的弯曲强度,并且容易发生断裂。这也是为什么石墨板只能通过成本高和周期长的机加工方法生产,且容易产生缺陷。

　　一般需要通过后处理过程如浸渍树脂来防止气体渗透[11]。石墨的材料成本也很高,每块石墨极板的成本大约在 100~200 美元之间[8],占电堆总成本的 60% 左右[4]。此外,易碎和多孔的特点以及低强度限制了双极板的最小厚度只能达到 5~6mm,这大大限制了石墨双极板量产工艺开发和燃料电池体积、重量的进一步降低,尤其是在交通运输和便携式应用领域。除了机械性质以外,石墨的体电导率不是太高,远低于金属材料。石墨与 SS316 的性能参数见表 5-3。

表 5-3　石墨与 SS316 的性能参数列表

性质	密度	厚度	电导率	腐蚀电流	透氢速率	弹性模量
单位	g/cm^3	mm	S/cm	mA/cm^2	cm^3/(cm^2 · s)	MPa
SS316	8.02	0.16	5×10^6	<0.1	<10^{-12}	193000
石墨	2.25	2.5~4.0	1000	<0.01	10^{-2}~10^{-6}	4800

　　很明显,成本高、机械性能和工艺性差对石墨板而言是主要的技术瓶颈,难以满足市场需求。为了克服这些困难并满足其他技术要求,研究者对双极板替代材料的开发以及极板设计和生产工艺优化等进行了很多有意义的尝试。而石墨双极板的性能则已经作为替代材料开发的基准参考来使用。

　　大量替代材料被研究来代替石墨制造双极板。其中,有望克服技术瓶颈并达到表 5-3 中指标的主要材料包括复合材料和金属材料。根据成本模型估算,如果将石墨板替换为复合板或金属板,则极板在电堆中的成本占比能够从约 60% 下降至 15%~29%[12]。然而,在估算中仍有许多不确定因素。以下将介绍新型双极板的进展和主要挑战。

5.3　金属双极板

5.3.1　发展现状

近年来金属双极板引起了广泛关注，并在乘用车领域获得了成功的应用。金属双极板具有一系列优点：优异的导电性和导热性、良好的机械加工性能、强度高、致密性和阻气性能好等，能够满足汽车动力应用所需的较高功率密度和低温（−40℃）启动要求。考虑到车辆空间限制问题，国内外车企，尤其是乘用车企对金属双极板寄予了厚望。

已实现量产上市的丰田 Mirai、本田 Clarity、现代 Nexo 等燃料电池车型均不约而同地选用了金属双极板。丰田于 2014 年 12 月推出全球首款量产的氢燃料电池汽车 Mirai。本田在 2015 年的东京车展上首次发布了其燃料电池汽车 Clarity。现代则在 2013 年推出了 IX35 的燃料电池车型，并在 2018 年 CES Asia 上发布了最新的燃料电池 SUV 车型 Nexo。国内上汽集团也先后推出了荣威 950 和大通 V80 等金属双极板燃料电池车型。

为了补偿较高的密度并达到极板总重量和电堆功率密度的目标，金属板必须非常薄：降至约 1mm，甚至 0.1mm[6,13]。在这么薄的金属极板上加工具有高精度和极限公差的复杂流场和流体端口结构是一个很大的挑战。这也是制造极板的金属需要有较高塑性的原因（弯曲弹性变形 3%～5%）。流场设计细节、成型模具的设计与制造、成型工艺参数如负载控制和变形率的选择都会影响成型板的品质。

图 5-2 展示了一种金属双极板结构[14]。超薄的阳极板和阴极板通过冲压形成氢气和空气或氧气流场，然后组合在一起，内部形成封闭的冷却剂流道。其流道截面形状和流场结构可根据燃料电池具体需求进行调整。

整体来看，金属双极板当前的研发生产主力仍为欧洲、美国、日本企业，瑞典 Cellimpact、德国 Dana、德国 Grabener、美国 Treadstone、日本丰田、美国 Plug Power 等是其中的佼佼者。国内金属双极板产品的研发和批量化制造技术在近年来取得重大进展，但多处于研发试制阶段，上海佑戈、上海治臻新能源、新源动力等企业已研制出车用燃料电池金属双极板，并尝试在电堆和整车中实际应用。数据显示，当前国内研发的金属双极板厚度达到 1.0～1.1mm，单极板成形从 30% 降低到 1% 以内，流道高度偏差小于 15mm，接触电阻和腐蚀电流分布达到 2.89mΩ·cm^2 和 0.85μA/cm^2，整体技术达到国际先进水平。

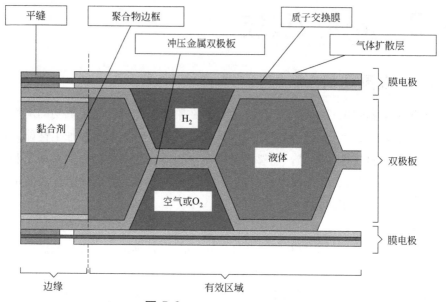

图 5-2　金属双极板结构示意图

　　Dana 在 2001 年冲压了第一块金属双极板，经过后续不断发展，从 2012 年开始生产标准化的金属双极板材，通过高速冲压工艺，采用级进模具进行切割和冲压，提供 $\leqslant 100\mu m$ 的微观结构并进行接合、涂覆和密封处理。资料显示，Dana 的第二代金属双极板的有效或无源面积从 46% 增加到 52%，并将电池间距从 1.2mm 降低到 1.0mm，这与其他改进将一起导致电堆功率密度从 2.8kW/L 增加到 3.5kW/L。2018 年 4 月，Dana 对外展出了燃料电池金属双极板的最新成果，通过对板材采用集成的密封和导电涂层技术，利用精密冲压、成型以及流体管理功能，Dana 以更低的成本提供了性能更优越、更可靠的金属双极板产品。

　　丰田在氢燃料电池领域底蕴深厚，拥有大量专利，集中体现在量产的 Mirai 车型上。2015 年丰田对外宣称将在全球范围内开放 5680 项氢燃料电池技术相关专利，包括 Mirai 车型上的 1970 项关键技术。在双极板层面，丰田 Mirai 采用了金属双极板，其燃料电池模块功率密度达到 3.1kW/L，总功率 114kW，寿命 5000h，可实现 $-30\,℃$ 以下低温启动。

　　Tread Stone 的 Lite Cell 技术基于金属防腐保护设计，该技术使用低成本金属和廉价工艺制造双极板。采用 Tread Stone 的 Lite Cell 技术的燃料电池堆比目前使用的重型石墨燃料电池组轻 40%~50%，通过 Lite Cell 的防腐蚀保护，燃料电池可以保持高水平的性能和低接触板电阻。该技术满足商业化车用燃料电池所需的寿命、成本和重量或体积目标，已在美国陆军士兵便携式电力项目上证明了可行性。

Grabener 主要从事生产用于 LT-PEM、HT-PEM、DMFC 和 SOFC 的高精度和强力隔板燃料电池相关业务，通过旗下 Graebener® PowerBoxx® 和 Graebener® PowerTower® 技术，Grabener 可以将各种金属的微结构与壁厚做到 50μm（0.05mm）。

Plug Power 在 2018 年 10 月对外宣称将利用收购美国燃料电池（AFC）所获得的技术，设计 ProGen 金属板电堆中全新的关键材料。新的电堆的功率密度将加倍，行驶里程和使用周期将延长，这将为固定电源提供竞争优势。ProGen 金属板电堆将集成到 Plug Power 的 ProGen 氢发动机中，率先应用于货车、公共汽车和卡车。新设计的 MEA 将使氢发动机的性能、成本和质量均得到有效的提升。

新源动力采用复合板和金属板两种技术路线。从其电堆产品的发展历程看，前两代产品均为复合双极板，第三代、第四代采用金属双极板。2017 年 12 月，新源动力与上海交通大学、上汽集团、上海治臻新能源联合完成的"汽车燃料电池大面积超薄金属双极板设计与精密制造技术项目"获得了中国汽车工程学会 2017 年技术发明奖一等奖。根据 2018 年 10 月新源动力对外透露的情况，其采用金属双极板的 MOD-400 电堆产品功率可达 60kW（单堆 60kW）/80kW，功率密度为 2.5kW/L，设计耐用性达 5000h。MOD-500 电堆产品功率可达 100kW（单堆 100kW）/120kW，功率密度为 3kW/L，设计耐用性达 5000h。目前相关产品的应用验证尚不充分，有待在同环境下对电池产品的可靠性、耐久性等多种性能进行全面考核。

5.3.2 常用材料

研究者已经试验了许多不同的金属材料来作为双极板基体，主要包括不锈钢、铝合金、钛合金等[15]。其中，相对便宜的不锈钢被广泛研究来作为极板材料[4,10]。

不锈钢通常含有较高含量的一种或多种合金元素，包括 Cr、Ni 等。其中，Cr 含量一般超过 12%，是其防锈性能的关键指标。Cr 能够使铁基固溶体的电极电位提高，并且吸收铁的电子使其钝化，阻止阳极反应，从而提高耐蚀性能。Ni 的作用主要是防止脆弱的 σ 相的形成并扩展奥氏体相区域至室温。奥氏体相是一个具有面心立方结构（F.C.C 或 FCC）和良好塑性或工艺性的铁基固溶体。在合金钢中，合金金属原子和碳原子在铁固溶体中是具有一定溶解度的溶质。

多种奥氏体不锈钢可用于制造极板。其中，316L 不锈钢（SS316L）具有较高的 Cr（约 16%～18%）和 Ni（约 10%～14%）含量，在近年来得到更多的关注[4,10]。其在常用工作环境下对所有腐蚀类型都具有高的抵抗力，包括点蚀、晶界和隙间腐蚀，其具有高强度特点。SS316L 表面稳定致密的氧化铬钝化层是其高耐蚀性和化学稳定性的主要原因。字母"L"是指较低的碳含量（＜0.03%），这对保持良好的焊接性以及在具有微小高热影响区的焊缝维持高的耐蚀性非常重要。如表 5-3 所示，与标准的石墨相比，SS316（其性质与 SS316L 非常接近）具有更高的电导率和弹性模量，更低的透氢速率，可制造更薄的极板。显然，SS316 具有较高的密度和较低的耐蚀性。除了奥氏体不锈钢（如 SS316L）外，双相（奥氏体/铁素体）不锈钢（如 SS2205）也显示出兼具高耐蚀性和强度，可考虑作为金属极板的基础材料[16]。

适用于制作双极板的轻金属主要有 Ti、Ti 合金、Al、Al 合金，具有比强度高、易于加工的特点。D. P. Davies 等人[17] 使用纯 Ti 作为双极板进行了试验，试验表明，短期运行的极化性能优于 SS316，但 400h 运行后的极化性能低于 SS316 制双极板电池 1300h 运行后的极化性能；600h 运行后，拆开电池后测量的表面接触电阻，也显著高于其初始接触电阻和 SS316 运行 1400h 后的接触电阻。Philip L. Hentall 等人[18] 所制作的 Ti 双极板电池的性能与 D. P. Davies 等人的性能类似。纯 Ti 形成的绝缘性氧化膜是其作为电池双极板基材的关键因素。Al 与 Ti 相似，也存在着电绝缘的氧化层，如不采取特殊的措施，不适合直接制作双极板。Li Yang[19] 模拟电池操作介质的 PDP 试验表明，Al（6061-T6）在恒电位[+760mV（SCE）]时，只经历 1min 就会在表面产生可见的严重点蚀。

目前 PEMFCs 中使用的聚合物膜基本上都具有强酸性。受其影响，具有腐蚀性的流体介质在极板、质子膜和其他组件之间循环流动是极板产生化学腐蚀的主要原因。Li Yang[19] 和 Jay Kevin Neutzler[20] 等指出，使用 H_2 与空气的 PEMFC 中，双极板与含有 F^-、SO_4^{2-}、SO_3^{2-}、HSO_4^-、CO_3^{2-} 及 HCO_3^- 等的溶液接触，其 pH 值在 3.5～4.5。同时，启动时两极的电位差可达 1V 甚至更高，普通金属双极板在阴极会产生阳极溶解，在阳极产生氢脆[21]。同时，在含有上述离子的环境中，与电极或 GDL 接触，易产生间隙腐蚀[22]。极板严重的电化学腐蚀可能与 GDL 和相应极板间不可避免的电势差、大流量的流体、每个单电池中的电化学反应环境等因素有关。更高的燃料电池工作温度和湿度氛围会加速腐蚀过程。大量的测试表明，长期在燃料电池工作环境的化学腐蚀和电化学腐蚀双重作用下，即使是不锈钢极板（如 SS316L 极板）也不能避免表面的破坏。

一旦极板开始被腐蚀，燃料电池的性能和耐久性开始受到影响，甚至引起严重的失效。被腐蚀的金属极板和 GDL 的界面接触电阻将会增大，从而降低功率输出。腐蚀产物（主要为各种阳离子）会污染催化剂和膜，并影响其正常功能。聚合物膜本质上是一种强力的阳离子交换膜，而催化剂对离子杂质非常敏感。因此，必须在金属极板表面添加耐蚀涂层来确保电堆的性能和长期耐久性，即具有较低的接触电阻，同时具有很好的耐蚀性。

也有研究者采用无涂层的高铬含量的双相不锈钢（如 2205 钢）作为金属极板材料[16]。钢的钝化层在燃料电池工作环境下迅速形成，但没有详细的原位测试细节报道。另外，双相不锈钢钝化层更高的导电界面接触电阻仍是应用中的问题之一。

5.3.3 制造工艺

从金属板工艺的角度进行分类，当前金属双极板制造工艺可分为增材、减材和等材三大类工艺[23]。

采用车铣等减材机械加工工艺可制备金属双极板。机加工产品具有良好的机械性能，但其具有加工时间长、效率低下、浪费严重、成本较高的缺点，严重限制了其商业化应用，比较适用于产品试制和中试阶段。另外，研究表明，流道尺寸在亚毫米级时燃料电池表现良好[24-28]，而减材工艺在面对亚毫米级复杂微流道结构的双极板加工时能力不足。

中国台湾省元智大学元智燃料电池研究中心利用有限元方法模拟了电化学刻蚀金属双极板的成型过程，提出在电极上覆盖一层绝缘层，以减小扩散电流密度和提高产品的尺寸精度，已在 SS316 薄钢板表面刻蚀出了蛇形流场[29]。但表面光洁度不高，对气体流动效率有影响，需进一步后续处理。电化学刻蚀工艺过程负载、生产成本高，不适合大批量生产。刻锻模微电子放电加工技术也可应用于制造金属双极板，该技术成型效率低，经济效益差，其复杂的光化学过程导致流道尺寸存在差异、流体分布差[30]。

增材工艺比较适合结构复杂的条件，不需要改变工艺装备就可以制备出不同流道结构的双极板。其成型速度快，但成本较高，在首板制作阶段具备优势。Dawson 等[31] 采用选择性激光熔化（selective laser melting，SLM）技术成功制备出蛇形流道双极板。经组装测试，其接触电阻和电池性能与机械加工的双极板相当。吴俊峰等[32] 提出了微积累成型方法，利用数值模拟分析了垂直下压量对板料厚度变化、流道成型深度的影响规律。

与减材和增材工艺相比，等材制备工艺具有节省材料、制备速度快等特点，更具有工艺与成本优势。根据驱动力、成型温度的不同又可分为冲压、压印、压铸、电磁等工艺。

（1）冲压

采用冲压模具制备金属双极板是一种节省制造成本和提高制造效率的高效工艺。图 5-3 是硬模冲压的典型工艺装备。工作时，将毛坯板放在上下硬模之间，由曲柄压力机或油压机作为动力使上模压向下模，在毛坯板上压出流道。为了进一步提高效率，可以将冲压工艺设计成进模形式[33]。硬模冲压工艺成本低廉，已应用于大规模双极板制造中。其主要缺点为冲压出的形状不够精确、尺寸回弹和在压制薄板时容易产生翘曲。针对这些问题，Kwon 等[34] 以冲压力、冲压速度、冲压温度和冲头圆角为研究对象，研究在两步冲压工艺下产品的成型质量。研究表明，毛坯可冲性能与冲压力、冲压温度成正比，在 250℃ 时达到最佳冲压条件；两步冲压工艺下，流道成型深度更佳；在高温条件下，壁厚缩减更小。张金营[33] 采用级进模冲压成型工艺，提出增加压边圈在毛坯上压制拉延筋防止变形。Kim 等[35] 比较了动态冲压力与静态冲压力下产品的质量区别。研究表明，采用动态冲压力更有利于成型。瑞典 Cell Impact 公司将冲压速度提高，在几分之一秒内将巨大的动能转换成高达 4GPa 的压力，在瞬间使金属双极板产生绝热软化效应，使近乎液态的金属快速、精确地充满模腔，从而完成金属板的一次性成型冲压[36]。该工艺较好地解决了翘曲问题，但成型设备过于昂贵。

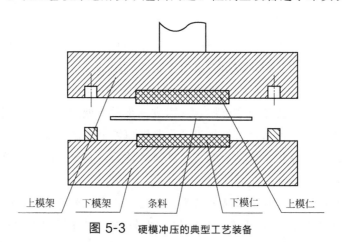

图 5-3　硬模冲压的典型工艺装备

软模冲压成型工艺装备如图 5-4 所示，使用软模（如聚氨酯橡胶）来代替传统冲压成型中的一个钢模，能使板材与模具完全贴合，提供更均匀的压力。成型时，钢模在液压机作用下向下运动，挤压金属薄板和橡胶垫，橡胶垫产生变形，在摩擦力作用下与板料一起填充满模具型腔。利用该技术已成功制备了带有蛇形流道的 SS304 不锈钢双极板，流场宽度 0.8mm，深度 0.5mm，脊宽

1.2mm[37]。软模成型方法可在同一个工序上完成多个工步（如成型、冲孔或切边等），生产效率高，双极板表面质量佳，不会产生翘曲和破裂，且模具结构简单，成本低。但受到橡胶垫的流动性影响，软模成型存在成型极限。此外，橡胶垫的耐磨性也有待提高。Jeong 等[38] 对软模的硬度与硬模角度进行了研究，得出软模的硬度和成型能力成反比。Raamezani 等[39] 利用计算机辅助技术研究了软模成型过程中摩擦力在各个部件之间的分布以及对成型效果的影响。

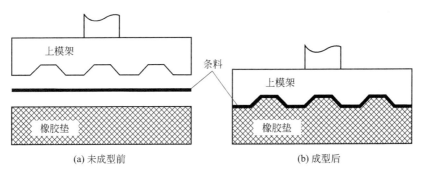

(a) 未成型前　　　　　　　　　　(b) 成型后

图 5-4　软模冲压工艺装备

（2）压印

典型液压成型工艺装备如图 5-5 所示，工作时液压油将高压传递到毛坯板上，迫使毛坯板沿着模具的形状变形，最终成型工件。与冲压工艺相比，压印技术具有良好的拉延比、更好的表面质量和较少的回弹，更适合制备复杂图案的双极板[40-42]。

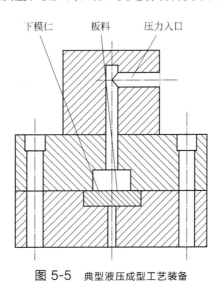

图 5-5　典型液压成型工艺装备

不过该技术对成型设备要求高，保养和维护费用高，主要体现在高压缸和高压密封方面。目前利用该技术已制造出厚度 1mm、流道宽度和深度均为 0.75mm 的 Al-36 金属双极板。Monhammadtabar 等[43] 采用两步液压成型的方式获得了比一步液压成型更深的凹槽。Palumbo 等[44] 在液压成型过程中尝试加温，研究表明，在 220℃时成型效果最贴近模具，沟槽深宽比增大。

辊压成型工艺由单极板辊压、双极板连接、双极板整形、剪切冲裁四个工步组成，如图 5-6 所示。其关键是应用点对点共轭映射原理获得辊子对，以适应不同的双极板流道结构需求。利用该方法可生产板料厚度 0.25mm、流道宽度 3mm、深度 1.5~2mm 的双极板。该方法成本低，适合大批量生产，但不能成型带有蛇形流道的双极板[45]。

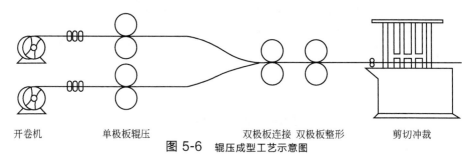

开卷机　　　单极板辊压　　　双极板连接 双极板整形　　剪切冲裁

图 5-6　辊压成型工艺示意图

（3）压铸

近年来，韩国釜山国立大学对高真空压模铸造成型技术进行了研究[46]。真空压模铸造工艺过程如图 5-7 所示，压射冲头推动液态金属向前移动，当压射冲头移动到特定位置时，真空截止阀打开（处于导通状态），抽气过程开始；压射冲头继续向前移动，在液态金属压射进入真空截止阀并由其冲击力推动真空截止阀截止后，抽气过程结束；压铸过程结束后，真空截止阀复位，压射冲头退回到初始位置。目前，利用该技术成功制造了厚度 1.1mm、流道宽度 1mm、深度 0.3mm 的蛇形流道 Silafont-36 双极板。该双极板拥有良好的表面质量和焊接特性，以及较高的机械强度和较低的气孔率。该技术适合大批量生产，但成型 1mm 以下的薄金属双极板有困难。

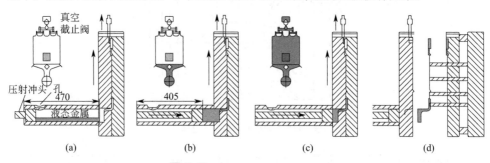

(a)　　　　　　(b)　　　　　　(c)　　　　　　(d)

图 5-7　真空压模铸造工艺过程

日本东北大学材料研究所采用热压铸成型工艺成功制备了金属双极板[47]。首先，对 $Ni_{60}Nb_xCr_yMo_zP_{16}B_4[x+y+z=20\%（原子分数）]$合金进行了优化组合，以获得更大的过冷区间和较低的结晶度；然后将玻璃合金熔化，在其冷却到过冷区间时采用热压铸成型技术制造镍基金属玻璃双极板（其流场深度仅为0.7mm）。但该技术成型时间长，材料制备困难，成本较高。此外，对热作模具材料的性能要求高。难以保证成型精度。

（4）电磁成型工艺

美国俄亥俄州大学对电磁脉冲成型工艺进行了研究[48]，其原理如图 5-8 所示。电容组放电且在线圈周围产生变化的磁场，工件在脉冲磁场中产生感应电流，感应电流产生反向瞬时磁场，从而洛伦兹力充当排斥力使工件冲击模具发生变形。目前，已成功制造出厚度 0.1mm、流道深度 0.0311mm 的镁合金双极板。电磁脉冲成型具有成型能力好、效率高、成本低、表面质量与尺寸一致性好等优点，但大尺寸双极板成型难度高，提高复合板的耐磨性是其难点。

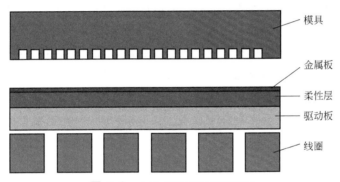

图 5-8　电磁成型工艺原理示意图

总的来说，在试制阶段采用减材加工方式较适合。减材加工方式不需要事先制备模具，并且修改方便，可以低成本快速出样。但是金属双极板趋向于超薄化（<0.5mm）、流道复杂化（蛇形等）、流道微型化（槽宽、槽深为亚毫米级）时，即使是单件的试制加工，减材加工方式也不适用，需要增材加工方式进行制备。在商品化和产业化阶段，采用减材或增材方法均存在效率低下的问题。电磁成型技术不够成熟，压铸成型属于热加工成型，存在升温或重熔过程，虽然克服了金属板翘曲问题，但在薄窄的空间内金属流动性差，容易产生缺陷，在板材薄至 0.1mm 时不能成型，且工艺复杂，效率较低，不能有效控制成本。压印成型载荷驱动力为液压，较冲压成型效率低下，不具备量产优势。因此，当前阶段仍以冲压工艺作为双极板微流道成型商品化制备的主要研究方向。当前，金属板冲压硬模软模成型时，凸凹模圆角半径在 0.1~0.3mm 之间时，不锈钢双极板微

流道成型尺寸精确，无裂纹瑕疵。但在不锈钢厚度尺寸减小过程中，金属板翘曲程度增加，变形不易控制。虽然在后期装配过程中可以通过工装压紧，但由于翘曲造成的接触电阻增加、气密性减小等瑕疵会影响燃料电池的工作性能。超薄（<0.5mm）金属双极板冲压过程的变形机理与冲压后翘曲控制是双极板商业化的难点，也是今后的研究方向，可以从材料本征尺度效应和制备工艺条件微尺度效应两方面进行研究。

5.3.4 表面处理技术

如前所述，为了提高金属基体材料的耐蚀性和表面接触电阻，一般对其进行表面处理改性来实现双极板的总体技术要求。表面涂层材料除了满足燃料电池工作环境对化学、电化学稳定性的基本要求外，还应具有与基底金属材料的热、化学兼容性，与 GDL 的低界面接触电阻，高纯度，低 VOC 和 EOC 含量，低成本，以及易于量产等特点。根据极板的功能，涂层具有较低的界面接触电阻非常重要。合理地选择涂覆化合物，能够在涂层厚度较小的情况下与 GDL 之间具备所需的接触电阻。

目前常用的表面改性材料可分为碳类（石墨、导电聚合物、类金刚石碳等）和金属类（贵金属、金属碳化物、金属氮化物等）[49]。

抛开成本高、强度差等缺点，石墨是理想的双极板材料。因此，有研究人员将石墨材料和金属相结合来制作双极板。Z. Iqbal 等[50] 在铝板上附着石墨，两者之间涂一层石墨乳液，施加压力使两板连接，得到质量轻、耐腐蚀、导电性好的双极板。USP6749959[51] 则提到一种双镀层结构金属双极板，先在基体金属上镀一层贵金属保护层，再涂敷碳材料，同样结合了金属和石墨两种材料的优点。Y. Show 等[52] 则在钛板上沉积了一层无定形碳，降低了双极板与 MEA 的接触电阻，使电池输出功率显著提高。

导电聚合物膜也是研究热点之一。黄乃宝等[53,54] 采用电化学方法在金属上沉积聚苯胺，并研究了聚苯胺改性钢在模拟 PEMFC 环境下的腐蚀行为，发现耐蚀性能显著提高，组装的单电池短期运行性能良好。S. Joseph 等[55] 采用循环伏安法在 304 不锈钢上分别聚合沉积了聚苯胺和聚吡咯，使双极板的耐蚀性和导电能力都有了很大提高。J. G. Gonzalez Rodrigurez 等进一步研究了聚乙烯醇黏合剂的添加对在 304 不锈钢上沉积聚苯胺和聚吡咯的影响，发现聚乙烯醇的添加使聚苯胺和聚吡咯膜的耐蚀性分别提高了 3 个和 1 个数量级。

铂、金等贵金属在 PEMFC 环境下有很好的耐蚀性能，因此在金属双极板上制备一层贵金属膜可以具有很好的性能。J. Wind 等[56] 在 316L 不锈钢上镀金，组装的 PEMFC 单电池与石墨板组装的电池性能相当。S. H. Wang 等[57] 分别在钛板上镀铂和烧结一层 IrO_2，两种双极板的性能都很好。然而，贵金属膜的成本较高，限制了其商业化应用。

金属氟化物、氧化物等的耐蚀性很好，但是导电性较差。金属氮化物的耐蚀性稍差，但某些导电性较好，可作为金属双极板表面改性材料。G. Bertrand 等[58] 分别在铜、不锈钢等基体上磁控溅射了 CrN 和 Cr_2N 膜，发现这两种耐蚀化合物中 CrN 的导电性更好，而 Cr_2N 的强度更高。M. P. Brady 等[59-63] 在 Ni-50Cr 合金上制备了无缺陷的 Cr 的氮化物，包括 CrN、Cr_2N 等，耐蚀性能和导电性能均很理想。在此基础上，又在 349TM、AISI446 以及其他 Ni-Cr 系和 Fe-Cr 系商品化合金上制备出了同样的改性薄膜，都获得了理想的效果。Y. Wang 等[64,65] 则在不锈钢上 PVD 沉积了 TiN 薄膜，并对其在模拟 PEMFC 腐蚀环境下的腐蚀行为进行了研究，发现耐蚀性有较大改善，但试样发生点蚀。E. A. Cho 等[66] 用 TiN 改性 316L 双极板组装了千瓦级电池组，稳定运行超过 1000h，性能基本无衰减。

除了筛选出合适的表面改性材料外，合适的涂层制备工艺对涂层的品质也有重要的影响。涂层的品质不仅影响耐蚀性，也会影响与 GDL 的导电接触及流道内流体的流动状态。常用的金属板涂层工艺包括电镀、物理气相沉积（PVD）、化学气相沉积（CVD）和化学镀[29] 等。

电镀是传统的表面处理技术，可在金属上镀贵金属材料或复合材料膜层[67]，实现对基体的保护。近 20 年来，在电镀过程中引进了诸多物理因素，如磁、声、光、热、电流波形以及频率、溶液流速和机械振动等，使镀层质量和电堆效率有了显著提高[68]。但是电镀法通常存在缺陷，从而导致双极板在 PEMFC 中发生腐蚀，而且电镀废液对环境有很大污染，这与 PEMFC 的环保理念相悖。

PVD 工艺的优点为涂层纯度高、致密性好，涂层与基体结合牢固，涂层性能不受基体材质影响，是比较理想的金属双极板表面改性技术。尤其是离子镀技术，已经可以在接近室温时沉积出致密无孔、内应力很低且大颗粒很少的高性能薄膜。近年来，PVD 技术在 PEMFC 表面改性领域获得了很好的效果[69]。

CVD 工艺制备金属极板涂层主要为渗氮工艺。等离子体渗氮是通过真空中氮分子被高电压电离出的氮离子，轰击作为阴极的工件而实现的[7]。部件表面的氮化层通过含氮的气体和特定的合金元素，如铬、钼、钒，在 $400\sim600{}^{\circ}C$ 温度范围下反应，在金属部件表面形成。尽管氮化层通常不足 1mm，但其具有良好的耐蚀性、与金属基底有高结合强度、高密度及较少孔隙的特点，这也是该工艺被用于金属涂层制备的原因[70]。M. P. Brady 等人通过等离子体渗氮方法在 Ni-50Cr 合金、349TM、AISI446、Ni-Cr 系和 Fe-Cr 系等一系列合金上制备出了无缺陷的 Cr 氮化物膜，都显示出很好的性能。

渗硼是另一种化学热处理工艺，在金属部件表面通过含硼的气体或粉末、液体中间物和金属元素（如铁、钛、铬）表面反应形成一个硼化层。硼化物具有高耐蚀性和相对较高的硬度，但如果工艺控制不合理，在硼化层和钢基底之间会出现一个脆弱的界面。另外，渗硼工艺温度稍高（500～700℃），硼化后，薄金属板可能扭曲变形。渗硼工艺也被用于金属表面涂覆。例如，Powder-pack 工艺被用于金属板制备，在一种镍包覆的钢板表面形成一个 Ni_3B 层[71]。硼化层显著地增加了极板的耐蚀性，尽管其涂层厚度不均匀。其工艺需要进一步优化开发。

除了涂层技术外，一种传统的包覆工艺也被用于制造金属板[70,72]。它结合机械压缩过程和冶金过程，在基质金属板或片材表面添加不同的金属薄层。薄金属合金可以在基质片材一侧或者两侧包覆。在多层金属中超薄的顶层或底层一般由具有良好弹性，基底材料没有特定物理性质（如耐蚀性）的柔性金属（如 Nb、Au）制备。包覆过程通常将薄的金属箔或片和基板或片共辊完成。极高的压力和附加的加热促进了不同金属层间良好结合力的形成。

Weil 等人[71] 成功地应用了一种包覆工艺来制造 Nb/SS430/Nb 和其他金属板。他们根据耐蚀性、表面导电接触电阻、工艺性、成本等因素从备选金属中选出了 Nb 作为包覆金属。其中一种测试的极板通过辊压包覆工艺制备。阳极板和阴极板通过冲压形成复杂的流场，并通过钎焊在两个极板之间形成冷却流道。极板基材为两片厚度 450pm 的 SS430 材质基板，内部通过焊接形成中空的冷却流道。外侧各包覆一个 50pm 厚度的 Nb 涂层，故极板总厚度为 0.1mm。研究人员在渗硼工艺应用之前也尝试了 Nb 合金包覆 SS430 来制造极板，或在 Ni 表面添加一个保护性的涂层，从而改善耐蚀性。Nb 包覆不锈钢和渗硼 Ni 包覆不锈钢与 DOE 2015 年目标的比较见表 5-4，可以发现，两种包覆金属板的性质都超过或接近 DOE 2015 年的目标。比较有意思的是，渗硼 Ni 包覆不锈钢具有更高的导电性和更低的成本（节约 10%）。原位测试和耐久性的更多结果将值得关注。

表 5-4　Nb 包覆不锈钢与渗硼 Ni 包覆不锈钢与 DOE 2015 年目标对比

特性	DOE 2015 年目标	Nb 包覆不锈钢	渗硼 Ni 包覆不锈钢
成本/(美元/kg)	7	5.0	4.5
单位功率的质量/(kg/kW)	<0.4	0.7	0.72
H_2 渗透速率(80℃,3atm)/[cm^3/(s·cm^2)]	0	0.35×10^{-7}	0.37×10^{-7}
腐蚀性/(mA/cm^2)	无活性峰	<1	待定
电导率/(S/cm)	>100	0.6×10^5	0.8×10^5
电阻率/Ω·cm^2	0.006	预期满足	预期满足
抗弯强度/MPa	>34	预期满足	预期满足

5.3.5　焊接工艺

金属板的另一个主要制造工艺是焊接，阳极板和阴极板一般焊接成一体，形成具有集成冷却流道的双极板。由于金属板超薄的厚度，焊接过程中过热和长时加热会产生极板的金属性能退化、大的残余应力、焊缝的扭曲变形以及封闭的热影响区。基于较小光束尺寸和较高焊接速度的固态光纤激光被用来缓解这些问题。由 IPG Photonics 制造的 YLP-100 单模式镱光纤激光器，具有狭窄的光束和较深的穿透力，据报道，其被利用于燃料电池和其他应用薄 SS316L 极板的焊接中[73]。

金属良好的焊接性是达到高质量焊接工艺的必要条件。SS316L 具有良好的焊接性，主要归因于其较低的碳含量。主要的合金元素中，铬是不锈钢耐蚀性的主要因素，能够在氧化铬熔化和焊接再凝固时易于形成碳化物，而非氧化物。这个过程会降低焊接区域的耐蚀性，归因于在铁固溶体中铬含量的减少，减少的部分转变为碳化物。较低的碳含量将减少碳化物的形成，从而减少焊接带来的局部腐蚀的趋势。常见的失效，如孔隙、裂缝和变形，应在焊接过程中避免。

5.4　复合双极板

复合材料作为一种特殊的材料一般是指由分散的填料或纤维、粉末、薄片等形式的填料和连续的基质构成的混合材料。极板生产中使用的复合材料主要属于非金属复合材料，包括非金属的填料和基质。尽管使用金属填料的复合双极板的研究工作已经开展，但本书中不会特别介绍这部分内容，因为到目前为止尚无实质性进展。另一种三明治式结构的复合板包括层状的金属和热膨胀石墨，由俄罗斯科学家开发，但是没有详细的技术信息披露[10]。

在非金属复合材料中，填料通常具有更高的强度和硬度，并且具有特殊的功能性。基质与填料相比，具有柔性和耐受性。本节介绍的非金属复合材料通常包含较大比例（接近 70%～80%）的石墨填料（或者某些情况下使用碳填料，例如在碳/碳复合材料中）和相对较小比例的聚合物基质。在复合板中连续分布的聚合物充当黏结剂的角色，使填料黏结在一起。这与具有较大比例的聚合物基质的传统复合材料有稍微的不同。为了方便描述和比较不同的复合板以及各种聚合物，约定分别使用基质和填料来表示聚合物材料和石墨。根据定义，非金属复合板可以称为聚合物（热固性或热塑性）基复合板。

复合板中石墨（或碳）填料的功能主要是为了保证所需的导电性、机械强度

173

和化学稳定性。有鉴于此，复合板中的填料与石墨板起着相同的作用。然而，复合板可以使用不同的基质材料。根据基质材料的不同，极板复合材料主要包括碳/碳复合材料（确切来讲为碳/石墨复合材料）、热塑性石墨复合材料和热固性石墨复合材料。

在所有的复合板中，传统石墨板中一定量的石墨由更便宜的非石墨基质材料替代，因此可明显降低极板成本。复合材料中柔性和耐受性的基质（如热固性和热塑性）改善了石墨的机械性能和工艺性。因此，相比于昂贵和缓慢的机加工，能够通过更高效的工艺生产更高鲁棒性的复合板，包括更薄的厚度和更精细的流场。

另外，复合材料的特点提供了更多的灵活性来匹配复合板的特性，通过选择不同的填料和基质材料的组合，以及填料和基质的不同含量比例来满足不同燃料电池应用条件下的各种需求。聚合物基复合板的一般生产工艺[10]包括石墨填料和聚合物粉末/薄片的混料和固化（如模压），或者在石墨板中浸渍单体或低聚物。随后通过聚合作用来保证极板的阻气性。

5.4.1 碳/碳复合板

碳/碳复合材料和热固性石墨复合材料比较容易混淆。按照通常的定义，碳/碳复合材料是指在碳或石墨基质中使用碳纤维填料（也可以包含石墨填料）的复合材料。然而，复合材料中最初的基质材料是填料和热固性材料（如酚醛树脂、环氧树脂）共存的形式。聚合物基质可以通过生产过程中高温热解反应变成碳或石墨。因为生产的复合板中的基质是碳或石墨的形式，更容易区分碳/碳复合板和热固性石墨复合板。

除了之前提到的复合板相比于传统石墨板的优点，碳/碳复合板具有更低的密度（约比热固性和热塑性石墨复合板低30%）[74]，以及更高的生产效率。与纯石墨板的加工工艺相比，这提供了连续生产的潜力。

一个典型的碳/碳复合板由美国 Oak Ridge 国家实验室（ORNL）开发，如图 5-9 所示[75]。复合材料由短的碳纤维（在某些相同的极板中也添加了石墨纤维）和酚醛树脂混合的浆料通过模压工艺预成型。增强纤维和酚醛基质的质量比为 4:3。酚醛基质改善了极板的机械性能和空间稳定性。随后使用真空模压工艺制造复合板和具有较高分辨率的流场[10]。

具有较大体积孔隙的模压极板进一步通过化学气相渗透（CVI）在约 1500℃和 5kPa 条件下涂覆石墨碳，形成一层密封性和高导电的表面。酚醛树脂黏结剂在高温下热解。表面的石墨涂层和极板的碳/石墨基质保证了高电导率（200~

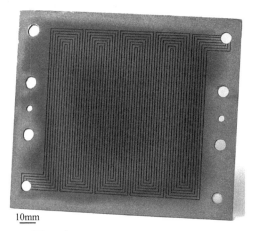

10mm

图 5-9 美国 ORNL 制造的碳/碳复合板

300S/cm），与热固性复合板不同。极板同时具有较低的密度（0.96g/cm³）、厚度（1.5～2.5mm），双轴方向上具有较高的弯曲强度（约 175MPa）。其主要性能接近甚至超过传统的高密度 POCO 石墨板。

Porvair 燃料电池技术部是 Porvair 先进材料公司（PAM）的一个部门，在 2001 年从 ORNL 获得了碳/碳复合板技术的授权[76]。Porvair 与 UTC 燃料电池公司合作获得了 2003～2006 年 DOE 氢能计划的基金资助。该公司聚焦于进一步开发近净成型工艺和对实验室级别的工艺技术放大，已经在模压工艺优化开发[77]、极板微结构和性能改进、密封工艺改进、缩孔控制和成本降低等方面展开工作。

改进的工艺使加工周期从 3min 缩短至不到 10s，并且显示了优良的性能和可控性，C_{pk} 值为 2.33。极板的非原位测试显示了令人鼓舞的性能，包括高电导率（600～800S/cm）、高弯曲强度（600～7000psi）和较低的氢气渗透率（<2×10⁻⁶cm²/s），均达到或超过了 DOE 2010 年的目标[74]。模拟车用循环条件电堆级别的 2000h 的原位测试表明，极板与机加工的石墨板具有很好的可比性。

碳/碳复合材料通常显示很好的性能和耐久性，主要的问题是成本依然很高[4]。这主要与其复杂的制造工艺和使用较大量的昂贵的石墨材料有关。如何改进制造工艺来降低碳/碳复合板的总体成本仍是一个大的挑战。

5.4.2 热固性复合板

热固性石墨复合材料是一种生产双极板的常用复合材料。复合板主要的填料或强化剂是粉末、薄片或纤维形式的石墨，附加碳粉/碳纤维（主要是为了降低成本）。

能够使用的石墨可以是天然石墨，通常具有较高的电导率，但可能含有不同大小的各种杂质。天然石墨也具有不均一的结晶度和性质，取决于开采、粉化和过滤工艺的控制。另外，人造石墨广泛用作复合板的填料。人造石墨是通过极高温度（2500～3000℃）下对碳粉或化合物的热处理制备，具有更高的纯度，但可能没有完全石墨化。

除石墨以外，碳填料也可以添加到复合板中。石墨和碳填料的主要区别在于后者虽然导电性较差，但成本更低。因此，石墨和碳的相对含量影响了热固性复合板的性能和成本之间的平衡。

根据极板的功能要求，通常要形成石墨填料的一个畅通的网络来促进电子转移，这就定义了石墨或可能添加的碳的最小含量。填料和基质的比例范围变化较大，典型的石墨填料（或连同碳填料）含量一般在 50%～80%[4]，从而保证电导率不低于 10S/cm。

由 GrafTech AET 公司生产的 GRAFCELL® 是一种典型的热固性复合材料，由较大含量的膨胀或剥离天然石墨填料和环氧树脂基质构成，如图 5-10 所示[78]。天然石墨相比人造石墨具有高的导热性和各向异性的特点。由 GRAF-CELL 复合材料制造的双极板获得了良好的性能，其具有高电导率、低接触电阻、高耐蚀性、低气体透过率、高热导率[500W/(m·K)]和热扩散系数（比不锈钢高 33 倍）的特点，易于通过模压加工流场且成本相对较低[79]。

GrafTech 复合板的主要缺点在于其固有的弯曲强度较低，主要由其较高含量的石墨填料决定。这限制了极板厚度的减薄和相应的体积功率密度的增加。由于电堆中存在供应气体的不均匀性及高压力降的情况，因此低弯曲强度也会影响极板的工作稳定性和耐久性。

为了克服这些缺点，GrafTech 与 Case 大学和 Ballard 一起合作，在 2007 年获得了 DOE 基金的资助，来开发新一代的热固性复合极板[80]。这个为期 2 年的项目的主要目标是基于能在 120℃ 运行的膨胀石墨和树脂，开发新一代的车用复合极板，该温度下对树脂基质有非常大的挑战。详细的目标包括筛选新的基质材料和更好的石墨，改进机械及其他性能，极板厚度减小至 1.6mm，成本降低至 6 美元/kW 来满足商业化和大批量生产的要求。

5.4.3　热塑性复合板

热塑性复合板是另一种主要的复合板类型，使用热塑性基质。这种极板的主

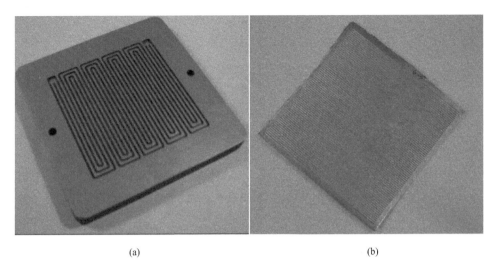

(a) (b)

图 5-10 GRAFCELL® 双极板（热固性石墨复合板）

（a）机加工的单电池流场板；（b）模压的波纹状氧化剂流场板

要优点在于在热塑性工业中具有较成熟的注塑工艺，能够有效节约成本并提高生产效率。

一般的塑料，如聚乙烯（PP）具有价格低和注塑成型性好的优点，能够用作复合板的基质材料。然而，其工作温度较低（70~80℃）、化学稳定性差，且抗蠕变强度差的问题限制了其使用（在特定条件下工作的多种燃料电池中用作塑料复合极板）。这种情况下可使用其他塑料，如聚苯硫醚（PPS）、聚偏氟乙烯（PVDF）和液晶聚合物（LCP）。据报道，被研究和开发用作热塑性复合板最多的塑料是 PVDF 和 LCP，尽管 PVDF 价格较高[72]。

Ticona 工程聚合物是 Celanese 公司的一个业务部门，设计并生产了热塑性复合板，包括端板，如图 5-11 所示[81]。极板中使用的热塑性塑料包括 Vectra LCP 和 Fortron PPS。两者在高温下都具有良好的机械性能及优秀的化学耐蚀性，并且能够担载较多的石墨填料来获得所需的导电性。通过便捷的注塑工艺生产的热塑性复合板表现出很好的特性及高的生产效率。该极板已被用于电堆装配，并进行了原位测试。

Bac2 导电复合材料[3] 是英国一家设计和生产热塑性复合材料及复合板的燃料电池公司，其商标为 Electrophen™。该复合板的特点在于其塑料基质具有导电性且在室温下固化。其内部导电路径是通过塑料的聚合反应过程中产生，更多的机理没有披露。其导电性可以通过添加导电填料进一步增加。制造塑料复合材料的原材料相对便宜，且易于模压成弹性增强的极板，成本低于其他类似的替代

图 5-11   Ticona 工程聚合物使用注塑工艺生产的热塑性复合板

极板。Electrophen 技术在多个国家具有专利申请，其复合材料据称已在商业化生产中，但未披露技术细节。

韩国科学技术学院燃料电池研究中心的 Cho 及其同事开发了一种聚合物复合材料，其由较高含量（约 90%）的石墨粉、约 10% 的不饱和聚合物粉末以及少量的有机溶剂和添加剂组成[12]。通过热压过程制备了 2mm 厚的极板。使用该复合板组装了单电池，并进行了一系列原位和非原位的测试（80℃，1atm），包括 500h 的耐久性测试。

图 5-12 为复合板和石墨板组装的电池性能对比，在 500h 的耐久性测试后没有表现出明显的差异[12]。结果表明，复合板，尤其是复合板 B 表现出尚佳的非原位特性、原位性能，以及耐久性测试中较低的衰减率，所有结果均与传统石墨板接近。

在 DOE 基金资助的热塑性复合板项目中，Nano Sonic 和 Virginia Tech（VT）没有使用注塑工艺。他们开发了一种 Wet-lay 工艺来制造一系列热塑性复合板，如 PPS 极板和 PVDF 极板[82]。Wet-lay 工艺的关键步骤包括在水中进行热塑性纤维、石墨纤维和碳纤维的混料，配制成一个均匀的浆料，并干燥成片材。然后进一步热压模压成极板。由于具有高分辨的工艺，不需额外的机加工过程，所以 Wet-lay 工艺效率高、成本低，被用在大规模连续化生产中。

与其他热塑性复合板相比，Nano Sonic、VT 所使用的热塑性或增强石墨和碳材料均采用纤维的形式代替粉末，有利于提高复合板的机械性能。此外，由于 PPS 具有高强度特点，碳和石墨纤维与 PPS 极板中热塑性塑料粉末的比例非常高（约 76∶24），从而获得高电导率。某些性能达到或超过了 DOE 2010 年的目标值，比如弯曲强度和平面电导率分别达到 96MPa 和 271S/cm[82]。

PPS 优异的耐蚀性也有利于满足整个极板对化学稳定性的要求。与传统石

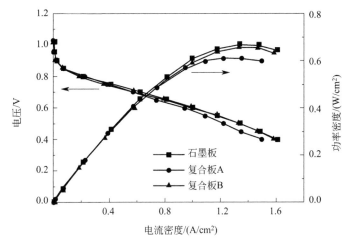

图 5-12 复合板与石墨板组装的电池性能对比

墨板相比，PPS 极板具有很好的机械性能和耐蚀性。

许多公司也制造了商用化的聚合物复合板[75]，包括杜邦、H2 Economy、ICM 塑料、Ned Stack 和 SGL。筛选最佳的热塑性材料，进一步改进工艺和降低成本，并进行电堆水平的测试将是今后开发热塑性复合板的主要任务。

总的来说，复合板的主要挑战是如何在导电性和机械性能之间获得最佳的平衡。这主要受填料和基质的比例影响。至于导电性，设计与制造合理的复合板显示出与石墨板相当的性能。比如，设计和制造合理的复合材料，其体电导率可以达到 300S/cm，接近石墨[79]。

然而，如果填料和基质的体积比太高，复合材料会变得易碎，与高密度石墨类似，并且复合板成本降低的优势不复存在。因此，通常复合板包含 50%～80%的填料来取得导电性和机械性能的平衡，并具有可接受的较低成本。

除了填料成分的含量，其形貌、尺寸和大小分布、表面湿润性、界面结合、填料与基质树脂的兼容度都能影响复合基板的导电性、机械性能和其他性能参数。之前提到，为了获得较高的导电性，导电石墨和碳填料必须在绝缘的基质中形成内部连通或畅通的网络，像 GrafTech 极板一样。填料和基质界面的结合与兼容性直接影响复合板的总体性能和耐久性。基质的孔隙和填料与基质间的界面结合情况将影响气体透过率，尤其是氢气透过率。对这些复合板中与材料相关的参数进行控制，以获得更好的性能、耐久性和低成本。

综上，由于更简单的制造工艺和更低廉的聚合物基质，热固性和热塑性复合板相比碳/碳复合板具有更低的成本。热固性复合板和热塑性复合板有各自的优点和限制，很大程度上由基质材料的特性以及填料与基质的比例来决定。

热固性极板优于热塑性极板的一个特点是相对较短的模压时间。跟一般的热塑性塑料一样,热塑性复合板在零件脱模前需要冷却到一个较低的温度。热固性复合板通常在固化温度下固化时间较短。极板可以在固化后温度较高的情况下直接从模具中取出。这些优点对降低成本和提高生产效率较重要,极板同样必须达到商业化要求。

其他不同之处[79]在于热固性复合材料比热塑性复合材料显示出更好的强度与韧性的平衡,以及少许脆性。因此,热固性复合板可以被加工得相对更薄,并应用在更多场合。

5.5 流场

一般通过在极板表面加工形成一片具有一定结构的沟槽,即流场,用来进行燃料、氧化剂、冷却剂以及产物的传输与分配。流场结构的形式构成了双极板最重要的特征,并直接影响电堆性能,因此,流场的设计至关重要[83]。

5.5.1 流场类型

研究者对流场进行了大量的研究,目前常规的流场包括直流道、蛇形流道、交指流道等。同时,也不断开发新型流场,如仿生流场、螺旋流场和3D流场等。

(1)直流道

如图5-13所示,为最基本的直流道结构。其具有较多相互平行的流场通道,流程距离短,进出口压损小,通道并联有利于反应气体及冷却水在通道内的均匀分布,从而使电流密度和电池温度均匀分布。同时,直流道结构简单,易于加工。其主要缺点是反应气体的存留时间较短,气体利用率较低。另外,流速相对较低,不易及时排出反应生成水,易造成堵水。

直流道的界面形状最常见的是矩形,其他形状如梯形、圆形、三角形等也有研究报道[84]。Hason等[85]对界面为矩形、梯形和平行四边形的流道进行了研究,结果表明,梯形截面通道显示出更加均匀的电流密度分布。王场等模拟研究表明,相同流道截面积,在高电流密度和相同电压下,方形截面电流密度大于梯形截面,燕尾形截面电流密度最小。通过上述分析可见,每种截面流场对电流密度的影响各有偏重。相比而言,矩形或梯形截面较优。

也有研究变截面流道的报道。Eliton Fontana等[86]设计了一种方形变截面流道,流道沟槽顶部和底部不平行,形成一定夹角。模拟分析表明,相比于平行

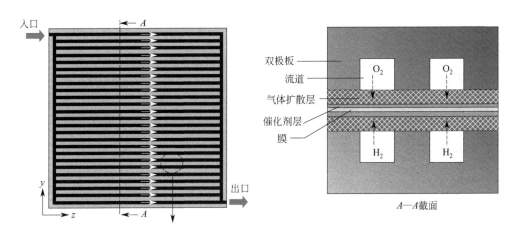

图 5-13 典型直流道结构图

流道，该变截面流道有利于增大电流密度和最大功率密度。Kuo 等人[87] 设计的流道内部为起伏波浪形结构，模拟分析表明，周期性变化的波浪结构可以提高反应气体流速和催化剂的效率。Johnson 等人[88] 设计了一种变截面流道，沿流动方向横截面积周期性变化，忽大忽小。相比于恒截面流场，变截面流场能够增加气流扰动，增强传质，具有一定的优势。

除了截面以外，流道路径对电池性能的影响也被研究。Goebel 等[89] 设计了一种 S 路径流道。Sui 等人[90] 模拟分析表明，流体流经弯道时会形成狄恩涡流，从而改变流体的稳流状态，能大大增强流体的对流混合与传热。同时，由于 S 形流道结构会在水道中形成交叉部位，交叉部位能使相邻冷却水流道的水流混合对流，使冷却水充分混合，其传热性能优于具有相同截面的直流道，可用于高效换热设备。Sui 等人[91] 同时也研究了非周期性的 S 流场，S 流场的水道交叉会引起高效换热，其优势在于可以根据电堆不同部位对换热的不同需求，可以对 S 流道的周期性进行相应的调整，使电堆的温度保持均匀。

（2）蛇形流道

蛇形流道（图 5-14）有单通道和多通道之分。单蛇形流道中[92]，所有气体在一根流道中流动，气体流速大，且路径长，造成压损过大。虽然有利于反应水的排出，但不利于电流密度的均匀性和催化剂的利用。且单根流道一旦堵塞，会直接导致电池无法使用。为了避免这种情况，多采用多通道蛇形流道结构的双极板[93]，兼具直流道和单蛇形流道的优点，有利于减少流道的弯折，有效降低压力损失，保证电池的均匀性。常规的多通道蛇形流道进出口数目相同。另外，也有渐变式的多通道蛇形流道[94]，其进出口流道数目不一致，一般流道数目慢慢减少，有利于顺利排出反应水，并保证气体的流速和流量。

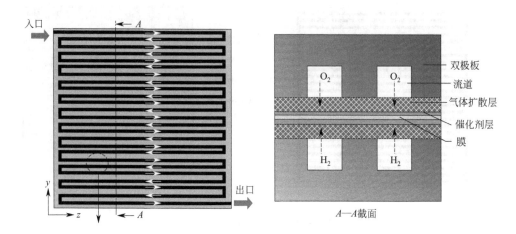

图 5-14 典型蛇形流道结构图

（3）交指流道

交指流道（图 5-15）的特点是流道不连续[95]，气体在流动过程中，由于通道堵死，迫使气体通过扩散层并向周围流道扩散。这个过程使更多的气体进入催化剂层进行反应，有利于提高气体利用率，提高功率密度。同时在强制对流的作用下，岸部和扩散层中的水极易排出。但由于气体经过扩散层强制扩散，会产生较大的压降，且气流过大时，可能会损坏气体扩散层，降低电池性能。

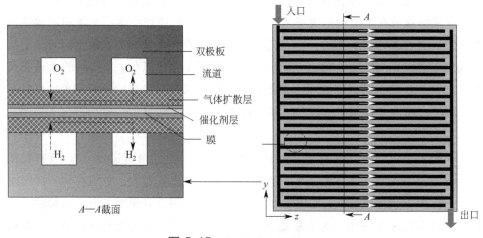

图 5-15 典型交指流道结构图

（4）新型流道

除常见的直流道、蛇形流道和交指流道外，点状流场和网状流场也有部分研究[96]，还有新型流场如仿生流场[97]、螺旋流场[98] 等。2014 年，日本丰田推出的燃料电池车 Miral，其流场板设计即为一种新结构，采用创新型的阴极流场——三维细网格结构流场[99,100]。这种流场通过疏水的三维细网格流场，使生成的反应水能够很快排出，防止滞留水对空气传输的影响。在结构设计中，没有固定的气体流动通道，流体在三维细网格中不断进行分流流动，使气体在扩散层中均匀分布，同时板型和扩散层部分结构有一定的夹角。因此这种流场表现出如下优点：①气体的分流作用使得气体在流场上分布更为均匀；②气体在流动中对扩散层有一定的冲击作用，产生的强制对流效果使得更多的气体能进入催化剂层发生反应；③传统流场中流道间的"岸"基本消失，流场开孔率较高，催化剂层高活性反应面积增加；④气流的绕流作用使得催化剂层及扩散层中的水分容易排出，不易产生水淹。当然和传统流场比较，其制造难度加大，气体流动阻力也有增加。

5.5.2　阴阳极流体流动方式

流道的结构设计、形状设计对电池的性能至关重要，其阴阳极进气方式同样影响电池性能。在燃料电池操作过程中，反应物从入口到出口的流动，其压力、相对湿度和温度等条件不断变化。因此，MEA 两侧气体的流动方式决定了不同点的性能。根据现有研究，大体可分为三种流动方式：同向流动、逆向流动、横向流动[101]。J. Scholta 等人[102] 对有效面积 $100cm^2$ 的单蛇形流道，采用上述三种流动方式进行试验，并分析了电池性能。结果表明，逆向流动中湿度分布更均匀，电池性能更佳。在高电流密度时发现如在平行流道中采用逆向流动方式，流道深度较深的流场能获得更好的性能。Morin 等[103] 研究了流动方式对水管理的影响，结果表明，逆流能够获得更好的水化膜，增加质子电导率，从而提高电池性能。

5.5.3　极板的区块

现有的双极板设计中，从进口到出口结构，一般双极板可以分为三大区块（图 5-16）：进出口区；过渡区（混合区）；反应区。而从空气（氧气）、氢气和冷却水的进出口排布位置可分为两类：三口同侧和三口异侧。

三口同侧即氢气道、空气道和冷却水道入口位于板的同一侧，这种阴阳极流场的流动只能是同向流动或逆向流动，图 5-17。

专利[89,104] 中两种板型的整体设计不同，氢气道、空气道、冷却水道进出口形状和大小不一，但其排布基本位于板的同侧，且冷却水道位于两个气道

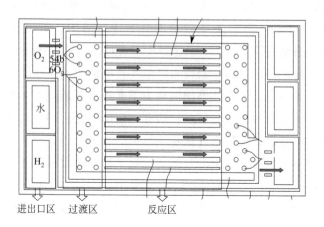

图 5-16　双极板三区分块图

之间。

　　第一块为进出口区，不仅是双极板的气道、冷却水道进出口，该区形状和尺寸也决定了电堆总管的进出口尺寸，因此其设计除了影响双极板的流体均匀分布和压降大小，同时也影响电堆的电流分配。

　　第二块为过渡区，是极板设计中比较关键的一块，它主要起引导气体和水从第一块区域向第三块区域过渡的作用，同时保证每个单流道的流量均匀分布，其设计就比较复杂。同时在过渡中，流道避免不了会有转折的部位，因为造成此处的压力损失占了整个板损失的较大比重。其设计的形态也比较丰富，如点状流场过渡[105]、扇形流场过渡等。

　　第三块流场作用于 MEA 上最大的活性面积，其流场设计对燃料电池的性能影响极其重要。其基本形式如上所述，有直流道、S 流道、蛇形流道等，其截面形状也可丰富多变，如方形、梯形等。另外，也有部分专利研究了某种板型设计，没有明显的过渡区，除水、气进出口外，其他区域均为多通道蛇形流道。

　　三口异侧分布（图 5-18）可以是空气道和氢气道位于同一侧，冷却水道位于另一侧[106]，也可以是氢气道与冷却水道位于同一侧，空气道位于另一侧。极板同样可以分为进出口区、过渡区和流道区三个区块。区别在于由于冷却区水道与其他流道横向交错，第三块区域的流道设计就不能为直流道，必须为 S 流道或类似的变形流道，使阴阳极气体流道产生错位，水流道就可以从错位部分由进口流场出口。

　　对各种流场的研究分析表明，每种流场都有其优缺点。单独某种流场很难满

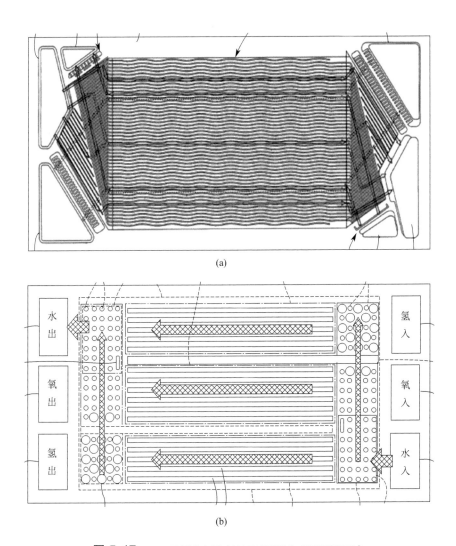

图 5-17　三口同侧分布图（US7687182 和 US8257880）

足电池的各种性能要求。目前使用最广的仍是直流道和蛇形流道。部分在原有流场上做出改进的流场，对提高电池性能有一定的优势。比如，变截面引起的气流扰动有利于传质，变路径流道具有高效的换热性能，但结构复杂、加工困难等是其发展的难题。新型流场都处于研究阶段，实用少。

　　通过对比专利发现，近几年的流场结构设计，大都偏向三口异侧分布，其中水道异侧和空气道异侧各有研究，且水道和空气道异侧时，入口数目并不是固定的一个。直流道和蛇形流道依然是反应区的主流设计，在过渡区点状流场被广泛使用，能有效引导水、气从入口到反应区的过渡。

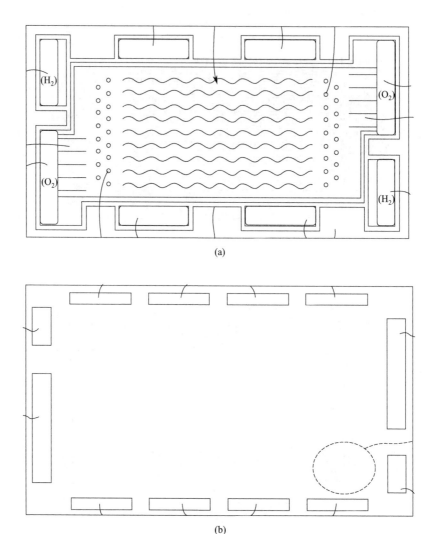

图 5-18 三口异侧分布图（水道异侧：US10003099；空气异侧：US9190691）

5.6 新技术及发展趋势

5.6.1 新材料

为了获得极板所需性能、耐久性和成本目标，一个方法是在材料设计和制造过程中改进组分的控制和材料的微观结构，尤其是复合材料。例如，在热塑性复合板的开发中，CEA 和 Atofina 共同研究发明了一种新型的"微复合"材料[107]。细小的石墨薄片粉末填料和 PVDF 基质根据优化性能的要求按一定的比例在微观层面均匀混合。微复合粉末通过热压方法制备复合板。

另外，微复合颗粒合理控制的几何结构有利于更高效的成型工艺，如挤出或挤压工艺。该工艺中，体积分数高达 80% 的石墨填料被均匀地添加到复合板中，可获得不错的性能，包括高电导率（250 ～ 300S/cm），高热导率 [110W/(m·K)]，高抗弯强度（35MPa）和低气体渗透率。

如何降低成本且获得极板和材料更好的性能和耐久性是一个大的挑战。除了之前提到的对复合材料及极板的许多工作外，大量的尝试聚焦在进一步优化涂层、基底材料和金属板的涂覆工艺来面对挑战。ORNL 的 Brady 等人与 ATI Allegheny Ludlum Corp.（铸造基质合金）、GenCell Corp.（合金箔印花及渗氮）合作开发了氮化铬（如 Ni-Cr、Fe-Cr）保护的和 Fr-Cr-V 印花金属极板。DOE 从 2007～2010 年赞助了这项工作。

极板表面主要的氮化物包括 CrN_2 和 CrN，在 SS316L 钢基质上具有较小的颗粒尺寸和均匀的分布。Brady 及其同事成功制造了氮化的薄金属板，并且主导了接近 1160h 的单电池驾驶循环耐久性测试。金属板没有表现出性能的衰减和致密涂层的腐蚀，但测试条件细节没有描述。为了降低氮化极板的成本，他们改变了工艺和基质合金成分来制备 Fe-Cr 和 Fe-Cr-V 合金，代替昂贵的氮化 SS316L 金属板。一种在 Fe-27Cr-6V 合金表面钒预氧化和隔离工艺被发现有利于极板表面氮化物的形成。钒的添加也有助于改善氮化铬涂层的耐蚀性。他们还发现 Fe-Cr-V 合金经氮化处理能有效减小表面电阻。

这些研究者计划进一步优化大多数合金体系，改善氮化和印花工艺来制备厚度不超过 0.1mm 的氮化金属板。极板有望具有与石墨板相同的性能，5000h 的工作寿命，以及 5 美元/kW 的成本要求。另外，更廉价和更轻的铝和铝镁合金涂覆石墨基导电聚合物涂层的概念已有专利公开。

与新的设计概念一起，新的材料有望带来极板和极板材料大的跳跃式发展。例如，一种具有开孔的泡沫或多孔材料，如不锈钢泡沫、Ni-Cr 泡沫或碳布，被插入 SS316L 平板和 GDL 之间[13,108]。泡沫代替了复杂的流场，并表现出更好的性能，反应气更容易到达电极，并增强了单电池测试初期的性能。三维的泡沫提高了流体能够接触的有效表面积，从传统流道结构的 60% 增加到 70% 以上，甚至 90% 以上。这能够增加流体供应的均匀性及相应的电流密度。多孔材料也能够降低极板的重量，并提供催化剂担载表面。优化泡沫材料中孔隙结构、形貌和尺寸可以进一步增强新概念的功能。

测试中发现的主要问题是泡沫材料的腐蚀及导致的膜的污染。具有所需开孔形状、尺寸和分布的金属或碳泡沫材料的高制造成本也是一个挑战。腐蚀机理、合适涂层的选择、微小孔中的毛细作用以及相应的保水性需要进一步研究和测试来确定新材料和概念能够最终在极板上应用。

5.6.2 新制造工艺

极板材料和极板的制造是达到最终目标，尤其是成本目标的一个至关重要的因素。具有复杂流场的超薄金属箔的成型工艺是金属板开发中的一个挑战。在该方向上进行挑战的一个例子是 American Trim 的一种全新、高效、高速电磁成型（HVEF）工艺的开发[109]。该公司于 2007 年 4 月与 GM 和 Ohio 州立大学物质科学与工程部一起，获得了 Ohio 州发展部 100 亿美元的经费来进一步开发金属板的制造工艺及应用。在这个合作项目中，American Trim 计划发展其新成型工艺来生产具有所需流场特征的高质量和低成本的金属板。该公司预期项目的成果能够支持极板的商业化量产及完整的生产线。在 2009 年 4 月，该公司声明已经完成州拨款资助的项目要求，并演示了使用 HVEF 技术进行金属板的生产。HVEF 工艺细节及其成本降低范围没有披露。

另外，广泛使用和高效的微电子制造工艺，包括准分子激光平板印刷工艺，被报道在便携式燃料电池和常规燃料电池极板流场制造中应用。尽管工艺比较复杂，根据电子制造工业的经验，有理由相信当体量变大时制造成本将会极低。高效的磁控溅射工艺被用于在塑料制品表面涂覆银或铜涂层来制造极板，具有一种聚合物/金属的三明治结构。

5.6.3 不同材料和工艺的竞争

本章介绍了许多备选的材料和相应的极板制造工艺。燃料电池及其部件，如极板，还没有到达商业化生产的阶段，目前的所有原位测试仍限制在一个时间尺度内。因此，很难去判断哪种材料及相应的制造工艺对极板是最佳的，甚至对一个已知应用的燃料电池而言。然而，燃料电池潜在的巨大市场非常具有吸引力，所以不同材料、制造工艺及极板设计概念之间的竞争非常强。

不同类型的极板间的竞争主要聚焦在复合板和金属板，这个可以从 DOE 2007 年资助的极板相关项目中看出[80]。当年 DOE 氢计划资助了三个极板相关的项目，包括一个金属板及涂层工艺项目和两个复合板项目（一个热塑性复合板和一个碳/碳复合板）。极板材料和制造工艺的强力竞争有助于加速材料的开发、传统流场的设计和极板制造技术的开发来达到所需性能、耐久性和成本的目标。例如，在其报告中，Carlson、Garland 和 Sutton[6] 指出，石墨板（尽管没明确表示，最可能是指使用石墨填料的热固性复合板）可获取的厚度接近金属板，且总成本与 SS316 基金属板相比甚至更低。

5.6.4　实验室规模到量产规模的放大

为了匹配燃料电池整体发展路线图，满足清洁能源的强力市场需求，许多燃料电池公司和汽车制造商已经做出大量的尝试来进行研发成果放大或尝试进行更大体量的生产。除成本和耐久性外，如何使燃料电池（包括极板）的制造工艺有能力进行量产是一个挑战。传统的实验室水平或小规模极板制造工艺主要包括几个孤立的步骤，如模压（复合板）或成型（金属板）、黏合或焊接、树脂封装（复合板）或涂覆（金属板）。整个过程缓慢、效率低且成本高，并且难以控制整个极板的品质，因此不能够用于量产。

为了满足燃料电池商业化需求，需要付出更多的精力在连续化生产工艺的研究上，在必要时可进一步发展成自动化生产线。卷绕的金属箔连续生产线，包括平滑、印花（或其他成型工艺）、裁切、焊接和涂布是一个例子[110]。改进的生产工艺将有效大幅降低成本和提高对量产极板品质的控制。

5.7　总结

PEMFCs 的双极板传统上使用石墨制造，具有优异的耐蚀性、化学稳定性和高导热性。然而，石墨高成本、低机械性能和由其微观结构决定的工艺性不佳，限制了其进一步应用，并驱动了替代方案的探索。尽管如此，石墨板（如 POCO 石墨和石墨极板）的性能、耐久性和成本已被作为基准参考来考察替代材料。

极板材料和极板的发展取得了重大的进步。复合材料，包括碳/碳复合材料、热固性复合材料和热塑性复合材料是一类主要的石墨极板替代材料。碳/碳复合板具有良好的性能和耐久性，但其成本较高。需要进行必要的尝试来改进生产工艺，从而降低整体成本。热固性和热塑性石墨板降低了石墨使用量，改善了机械性能和工艺性，可用于极板量产。然而，复合板机械性能的优化由于兼顾导电性的要求，受限于聚合物材料的比例。这会影响极板和流场尺寸的进一步减小及极板功率密度的增加，尤其是在车用领域。

金属也是一类主要的极板替代材料，在导电性、力学性能、加工性能上具有很大的优势，可以制造更薄的极板和更精细的流场，从而获得高功率密度和更低的量产成本。金属板也具有易于回收、成型和焊接质量一致性好的优点。然而，需要无缺陷和导电的表面涂层来增强耐蚀性，并获得高性能、更好的耐久性、高效的生产工艺和低成本的总体优化，仍是一个很大的挑战。

可以发现，极板材料的发展从石墨到复合材料再到金属是一个从昂贵的纯石墨到较少石墨的复合材料直到不含石墨的金属的过程。确切来讲，其发展过程表明，降成本是极板材料和极板发展的一个支配因素，同时兼顾其他性能要求。

不同极板材料和极板的竞争近年来变得更加激烈。这有益于燃料电池设计，使生产商可以有更好的选择。主要的竞争集中在聚合物基复合板和金属板。每种材料有其自身的优点和缺点。为此，很难来判断这两种极板材料哪个更好，且为时过早。另外，本章开头提到，在不同的市场应用中由于其不同的工作条件和市场预期，对燃料电池（包括其极板和极板材料）具有不同的需求和优先级考虑。在深入广泛开发后，特殊的复合板和金属板在不同市场应用中有可能都是燃料电池的一个良好选择。

各种极板和极板材料的开发取得了重大的进展，不同的极板材料都有很强的竞争力，极板和极板材料的综合开发已聚焦于成本降低和耐久性的提高。这是燃料电池作为替代能源市场需求必然的要求。没有这方面的改进，燃料电池与传统化石能源之间存在相当大的成本和耐久性差距，燃料电池及极板几乎不可能走向量产。为了实现这个目标，新型极板的主要研发趋势包括探索具有更好性能和耐久性且低成本的新材料，开发更高效和更经济的生产工艺，从实验室水平的研究转移到更大体量的生产制造。

有必要强调的是，尽管材料及其制造工艺对极板性能和耐久性非常重要，其他作业链，如极板设计，也在所需极板的制造中扮演重要的角色。例如，Kumar和Reddy的研究[15]表明，采用更好的流场设计，能够有效移除金属板溶解的金属离子，他们连续测试的燃料电池在1000h后没有表现出性能的衰减。另外，较小的涂层导电界面接触电阻对金属板很重要。然而，由于极板的高抗压强度和较大的厚度公差，设计一个合适的压缩载荷或者相应的压缩位移量来达到金属板和相邻的GDL之间良好的导电接触很重要，同时不能破坏脆弱的GDL。研究发现，在0.1mm厚的金包覆不锈钢板上，压缩位移量约20mm能更好地满足这种矛盾的需求[111]。

总之，不同极板材料的主要挑战是如何满足平衡和总体的性质要求，以及长耐久性、量产能力和低成本。随着从实验室水平到量产规模的放大，品质要求和一致性控制也将变得更加具有挑战性。更简单的非原位测试（包括加速寿命衰减测试和加速压力测试），与接近实际应用的严格条件下电堆水平的长期原位测试一起，在加速极板和极板材料反复优化改进及走向最终商业化生产和应用中起着极其关键的作用。

参 考 文 献

[1]　Hermann A，Chaudhuri T，Spagnol P. Bipolar plates for PEM fuel cells：A review. International Journal of Hydrogen Energy，2005，30：1297-1302.

[2]　Li X，Sabir I. Review of bipolar plates in PEM fuel cells：Flow-field designs. International Journal of Hydrogen Energy，2005，30：359-371.

[3]　Bac 2 Conductive Composite Inc. Demonstrably the most cost-effective material for bipolar plates，2008.

[4]　Yuan X Z，Wang H J，Zhang J J，et al. Bipolar plates for PEM fuel cells-From materils to processing. Journal of New Materials for Electrochemical Systems，2005，8：257-267.

[5]　U S Department of Energy. Technical targets：Bipolar plates. Multiyear research，development and demonstration plan，2007.

[6]　Carlson E J，Garland N，Sutton R D. Cost analysis of fuel cell stack/systems. Annual progress report，U S DoE Hydrogen Program，2003.

[7]　Barbir F. PEM fuel cells：Theory and practice. Boston：Elsevier/Academic Press，2005.

[8]　Graphite P. Materals and services，2008.

[9]　U S DoE Hydrogen Program. Annual progress report，2007.

[10]　Dobrovolskii Y A，Ukshe A E，Levchenko A V，et al. Materials for bipolar plates for proton-conducting membrane fuel cells. Russian Journal of General Chemistry，2007，4：752-765.

[11]　Cunningham B，Baird D G. The development of economical bipolar plates for fuel cells. Journal of Materials Chemistry，2006，16：4385-4388.

[12]　Cho E A，Jeon U S，Ha H Y，et al. Characteristics of composite bipolar plate for polymer electrolyte membrane fuel cells. Journal of Power Sources，2004，125：178-182.

[13]　Riva R. A promising concept：Porous materials. CLEFS CEA，2004-2005，50/51：79-80.

[14]　Granier J. Innovative concepts for bipolar plates. CLEFS CEA，2004-2005，50/51：76-78.

[15]　Kumar A，Reddy R G. PEM fuel cell bipolar plate-Materials selection，design and integration. WA：Seattle TMS，2002.

[16]　Wang H，Turner J A. Inverstigation fo a duplix stanless steel as polymer electrolyte membrane fuel cell bipolar plate material. Journal of Power Sources，2004，128：193-200.

[17]　Davies D P，Adcock P L，Turpin M，et al. Bipolar plate materials for solid polymer fuel cells. J Appl Electrochem，2000，30：101-105.

[18]　Hentall P L，Lakeman J B，Mepsted G O，et al. New materials for polymer electrolyte membrane fuel cell current collectors. J Power Sources，1999，80：235-241.

[19]　Li Y，Meng W J，Swathirajan S，et al. Corrosion resistant PEM fuel cell. US：RE37284E，2001.

[20]　Kevin N J. Brazed bipolar plates for PEM fuel cells. USP：5776624，1998.

[21]　LaConti A B，Criffith A E，Cropley C C，et al. Titanium carbide bipolar plate for electrochemical devices. USP：6083641，2000.

[22]　Hinton C E，Mussell R D，Scortichini C L. Bipolar plates for electrochemical cells. USP：

191

6103413，2000.

［23］ 张嘉波，唐普洪，许来涛，等 . 质子交换膜燃料电池金属双极板制备工艺研究进展 . 轻工机械，2016，34：102-106.

［24］ 李茂春，刘铁根，赵劼，等 . 质子交换膜燃料电池薄金属双极板性能优化与设计 . 天津大学学报，2006，39：1252-1257.

［25］ 兰箭，魏曦，刘艳雄，等 . 燃料电池金属极板成形规律 . 塑性工程学报，2010，17：103-107.

［26］ 吴孟飞，鲁聪达，吴明格，等 . 多蛇形流道几何特征的数值研究 . 电池工业，2012，17：221-226.

［27］ 冷巧辉，马利，文东辉，等 . 燃料电池双极板材料及其流场研究进展 . 机电工程，2013，30：513-517.

［28］ 王山领，隋升，陈守超，等 . 不锈钢冲压双极板及其试验验证和仿真 . 电源技术，2013，37：1760-1763.

［29］ Lee S J，Lee C Y，Yang K T，et al. Simulation and fabrication of micro-scaled flow channels for metallic bipolar plates by the electrochemical micro-machining process. Journal of Power Sources，2008，185：1115-1121.

［30］ Hung J C，Chang D H，Chuang Y. The fabrication of high-aspect-ratio micro-flow channels on metallic bipolar plates using die-sinking micro-electrical discharge machining. Journal of Power Sources，2012，198：158-163.

［31］ Dawson R J，Patel A J，Rennie A E W，et al. An investigation in the use of additive manufacture for the production of metallic bipolar plates for polymer electrolyte fuel cell stacks. Journal of applied electrochemistry，2015，45：637-645.

［32］ 吴俊峰，王匀，朱凯，等 . 微型燃料电池 304 不锈钢双极板累积成形研究 . 锻压技术，2014，39：47-50.

［33］ 张金营，宋满仓，吕晶，等 . PEMFC 金属双极板成形工艺分析及数值模拟 . 模具工业，2010，36：18-21.

［34］ Hae-june K，Yong-phil J，Chung-gil K. Effect of progressive forming process and processing variables on the formability of aluminiu bipolar plate with microchannel. International journal of advanced manufacturing technology，2013，64：681-694.

［35］ Min-june K，Chul-kyu J，Chung-gil K. Comparison of formabilities of stainless steel 316L bipolar plates using static and dynamic load stamping. International journal of advanced manufacturing technology，2014，75：651-657.

［36］ 刘艳雄，华林 . 燃料电池金属双极板精密成形技术研究和发展 . 精密成形工程，2010，2：32-51.

［37］ Liu Y X，Hua L. Fabrication of metallic bipolar plate for proton exchange membrane fuel cells by rubber pad forming. Journal of Power Sources，2010，195：3529-3535.

［38］ Min-geun J，Chui-kyu J，Gyu-wan H，et al. Formability evaluation of stainless steel bipolar plate considering draft angle of die and process parameters by rubber forming. International journal of precision engineering and manufacturing，2014，15：913-919.

［39］ Ramezani M，Ripin Z M，Ahmad R. Computer aided modeling of friction in rubber-pad forming process. Journal of materials proessing technology，2009，209：4925-4934.

［40］ Lang L H，Wang Z R，Kang D C，et al. Hydroforming highlights：sheet hydroforming and tube hydroforming. Journal of materials proessing technology，2004，151：165-177.

[41] Zhang S H，Wang Z R，Wang Z T，et al. Some new features in the development of metal forming technology. Journal of materials proessing technology，2004，151：39-47.

[42] Hama T，Asakawa M，Makinouchi，A. Investigation of factors which cause breakage during the hydroforming of an automotive part. Journal of materials proessing technology，2004，150：10-17.

[43] Mohammadtabar N，Bakhshi-Jooybari M，Hosseinipour S J，et al. Feasibility study of a double-step hydroforming process for fabrication of fuel cell bipolar plates with slotted interdigitated serpentine flow field. International journal of advanced manufacturing technology，2016，85：765-777.

[44] Palumbo G，Piccininni A. Numerical-experimental investigation on th emanufacturing of an aluminium bipolar plate for proton exchange membrane fuel cells ywarm hydroforming. International journal of advanced manufacturing technology，2013，69：731-742.

[45] 倪军，来新民，蓝树槐，等. 基于辊压成形的质子交换膜燃料电池金属双极板制造方法. 中国，2006.

[46] Jin C K，Kang C G. Fabrication process analysis and experimental verification for aluminum bipolar plates in fuel cells by vacuum die-casting. Journal of Power Sources，2011，196：8241-8249.

[47] Haas O，Briskeby S，Kongstein O，et al. Synthesis and Characterisation of $Ru_x Ti_{x-1} O_2$ as a Catalyst Support for Polymer Electrolyte Fuel Cell. J New Mater Electrochem Syst，2008，11：9.

[48] Shang J，Wilkerson L，Hatkevich S，et al. Commercialization of fuel cell bipolar plate manufacturing by electromagnetic forming. International Conference on High Speed Forming，2010，28：47-56.

[49] 付宇，侯明，邵志刚，等. PEMFC 金属双极板研究进展. 电源技术，2008，32：631-635.

[50] Iqbal Z，Narasimhan D，Guiheen J V，et al. Corrosion resistant coated fuel cell plate with graphite protective barrier and method of making the same. US 6864007 B1，2005.

[51] Nakata H，Yokoi M，Onishi M，et al. Fuel cell gas separator，manufacturing method thereof，and fuel cell. US：6749959 B2，2004.

[52] Brady M P，Tortorelli P F，Pihl J，et al. Nitrided metallic bipolar plates. Annual program review，U S DoE Hydrogen Program，2007.

[53] 黄乃宝，衣宝廉，李云峰，等. 硫酸溶液中非铂金属上苯胺的电聚合行为. 电源技术，2004，28：759-763.

[54] 黄乃宝，衣宝廉，梁成浩，等. 聚苯胺改性钢在模拟 PEMFC 环境下的电化学行为. 电源技术，2007，31：217-219.

[55] Joseph S，McClure J C，Chianelli R，et al. Conducting polymer-coated stainless steel lbipolar plates for proton exchange membrane fuel cells（PEMFC）. International Journal of Hydrogen Energy，2005，30：1339-1344.

[56] Wind J，Späh R，Kaiser W，et al. Metallic bipolar plates for PEM fuel cells. Journal of Power Sources，2002，105：256-260.

[57] Wang S H，Peng J C，Liu W B. Surface modification and development of titanium bipolar plates for PEM fuel cells. Journal of Power Sources，2006，160：485-489.

[58] Giddey S，Ciacchi F T，Badwal S P S，et al. Solid State Ionics，2000，152：363.

[59] Wang H，Brady M P，Teeter G，et al. Thermally nitrided stainless steels for polymer electrolyte

193

membrane fuel cell bipolar plates Part1: Model Ni-50Cr and austenitic 349TM alloys. Journal of Power Sources, 2004, 138: 79-85.

[60] Wang H, Brady M P, More K L, et al. Thermally nitrided stainless steels for polymer electrolyte membrane fuel cell bipolar plates Part2: Beneficial modification of passive layer on AISI446. Journal of Power Sources, 2004, 138: 86-93.

[61] Brady M P, Weisbrod K, Paulaukas I, et al. Preferential thermal nitridation to form pin-hole free Cr-nitrides to protect proton exchange membrane fuel cell metallic bipolar plates. Scripta Materialia, 2004, 50: 1017-1022.

[62] Paolaoskas I E, Brady M P, Meyer Ⅲ H M, et al. Corrosion behavior of CrN, Cr_2N and π phase surfaces on nitrided Ni-50Cr for proton exchange membrane fuel cell bipolar plates. Corrosion Science, 2006, 48: 3157-3171.

[63] Brady M P, Wang H, Yang B, et al. Growth of Cr-nitrides on commercial Ni-Cr and Fe-Cr base alloys to protect PEMFC bipolar plates. International Journal of Hydrogen Energy, 2007, 32: 3778-3788.

[64] Wang Y, Northwood D O. An investigation into TiN-coated 316L stainless steel as a bipolar plate material for PEM fuel cells. Journal of Power Sources, 2007, 165: 293-298.

[65] Wang Y, Northwood D O. An investigation of the electrochemical properties of PVD TiN-coated SS 410 in simulated PEM fuel cell environments. International Journal of Hydrogen Energy, 2007, 32: 895-902.

[66] Cho E A. Jeon U S, Hong S A, et al. Performance of a 1kW-class PEMFC stack using TiN-coated 316 stainless steel bipolar plates. Journal of Power Sources, 2005, 142: 177-183.

[67] Gamboa S A, Gonzalez-Rodriguez J G, Valenzuela E, et al. Evaluation of the corrosion resistance of Ni-Co-B coatings in simulated PEMFC environment. Electrochimica Acta, 2006, 51: 4045-4051.

[68] 张胜涛. 电镀工程. 北京: 化学工业出版社 2002: 4-5.

[69] Lee S J, Huang C H Chen Y P. Investigation of PVD coating on corrosion resistance of metallic bipolar plates in PEM fuel cell. Journal of materials proessing technology, 2003, 140: 688-693.

[70] Brady M P, Yang B, Wang H, et al. Formation fo protective nitride surface for PEM fuel cell bipolar plates. Journal of the Minerals, Metals and Materials Society, 2006, 8: 50-57.

[71] Weil K S, Kim J Y, Xia G, et al. Development of low-cost, clad metal bipolar plates for PEM fuel cells. Annual program review, U S DoE Hydrogen Program, 2006.

[72] Andrukaitis E. Bipolar plates studies for PEM fuel cells. Defense R&D Canada, 2006.

[73] IPG Photonics. YLR-SM series: 100W to 1.5kW single mode CW ytterbium fiber lasers, 2008.

[74] Haack D. Scale-up of carbon/carbon bipolar composite. Annual progress report, U S DoE Hydrogen Program, 2004.

[75] Besmann T M, Henry J J, Lara-Curzio E, et al. Optimization of a carbon composite bipolar plate for PEM fuel cells. Materials Research Society Proceedings, 2003, 756: F7.1.1-F7.1.7.

[76] Haack D, Janney M, Sevier E. Scale-up of carbon/carbon bipolar composite. Annual progress report, U S DoE Hydrogen Program, 2006.

[77] Haack D. Scale-up of carbon/carbon bipolar composite. Annual merit review report, U S DoE Hydro-

gen Program，2006.

[78] GrafTech International. Flow field plates（FFPs），2008.

[79] Mepsted G O，Moore J M. Performance and durability of bipolar plate materials. New York：John Wiley & Sons，2003，3.

[80] Adrianowycz O，Norley J，Stuart D J. Next-generation bipolar plates for automotive PEM fuel cells. Annual program review，U S DoE Hydrogen Program，2009.

[81] Ticona Engineering Polymers. Fuel cells，2008.

[82] Bortner M J. Economical high-performance thermoplastic composite bipolar plates. Annual merit review，U S DoE Hydrogen Program，2006.

[83] 肖宽，潘牧，詹志刚，等. PEMFC 双极板流场结构研究现状. 电源技术，2018，42：153-156.

[84] Khazaee I，Sabadbafan H. Numerical study of changing the geometry of the flow field of a PEM fuel cell. Heat and Mass Transfer，2016，52：993-1000.

[85] Ahmed D H. Sung H J. Effects of channel geometrical configuration and shoulder width on PEMFC performance at high current density. Journal of Power Sources，2006，36：21-23.

[86] Éliton，Fontana，Erasmo，et al. Study of the effects of flow channel with non-uniform cross-sectional area on PEMFC species and heat transfer. International Journal of Heat and Mass Transfer，2011，54：4462-4472.

[87] Kuo J K，Chen C K. Evaluating the enhanced performance of a novel wave-like form gas flow channel in the PEMFC using the field synergy priciple. Journal of Power Sources，2006，162：1122-1129.

[88] Johnson M C，Wilkinson D P，Kenna J，et al. Differential pressure fluid flow fields for fuel cells. US 6586128 B1，2003.

[89] Goebel S G，Rock J A，Rensink D，et al. Pressurized coolant for stamped plate fuel cell without diffusion media in the inactive feed region. US 7687182 B2，2010.

[90] Sui Y，Teo C J，Lee P S. Direct numerical simulation of fluid flow and heat transfer in periodic wavy channels with rectangular cross-sections. International Journal of Heat and Mass Transfer，2012，55：73-88.

[91] Sui Y，Teo C J，Lee P S，et al. Fluid flow and heat transfer in wavy microchannels. International Journal of Heat and Mass Transfer，2010，53：2760-2772.

[92] Bozorgnezhad A，Shams M，Kanani H，et al. The experimental study of water management in the cathode channel of single-serpentine transparent proton exchange membrane fuel cell by direct visualization. International Journal of Hydrogen Energy，2015，40：2808-2832.

[93] Kumar M，Karthikeyan P，Varadharajan L，et al. Performance sudies on PEM fuel cell with 2，3 and 4 pass serpentine flow field disigns. Applied Mechanics and Materials，2014，592：1728-1732.

[94] 叶东浩，詹志刚. PEM 燃料电池双极板流场结构研究进展. 电池工业，2011，15：376-380.

[95] Guo H，Wang M H，Liu J X，et al. Temperature distribution on anodic surface of membrane electrode assembly in proton exchange membrane fuel cell with interdigitated flow bed. Journal of Power Sources，2015，273：775-783.

[96] Guo N，Leu M C，Koylu U O. Network based optimization model for pin-type flow field of polymer electrolyte membrane fuel cell. International Journal of Hydrogen Energy，2013，38：6750-6761.

195

［97］ Lorenzini-Gutierrez D，Hernandez-Guerrero A，Ramos-Alvarado B，et al. Performance analysis of a proton exchange membrane fuel cell using tree-shaped designs for flow distribution. International Journal of Hydrogen Energy，2013，38：14750-14763.

［98］ Jang J Y，Cheng C H，Liao W T，et al. Experimental and numerical study of proton exchange membrane fuel cell with spiral flow channels. Applied Energy，2012，99：67-79.

［99］ Kondo T. Gas channel forming member in fuel cell. US 8518600 B2，2013.

［100］ Suzuki Y，Hashimoto K. Fuel cell with gas passage forming member and water ingression preventing means. US 8445160 B2，2013.

［101］ Manso A P，Marzo F F，Barranco J，et al. Influence of geometric parameters of the flow fields on the performance of a PEM fuel cell a review. International Journal of Hydrogen Energy，2012，37：15256-15287.

［102］ Scholta J，Haussler F，Zhang W. Development of a stack having an potimized flow field structure with low cross transport effects. Journal of Power Sources，2006，155：60-65.

［103］ Morin A，Xu F，Gebel G，et al. Influnece of PEMFC gas flow configuration on performance and water distribution studied by SANA：evdence of the effect of gravity. International Journal of Hydrogen Energy，2011，36：3096-3109.

［104］ Yamamoto Y，Suzuki T，Aono H，et al. Fuel cell and gas separator for fuel cell. US 8257880 B2，2012.

［105］ Low R E. Heat transfer compositons. US8999190 B2，2015.

［106］ Honda Motor Co，Ltd，Fuel cell stack. US10003099 B2，2018.

［107］ Salas J F. Molded organic composites. CLEFS CEA，2004-2005，50/51：78.

［108］ Kumar A，Reddy R G. Materials and design development of bipolar/end plates in fuel cells. Journal of Power Sources，2004，129：62-67.

［109］ America Trim. High-velocity metal forming，2008.

［110］ Wind J，LaCroix A，Braeuninger S，et al. Metal bipolar plates and coatings. Handboo of fuel cells-Fundamentals，technologies，and applications. New York：John Wiley & Sons，2003，3.

［111］ Matsuura T，Kato M，Hori M. Study on metallic bipolar plate for proton exchange membrane fuel cells. Journal of Power Sources，2006，161：74-78.

第6章 空压机、增湿器和氢循环泵

不同于通常的二次电池，燃料电池发电需要一整套复杂的物料供应、温度控制等辅助系统。典型的燃料电池发电系统组成如图6-1所示，包含空气子系统、氢气子系统、热管理子系统、电控子系统等。其关键零部件包含空压机、增湿器、氢循环泵等。

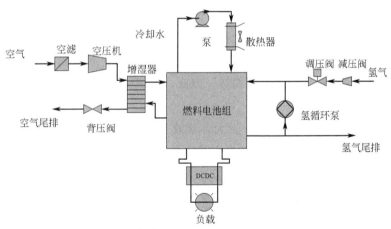

图 6-1　燃料电池发电系统组成

6.1　空压机

6.1.1　概述

广泛应用于车辆的质子交换膜燃料电池使用空气中的氧气作为氧化剂，一般使用鼓风机（低压系统）或空压机（高压系统）将空气输送到燃料电池电堆内。在较高工作压力下，燃料电池系统具有明显的优势[1]，如更高的功率密度。另外，在更高的压力下操作还可以显著改进燃料电池内部的水热管理。

提高燃料电池的工作压力并不是没有代价的，需要额外的电力来驱动空压机工作，从而增加系统的寄生功耗[2,3]。在常见的燃料电池系统中，寄生功耗最大的辅助系统零部件即为空压机。研究表明，空压机和系统的设计水平不同，供气系统的寄生功耗可能达到电堆净输出功率的 $15\%\sim25\%$。另外，空压机还会占用车体空间，增加车辆负载。

综上，空压机对提高燃料电池系统的性能有着明显的作用，也会在一定程度上提高系统的寄生功耗，增加系统的体积和重量，其综合性能在一定程度上决定了燃料电池系统乃至燃料电池车的性能。因此，高效、可靠、紧凑的空压机对于车载燃料电池系统是十分重要的，空压机的研发也是目前车载燃料电池系统零部件开发工作中最重要的任务之一。

6.1.2 燃料电池对空压机的特殊要求

工业上应用的空压机往往体积、重量巨大，不耐振动，动态响应慢，为了降低压缩过程中的温升，往往还要在机头喷油冷却，这些都是燃料电池系统不能接受的。燃料电池对空压机有特殊的技术要求[3]：

① 无油。空气中如果含油，会污染下游的元器件，包括增湿器和电堆，导致增湿器和电堆性能下降，甚至损坏。因此，空压机需要采用水润滑轴承或空气轴承。

② 高效。空压机的寄生功率巨大，其效率直接影响着燃料电池系统的性能。

③ 小型化和低成本。燃料电池受其功率密度和成本的限制，小型化和低成本有助于燃料电池汽车的产业化。

④ 低噪声。空压机是燃料电池系统最大的噪声源之一，空压机的噪声必须被控制。

⑤ 喘振线在小流量区。可以实现燃料电池在小流量高压比工况下的高效运行。

⑥ 良好的动态响应能力。当需求功率发生变化时，空气流量和压力需进行无延迟调整，以跟踪输出功率的变化。

⑦ 耐受振动、高低温等车载环境。

6.1.3 空压机关键性能指标

（1）设计流量和设计压力

燃料电池工作时需消耗大量的氧气，需求量可以根据法拉第定律算出，再考虑到空气中氧气的含量和电池的设计空气计量比，就可算出各工况点下需要的空气量。燃料电池系统选用的空压机输出流量显然要覆盖燃料电池的需求流量。

燃料电池工作时需要的氧气量：

$$N_{O_2} = \frac{I}{4F}$$

式中，N_{O_2} 为氧气消耗速率，mol/s；F 为法拉第常数，C/mol；I 为电流，A。

则需要的空气流量为：

$$Q = S\frac{N_{O_2} v_m}{\varphi_{O_2}}$$

式中，Q 为空气流量，L/s（单位通常换算为 m^3/h）；v_m 为气体摩尔体积；φ_{O_2} 为空气中氧气的体积分数，约为 21%；S 为空气的化学计量比，即电池入口处反应物实际流量和反应物实际消耗量之比。

如果按照 $S=1$ 供应空气，空气中所有氧气都将在电堆中消耗掉，则电堆出口的空气中氧含量降为零。

为了了解电堆接近出口的部分的氧含量，我们做如下计算[3]：

电池入口处氧体积分数为 $r_{O_2,in}$，则出口氧体积分数为：

$$r_{O_2,out} = \frac{S-1}{\frac{S}{r_{O_2,in}}-1}$$

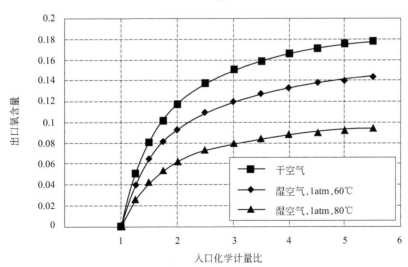

图 6-2　燃料电池出口氧含量和化学计量比的关系[2]

如图 6-2 所示，入口化学计量比小于 2 时，出口氧含量快速减少。并且，出口处的空气水蒸气压接近饱和，实际氧含量会更低。典型地，在 1atm、80℃ 下，化学计量比为 2 时，电池出口氧含量仅为 6% 左右。

上面的计算表明，燃料电池系统选择的空压机的设计流量，一般需要满足电堆入口化学计量比为 2 或更高的要求。事实上，每种空压机均能在包括设计流量在内的一定流量范围运行。因此，对于一台空压机，不仅要了解其设计流量，还需要了解其最大流量和最小流量。

空压机的设计流量应尽量靠近燃料电池的额定功率需求量，这样燃料电池系统在额定点工作时，空压机也可以工作在设计的最佳工作点。空压机的最小输出流量会对燃料电池的怠速功率造成一定的影响。一般地，空压机的功率和输出流量成正比，如果其最小输出流量过大，会造成燃料电池系统的怠速功率效率上不经济。因此，空压机运行的流量范围也是考量空压机性能的指标之一。

空压机必须能够达到燃料电池电堆需求的设计压力。更高的压力意味着更高的氧分压，如图 6-3 所示的电池极化曲线显示，在更高的工作压力下，电池的输出电压明显提高，从而输出更高的功率。这点对于燃料电池系统的车载应用尤其重要。

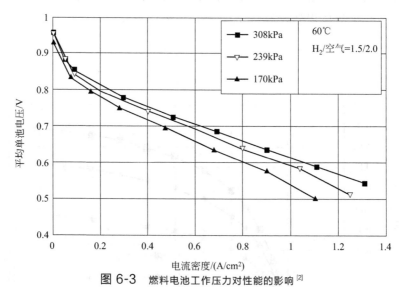

图 6-3 燃料电池工作压力对性能的影响 [2]

空压机输出流量变化时，出口压力也会随之变化。同样，空压机的设计压力也应尽量贴近燃料电池工作的设计压力。

（2）功率和效率

功率通常指空压机工作在设计工况时消耗的功率。当运行在不同工况下时，空压机的消耗功率也会随之变化。作为系统产生寄生功耗的最主要因素，空压机功率的选择也应贴近系统需求，过大或者过小的功率都是不经济的。

综合描述空压机输出特性和效率特性的图表称为空压机特性 MAP 图（有时还应包含电功率曲线）。图 6-4 是某空压机特性 MAP 图，包含一系列转速下的压比-流量特性曲线、一系列等效率的工作点连成的等效率曲线。图 6-4 中左侧的虚线为该型空压机的喘振线，在喘振线左侧的工作点均不可取，否则会引发空压机喘振。

从 MAP 图上可以观察到，虽然一台空压机能够达到的工作范围是较宽的，但并不是所有区间都是高效的。如果电堆需求的额定工作点没有落在某一空压机工作的高效区，则选择该型号的空压机对于燃料电池系统来说是不经济的。

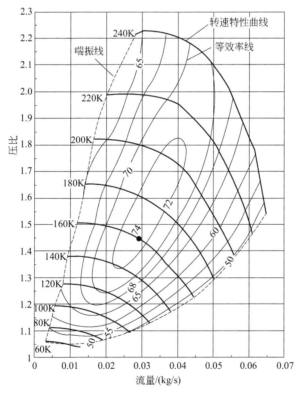

图 6-4　某空压机特性 MAP 图

（3）冷却方式

由于空压机控制器的电效率和空压机运动部件的机械效率均不可能达到100%，必然有部分能量转化为热能，如果这部分热量不被带走，会造成空压机超温，不能正常工作甚至损坏。

为了尽量缩小空压机的体积和重量，一般车用空压机均采用水冷。空压机需求冷却水的温度一般应不低于电堆冷却水入口温度，否则如果空压机要求的运行冷却水温度更低，在系统设计时就不得不为空压机单独设计一套冷却回路，会增加系统复杂性，增加系统的故障率和成本。故选择空压机时要注意其需求的冷却水工作温度。

（4）噪声和振动

随着环保意识的增强和人们对车辆运行体验要求的提高，对整车 NVH（noise、vibration、harshnes，即噪声、振动、声振粗糙度）的要求也越来越高。空压机是车载燃料电池系统的最大噪声源，虽然可以通过进排气消声降低噪声的量级，但空压机本体降噪才是最重要的，所以降低空压机工作时产生的噪声和振动也是空压机设计和系统选型的重要工作。

6.1.4　燃料电池空压机主要类型及其特性

空压机按照工作原理可以分为两个大类：一类是动力式空压机，主要依靠高速旋转的叶轮使气体获得很高的速度，然后让气体急剧降速，将气体的动能转化为压力能；另一类是容积式空压机，其工作原理是依靠工作容腔的变化来压缩气体，这种类型的空压机具有容积周期变化的工作容腔。按照工作容腔和运动部件的形状，容积式空压机还可以进一步细分为往复式和回转式两大类，前者的运动部件往复运动，后者的运动部件回转运动。由于往复式空压机在燃料电池上的应用较少，故下述提到的容积式空压机主要指回转容积式空压机。

目前应用在燃料电池系统中的动力式空压机主要为离心空压机，而容积式空压机主要有涡旋式、螺杆式、罗茨式和滑片式等。下面将有选择地介绍几种典型的车载燃料电池系统使用的空压机。

（1）离心空压机

离心空压机是依靠高速旋转的叶轮使气体获得很高的速度，然后让气体急剧降速，将气体的动能转化为压力能的一类空压机，工作时气流流动方向为从轴向进入叶轮，从径向排出。离心空压机的做功元件为转子。

如图 6-5 所示，离心空压机的转子包括叶轮和轴。叶轮上有叶片，此外还有平衡盘和轴封的一部分。定子的主体是机壳，定子上还有扩压器、弯道、回流器、进气管、排气管及部分轴封等。离心空压机的工作原理为：当叶轮高速旋转时，气体随着旋转，在离心力作用下，气体被甩到后面的扩压器中去，而在叶轮处形成真空地带，这时外界的新鲜气体进入叶轮。叶轮不断旋转，气体不断吸入并甩出，从而保持了气体的连续流动。离心空压机工作原理示意图见图 6-6。

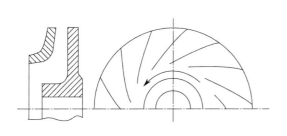

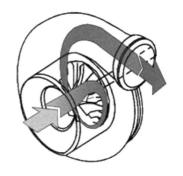

图 6-5　离心空压机结构图　　　　图 6-6　离心空压机工作原理示意图

离心空压机依靠动能的变化来提高气体的压力。当带叶片的转子（即工作轮）转动时，叶片带动气体转动，把功传递给气体，使气体获得动能。进入定子部分后，因定子的扩压作用，速度能量压头转换成所需的压力，速度降低，压力升高，同时利用定子部分的导向作用进入下一级叶轮继续升压，最后由蜗壳排出。

离心空压机的特点[4-7]：

① 流量大。离心空压机工作时气体的流过是连续的，且其流通截面大，叶轮转速高，故气流速度很高，因而能够达到很大的流量。

② 转速高。转子的质量较小，转动惯量小，且仅做旋转运动，可以达到很高的转速。

③ 结构紧凑，维护简便。

离心空压机也有一些缺点，具体为：

① 单级压比低；

② 由于转速高、流通截面大，故输出流量不能太小。

离心空压机能够在相对较小的体积下提供更大流量的空气，但低流量下容易产生喘振现象。受制于喘振，其工作压力较低，如常用的闭式后弯叶轮的单级压比只有 1.2～1.5。如果想提高输出压力，则必须提高涡轮转速，典型地，1bar（1bar＝10^5Pa）输出压力的离心空压机转速可能需要达到 100000r/min 及以上。高速无油轴承、高速空气轴承和高速电机及其控制器的开发是离心空压机开发过程中的重点和难点。

一种有效提高离心空压机的输出压力、避开喘振区的方法是使用多级串联结构。空气经过多级增压后可同时满足燃料电池对空压机的压力和流量需求。通常使用同一部电机主轴的两端各驱动一个泵头，一级的出口连通到二级泵头的入口，满足增大压比的需求。

图 6-7 所示是一个双级串联离心空压机的结构，图中略去了两级的连接管，用箭头表示气流方向。

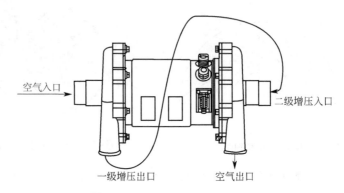

图 6-7 双级串联离心空压机的结构

（2）罗茨空压机

罗茨空压机是一种结构简单、可靠，运行平稳、高效，维护保养方便的容积式空压机。这种空压机的特点是对运行介质中的杂质不敏感；工作时转子表面不需润滑油润滑，气体不与油接触，可以保证输运气体的纯净，这一优点对于燃料电池应用尤为重要。

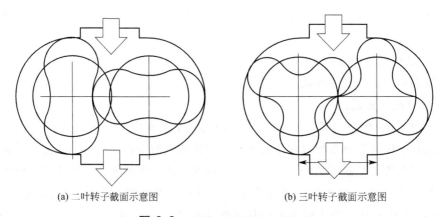

(a) 二叶转子截面示意图   (b) 三叶转子截面示意图

图 6-8 罗茨空压机结构和工作原理

罗茨空压机工作原理如图 6-8 所示。空压机机壳内平行安装着一对形状相同、相互啮合的转子，两个转子在传动机构的带动下做转速相同、方向相反的旋转运动。转子转动时，入口低压侧的空气先从转子和入口组成的开放空间被逐渐吸入并封闭在转子和机壳围成的封闭空间内，当转子旋转到封闭空间与出口空间连通时，空气即被排放到空压机出口，即高压侧。转子每旋转一周，可排出体积

为 nV 的气体（其中，n 为叶片数量；V 为叶片和机壳围成的封闭空间的体积）。

根据以上工作原理，罗茨空压机工作时对气体是没有内压缩的，其压缩过程在叶片和出口空间连通的瞬间完成，属于等容压缩。这种工作原理也造成了罗茨空压机输出气体脉动，输出气流平顺性不好。同转速下显然叶片数越多其排气次数越多，故增加叶片总数可以加强气流平顺性。如果将叶片沿轴向逐渐扭转，也可以实现降低气流脉动的作用，同时可实现对气流的内压缩，降低噪声和振动。实际应用于燃料电池上的罗茨空压机往往兼用这两种方式对叶片改进，增加叶片数量的同时扭转叶片。但增加叶片数量和采用复杂叶片会增加加工的难度，这是空压机设计过程中必须考虑到的。

（3）涡旋空压机

涡旋压缩机最常见的工作领域是制冷压缩，作为一种新型高效节能压缩机在空调和制冷领域有着广泛的应用。由于涡旋机械自身独特的优越性，它的应用领域现在已经慢慢扩大到空压机、膨胀机及真空泵等方面。

涡旋空压机工作原理见图 6-9。

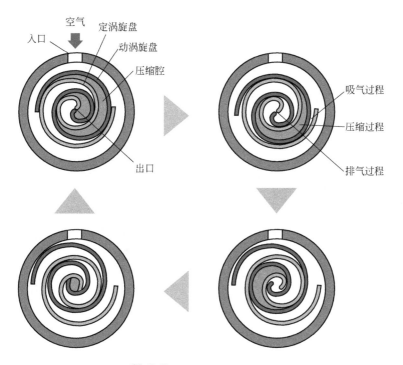

图 6-9　涡旋空压机工作原理

涡旋空压机的特点：涡旋式空压机结构简单、体积小、重量轻；运动部件受力变化小、运转平稳、振动小、噪声低；容积效率、绝热效率、机械效率高等。限制涡旋空压机发展的因素主要表现在以下几个方面：结构上涡旋空压机同时存在着由外到内的多对工作腔，无法做到对工作腔实行外冷却，容易产生排气温度过高的问题，从而影响空压机的性能；涡旋空压机动、静涡旋盘的间隙精度要求非常高，加工难度很大；大排量设计比较困难，设计流量大时会导致涡旋盘直径较大，机器重量大为增加，同时惯性力的增大会引起摩擦和增加磨损，使得涡旋空压机稳定性降低，振动和噪声也大幅上升。

（4）双螺杆空压机

双螺杆空压机是通过一对同步的阴阳螺杆啮合，在旋转中逐渐缩小齿间容积，从而实现对空气压缩的一种空压机。

双螺杆空压机工作原理如下：

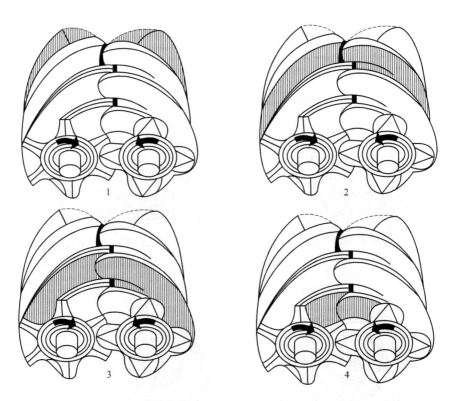

图 6-10　双螺杆空压机工作原理

如图 6-10 所示，螺杆压缩机的工作循环可分为吸气（1）、压缩（2、3）和排气（4）三个过程。随着转子旋转，每对相互啮合的齿相继完成相同的工作循环。被密封在齿间容积中的气体随齿移动所占据的体积也随之减小，导致压力升高，从而实现气体的压缩过程，当齿间容积与排气孔口连通后，即开始排气过程。

双螺杆空压机结构简单、高效、可靠，具有宽的流量范围和良好的压比/流量特性，是较为理想的燃料电池用空压机。但双螺杆空压机的噪声问题不容忽视，并且由于其排气温度较高，出于降温、润滑、密封的需要，往往需要在入口喷水，减小噪声和喷水会增加系统的成本和复杂性。

（5）涡轮增压器和膨胀机

燃料电池电堆阴极排放的尾气中还蕴含一定的低品位热能（60～120℃）和压力能，如直接排放将造成能量的浪费。可以使用涡轮增压器或膨胀机回收其中的压力能，从而提高系统整体效率[8,9]。

涡轮增压器回收尾气压力能的方式主要有两种：一种是将涡轮与空压机电机的轴直接连接，用来减小驱动空压机电机的电功率；另一种是对空气进行预增压，预增压后的气体再通入空压机，同样可以降低空压机的功耗，从而提高系统整体效率。在一个应用实例中，使用涡轮增压器降低了10%的空压机功耗。

同样，膨胀机也可以用来回收尾气压力能。一般常用的容积式膨胀机有滑片式、涡旋式、罗茨式、双螺杆式等。膨胀机和空压机的耦合方式主要有共轴式、齿轮连接式等。在燃料电池的工作流量、压力范围内，共轴式耦合方式因其结构简单、机械效率高、设备尺寸小取得了一些应用成果。在一个实例中，共轴式耦合方式可以达到节能22%的效果[8]。通过简单共轴连接的膨胀机和空压机见图6-11。不同功率下膨胀机的能量回收比例见表6-1。

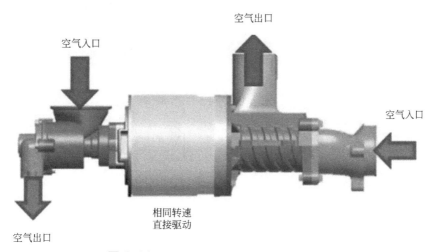

图 6-11 通过简单共轴连接的膨胀机和空压机

表 6-1 不同功率下膨胀机的能量回收比例

输出比例	流量/(g/s)	压比	耗电功率(含膨胀机)/kW	耗电功率(不含膨胀机)/kW
100%	92	2.4	12.1	15.5
25%	23	1.5	1.6	1.9
怠速	4.6	1.2	0.4	0.4

综上所述，各种空压机均有其独特的优点，目前国际上主流的燃料电池车辆生产商各自采用了不同的空压机方案。如丰田在其 2016 年推出的 Mirai 燃料电池车上使用了六叶罗茨空压机（图 6-12），而本田 Clarity 则使用了双级增压离心空压机（图 6-13）；加拿大的燃料电池生产商 Ballard 则为其 30kW 级别的燃料电池系统配备了涡旋空压机。

图 6-12 丰田 Mirai 使用的六叶罗茨空压机及其转子

两级增压

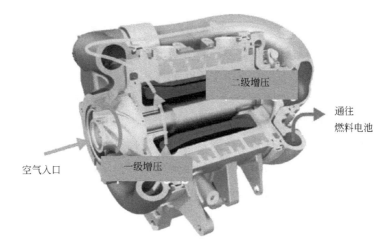

二级增压

通往
燃料电池

空气入口

一级增压

图 6-13 本田 Clarity 使用的双级增压离心空压机

6.2 增湿器

6.2.1 概述

　　燃料电池的膜必须有较高的质子传导性，而聚合物膜的质子传导性主要取决于膜的结构和水合状态。燃料电池运行时湿度过低会造成内阻上升、整体性能下降的后果；而内部湿度过高则会造成电极水淹，影响传质和电极反应，造成电堆整体性能下降。故维持电堆运行时合适的内部湿度是十分重要的[10-13]。

　　膜的水合状态由生成水和膜中水传递机理决定，有三种主要的水传递机理：电渗迁移，电池反应中质子传递方向是从阳极到阴极，质子在传导过程中会拖曳一部分水分子到阴极侧；浓差扩散迁移，反应时阴极生成水，因此阴极侧的水浓度大于阳极侧，在浓度梯度驱动下，水由阴极向阳极迁移；压力迁移，反应气体的压力会有差异，在压力梯度的驱动下水会由高压侧向低压侧迁移。

　　原则上，空气和氢气进入电堆之前都要增湿。电渗迁移作用可能会导致膜的阳极侧干燥；燃料电池工作时会在阴极生成水，但在入口区域生成水的速率可能会低于水的扩散和流失速率，膜还是可能失水。

　　而从整体出发，电池水平衡主要取决于：气体流量，即化学计量比；电池工作温度，即排气温度；电池工作压力，主要是电池出口压力；环境温度、压力和湿度。

　　上述因素很容易理解，因为电池尾排气体基本为饱和湿气，而饱和蒸气压取决于气体的温度和压力；电池工作温度更高时，更高的饱和蒸气压决定尾排可以带走更多的水分，而加大压力则可降低饱和蒸气压，降低电池体系的失水速率。一般情况下，由于空气化学计量比一般为2或以上，尾排空气带走的水量远远大于氢气带走的水量，故经常只需要对空气侧增湿。

无论采用何种增湿方式，对于需要长期运行的大功率燃料电池系统，采用外界补水的方式显然是不现实的，因为需要消耗大量的水和将水加热汽化的能量。一个比较有利的事实是，在典型的工作条件下，燃料电池发生反应生成的水量大于加湿入口气体所需的水量，所以通过适当的设计可以利用电池的生成水满足电池本身的增湿需要。一般的做法是利用增湿器或其他输运方式及装置将阴极和阳极尾排中的水输运到需要增湿的地方，即入口处。

按照需要外置增湿器与否，分为外部增湿和内部增湿。对于外部增湿，经常使用的外置增湿器有膜增湿器（含 Nafion 膜增湿器和其他中空纤维管膜增湿器）、焓轮、平板加湿器和喷水加湿的方式等；内增湿的方式则有多孔极板渗透增湿、内循环增湿等。下面我们就主流的几种增湿方式做进一步介绍。

6.2.2 外部增湿

（1）焓轮

焓轮增湿器结构如图 6-14 所示。

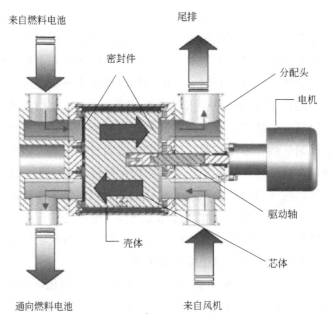

图 6-14 焓轮增湿器结构图

其核心部件为多孔陶瓷转轮，其表面覆有一层吸水材料。增湿器工作时陶瓷转轮在电机的带动下转动。当燃料电池湿热尾气（湿度接近100％的湿、热空气）经过增湿器一侧时，陶瓷转轮吸收尾气中的热量，水分储存于其表面，然后转动到增湿器另一侧；当新鲜空气进入焓轮时，由于相对湿度以及温度较低，将多孔陶瓷表面吸附的水以及热量带走，从而完成对反应气的加热加湿，同时吸收热量，温度也得到提高。最后将具有一定温度的高含湿量气体送入燃料电池。

相比于其他增湿器，焓轮增湿器具有独特的优势：技术成熟，增湿量可控，成本较低，增湿/换热效率较高，结构简单。

焓轮增湿器的核心是多孔陶瓷转轮，加湿量取决于多孔陶瓷的量，同时焓轮本身结构上的特点，决定了焓轮增湿器有一些缺点：芯体陶瓷密度较大，造成焓轮整体重量较大；旋转结构不容易密封，尾气容易窜漏到反应气中，影响加湿和进入电池的空气含氧量；需要外界的动力才能旋转，旋转机构容易磨损；多孔陶瓷抗振性能不强；干气温度较高时其增湿能力急剧下降。

以上的特点决定了焓轮增湿器在常压燃料电池系统上尚有用武之地，而在增压型燃料电池上，由于空压机出口空气温度较高，压力也较大，密封不易，焓轮就不太适用了。

（2）膜增湿器

膜增湿器是目前常用的大功率增湿器之一，其原理图6-15所示，它利用电池尾气对电池的尾排气体进行增湿，温暖潮湿的尾气（可能还有部分液态水）通过膜的一侧，然后在浓度差的作用下扩散到膜的另一侧，最后蒸发至电池反应气中。这种增湿器所用的膜的特点是透水不透气，有很多种：微滤膜、超滤膜、反渗透膜、Teslin膜、Nafion膜和Gore-Tex膜。其中，以传统的Nafion膜最为常见。

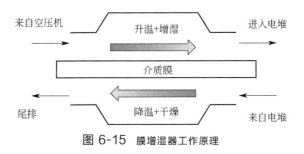

图6-15 膜增湿器工作原理

目前膜增湿器主要有两类产品（平板膜增湿器及中空管膜增湿器），它们原理相同，产品的形态不同，原材料也有差别。平板膜增湿器的核心部件由可以传递水的膜以及多孔的支撑体组成。膜与支撑体都制作成平板样，膜一侧通湿热气体（热水），另一侧通干冷气体，在膜表面进行湿热交换。中空管膜增湿器结构如图 6-16 所示，增湿器内部有 Nafion 膜制备的均质无孔中空管，水（或排气）从中空纤维管外侧流过，加湿气体从中空纤维管内侧流过，水由于浓度差从中空纤维管外侧扩散至内侧，并蒸发进入反应气体中，完成对气体的增湿。当气体通过 Nafion 管时，水被吸收并迁移到管的内壁以增湿气体。水迁移的驱动力为 Nafion 膜内外两侧的浓度梯度，通过 Nafion 管的气体必须在管内停留数秒，以达到增湿的目的。通过调节气体流量、中空纤维管材料、中空纤维丝表面积、水温（或排气温度）、水（或排气）的流量和气液相间压差来改变中空管膜增湿器增湿量的大小，将具有一定温度、湿度的气体送入燃料电池。这种增湿器也可在 Nafion 管外围通入液态水，这时液态水需要加热或利用电堆的冷却水以提高 Nafion 管中气体的湿度。

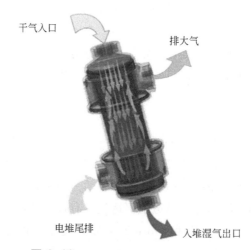

图 6-16 中空管膜增湿器结构及工作原理

膜增湿器的特点是：结构简单，无运动部件，运行稳定可靠；增湿效果取决于输入的干气和湿气的流量、压力、湿度，无法调节以适应不同的工况；动态响应慢；长期工作时膜容易破损，造成内部窜漏。

（3）喷水增湿

喷水增湿器结构如图 6-17 所示，其组成包括喷嘴、换热器和壳体。喷嘴将水滴雾化，喷入气流中并且和换热器换热，得到所需温度和湿度的气体。使用这种加湿方法水和能量消耗都非常高，所以在实际应用中水必须来源于电池尾排中的水分，热量可以来源于尾排气体、电池废热和空压机输出的高温气体。

喷水增湿在一定程度上可调且动态响应快，但是其结构复杂，需要一系列外围设备的辅助才能正常应用。

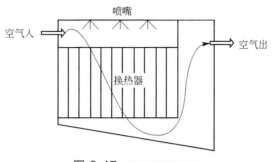

图 6-17 喷水增湿器结构

另外,喷水增湿总有部分液态水进入电堆,造成电极水淹。

6.2.3 内增湿

多孔极板渗透增湿为内增湿方式的一种,采取在双极板中内置增湿流道的方法对电池进行增湿。双极板材料为可允许水渗透的多孔碳板,其中流通的水同时充当冷却水和增湿用水。多孔极板渗透增湿采用的增湿结构如图 6-18 所示。

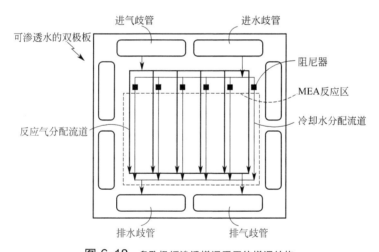

图 6-18 多孔极板渗透增湿采用的增湿结构

采用内增湿的方式,并且通过调节双极板内部的冷却/增湿水的压力(图 6-19)实现了空气路上游水压大于气压,下游气压大于水压的效果,从而实现了对空气路上游干空气的加湿和对空气路下游水分的回收。这种巧妙的设计带来的优点有很多:空气路中液态水减少,降低了空气路流阻,从而降低了空压机的寄生功耗;每片电池独立加湿,避免了外部加湿器加湿不均的问题。如图 6-20 所示,采用极板渗透增湿法的电堆在节数增加时,并没有因加湿不均出现性能不均的现象。

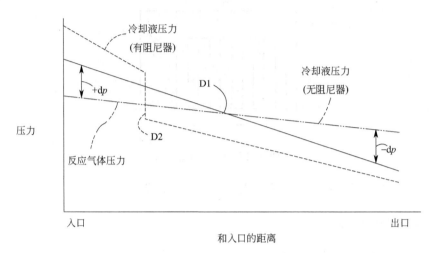

图 6-19 双极板内冷却水的压力调节

无阻尼器时,冷却液流道压力连续降低,在 D1 处低于反应气体压力;
有阻尼器时,流道压力受到阻尼器调制,在 D2 处降低至低于反应气体压力

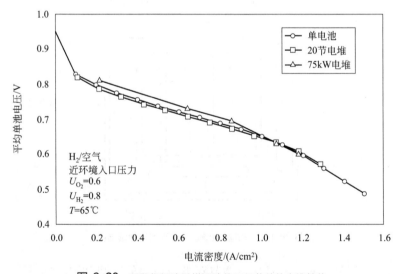

图 6-20 采用极板渗透增湿法的不同节数的电堆性能

极板渗透加湿的缺点也很明显:

① 多孔碳板材料强度较低,抗振性不强;

② 冷却液为纯水,系统无法在低温（0℃以下）条件下运行、启动;

综上,电堆的增湿方法多种多样。采用焓轮、膜增湿器等外置增湿器可以方

便地根据需求为电堆增湿；内增湿则相反，会增大电堆设计的难度，但同时可以节省增湿器的成本，降低系统重量和体积。设计人员可以综合考虑成本、系统紧凑型、可靠性及零部件开发难度，选择合适的增湿方案。

目前使用较为普遍的燃料电池增湿器主要为中空管膜增湿器，主要供应商为美国的 Perma Pure 和韩国的 Kolon 等。

当然，也可以使用多孔碳板渗透增湿等方案。这会增大电堆设计的难度，但同时可以节省增湿器的成本，降低系统重量和体积。

另外，通过使用氢循环泵实现电堆阳极氢气循环，将阳极出口的尾排水输运到入口，并结合一系列内部水分输运措施，也可以满足增湿需求。

6.3　氢循环泵

6.3.1　概述

氢气是燃料电池的能量来源，我们当然希望能够 100% 利用其能量。简单封闭燃料电池阳极流道的末端即可达到这个目的，这样的燃料电池称为"闭口燃料电池"[14]。然而，如果在实际运行燃料电池时将阳极流道的末端封闭，会产生许多问题：燃料中的杂质和阴极渗透过来的气体会在阳极积累；阳极的水无法排出，造成电极表面水淹，阻碍反应进行；电池流道末端的氢气流动速度过慢，导致电极性能不均。

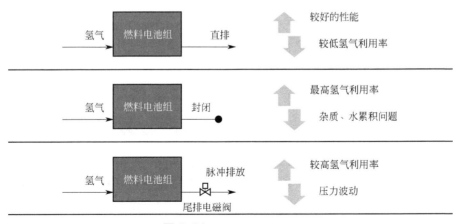

图 6-21　氢气管理方式对比

因此，实际电池的操作中必须让氢气流动起来，并排放掉部分未发生反应的燃料气体，以带走气体中的杂质和多余的水分。通常的做法有：使用节流阀排放

質子交换膜燃料电池关键材料与技术

氢气，或以一定的周期排放氢气[15]；使用氢循环泵将阳极尾排中的氢气输运回入口，达到加强氢气流动的目的；使用引射器，利用阳极入口的氢气的气动力学效应造成负压，将尾排氢气吸回入口。当然，即使应用了氢循环，仍然需要排放阳极反应气体，否则杂质气体和水分会在阳极积累。氢气管理方式对比见图 6-21。氢子系统循环结合脉冲排放示意图见图 6-22。

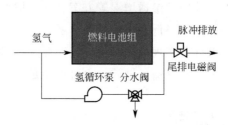

图 6-22　氢子系统氢循环结合脉冲排放示意图

电堆出口排出的氢气含有反应生成的水，这部分氢气被氢循环泵带回电堆入口后，还可以起到内部增湿的作用[16,17]。刘煜等人的计算表明[16]，氢气循环比与阳极反应气体入堆湿度有着显著的正相关关系（图 6-23）。

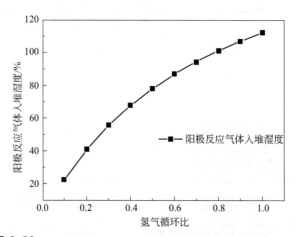

图 6-23　燃料电池系统氢气循环比对阳极反应气体入堆湿度的影响

结合特定的电堆设计方案，不仅能够对燃料电池电堆阳极增湿，还能够对电堆阴极增湿，这样的加湿方法被称为内循环增湿。内循环增湿方法的增湿方式是使电池自身反应生成的水在内部循环起来，从而达到水在整个电池均匀分布的效果，从而实现对电极干燥部分的增湿和出口部分的除水。内循环增湿的原理如图6-24 所示。

如图 6-24 所示，采用内循环增湿的电堆中氢和空气逆流，借助氢循环泵将氢侧上游的水汽输运到下游，透过质子交换膜渗透到空气上游，实现对入口附近干空气的增湿。这种增湿方法对电堆和系统的设计有一些额外要求，如更薄的膜、更大能力的氢循环泵和冷却水泵。

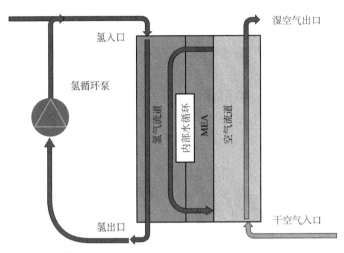

图 6-24　内循环增湿（丰田 Mirai 使用）的原理

采用内循环增湿的系统可以省去外置增湿器，从而节省一定成本，降低系统重量，减小系统体积。然而，采用过薄的膜也会使电堆在寿命上有所损失。

综上，氢循环泵是一种无油压缩机或真空泵，作用是将阳极尾排气体从低压的燃料电池电堆出口抽吸到高压的入口，实现加速氢气在电极表面流动和增湿的功能。

6.3.2　氢循环泵的开发需求特性

鉴于氢循环泵输运流体的本身的特性和其流量、进出口压力等工况特点，燃料电池系统对氢循环泵有以下需求特性：

① 氢循环泵的工作介质是氢/水汽/水气液混合两相流，即使经过分水，还是不可避免有少量液态水进入氢循环泵；

② 氢气易燃易爆，对压缩机有防爆的要求；

③ 工作流量相对较小，压比较高（一般燃料电池入口氢压需大于入口空压）；

④ 工作时入口压力不稳定，周期的脉冲排放造成入口压力骤降。

6.3.3　氢循环泵的开发需求特性

虽然氢循环泵和空压机同是气体增压输运设备，但上述特殊需求决定了氢循环泵的开发需求不同于空压机。

① 工作介质是两相流，提高了对泵头的密封和耐腐蚀性的要求；

② 在较小的流量、较高的压比要求以及周期骤变的入口压力工作条件下，为了防止喘振和循环管路中氢气反流，采用容积式空压机是较为有利的；

③ 不同于空气，氢气分子较小且会造成材料氢脆现象，对氢循环泵的密封材料提出了一定的要求。

综上，容积式压缩机用作燃料电池系统的氢循环泵是相对合适的，离心式压缩机则需配合单向阀使用。

爪式压缩机（图 6-25）采用容积式内压缩原理，高效、压力波动低，泵头能够在无油润滑的环境下工作，是理想的氢循环泵。

图 6-25 爪式压缩机结构和工作原理图

另一种较为适用的氢循环泵是涡旋式压缩机，同样是一种小型化的容积式压缩机。其特性介绍见 6.1 节。

6.3.4 引射器

实现燃料电池电堆氢气循环的另一种可行的方式是使用引射器[17,18]。由于一般氢气源的压力都远远大于实际进入电堆的压力，引射器可以利用压差中蕴含的压力能回收尾排气体，实现氢循环。实际工作过程中，引射器利用高压驱动氢气从喷嘴中高速喷射造成负压，从而将尾排氢气吸入和入堆氢气混合后进入电堆。其工作原理决定了不额外消耗功率，体积小巧。

引射器结构、原理[19,20] 如图 6-26 所示。引射器入口的高压工作流体经喷嘴喷出，进入吸入腔，不断卷吸入引射流体，工作流体和引射流体相互混合进入混合腔，最终两股流体速度趋于一致后进入扩散腔，在扩散腔中压力提升，速度减慢，并排出引射器。燃料电池系统中引射器工作原理见图 6-27。

引射器的优点是体积小巧，重量轻，无运动部件和驱动装置，简单可靠，运行不需额外消耗功率。但是其缺点也很明显，就是工作范围较窄，针对某个流量优化定型后无法随燃料电池工况调节。

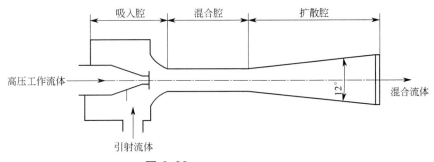

图 6-26 引射器结构、原理图

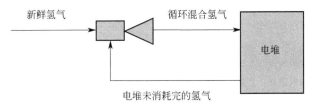

图 6-27 燃料电池系统中引射器工作原理图

杨秋香[21] 等人针对燃料电池的全工况需求对引射器做了结构设计，利用 FLUENT 软件进行了数值模拟，其中一组结构参数下的模拟计算结果如图 6-28 所示。

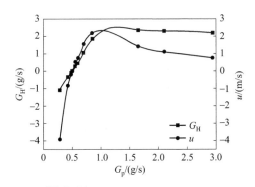

图 6-28 某引射器全工况下的性能

如图 6-28 所示，引射流体的流量 G_H 和引射系数 u 都强烈依赖于工作流体的流量 G_p，在某些工作流量下引射系数可以达到 2 左右。但工作流量低于某个特定值后，引射系数随流量降低而降低，在小工作流量下甚至为负值。很容易理解，这种情况下引射器已经无法正常工作，仅相当于一个三通，无法起到使氢气循环的作用。

为了克服以上缺点，充分利用引射器的优势，除了进一步优化引射器本身的参数以外，研究人员还提出了很多改进方案[22-24]，如：

① 并联多个针对较小流量优化的引射器，小流量下只打开一个，大流量下打开多个，实现全功率覆盖；

② 串联使用氢气循环泵和引射器；

③ 并联使用氢气循环泵和引射器。

参 考 文 献

[1] 侯明，衣宝廉. 燃料电池的关键技术. 科技导报，2016，34：52-61.

[2] 巴尔伯. PEM 燃料电池：理论与实践. 北京：机械工业出版社，2016.

[3] 鲍鹏龙，章道彪，许思传，等. 燃料电池车用空气压缩机发展现状及趋势. 电源技术，2016，40：1731-1734.

[4] 张颖. 过程流体机械选型方法及应用. 北京：中国石化出版社，2012.

[5] 徐忠. 离心压缩机原理. 北京：机械工业出版社，1990.

[6] 李云. 过程流体机械. 北京：化学工业出版社，2008.

[7] 杨启超，李连生，赵远扬. 燃料电池供气系统中空气压缩机的研发现状. 通用机械，2008：32-37.

[8] Stretch D E W, Wright B. Roots air management system with integrated expander. US：DOE，2013.

[9] 张凯，高磊，董冰，等. 容积式膨胀-压缩一体机研究进展. 机械设计，2015，32：1-5.

[10] 黄亮，全睿，全书海，等. 大功率燃料电池增湿系统的研究与进展. 武汉理工大学学报（信息与管理工程版），2009，31：404-408.

[11] 王婧，陈晓红，王学军. 燃料电池增湿系统的研究现状及发展趋势. 有机氟工业，2013：47-53.

[12] 郑伟安，许思传，倪淮生. 燃料电池发动机系统空气加湿器实验研究. 上海汽车，2008：6-9.

[13] Shimotori. Fuel cell system with improved humidification system，2008.

[14] Wan Z，Liu J，Luo Z，et al. Evaluation of self-water-removal in a dead-ended proton exchange membrane fuel cell. Applied Energy，2013，104：751-757.

[15] 徐平. Thesis. Type，哈尔滨：哈尔滨工程大学，2012.

[16] 刘煜，方明. 质子交换膜燃料电池氢气循环过程的稳态模拟与分析. 东方电气评论，2017，31：21-27.

[17] 王洪卫，王伟国. 质子交换膜燃料电池阳极燃料循环方法. 电源技术，2007：559-561.

[18] Li F，Du J，Zhang L，et al. Experimental determination of the water vapor effect on subsonic ejector for proton exchange membrane fuel cell（PEMFC）. International Journal of Hydrogen Energy，2017，42：29966-29970.

[19] 许思传，韩文艳，王桂，等. 质子交换膜燃料电池引射器的设计及特性. 同济大学学报（自然科学版），2013，41：128-134.

[20] Kim M，Sohn Y J，Cho C W，et al. Customized design for the ejector to recirculate a humidified hy-

drogen fuel in a submarine PEMFC. Journal of Power Sources，2008，176：529-533.

[21] 杨秋香，叶立，殷园，等．PEMFC 系统引射器设计及仿真研究．能源研究与信息，2018，34：176-181.

[22] James B D，Spisak A B，Colella W G. Design for Manufacturing and Assembly Cost Estimate Methodology for Transportation Fuel Cell Systems. Journal of Manufacturing Science and Engineering-transactions of The Asme，2014，136：024503.

[23] Ahluwalia R K，Wang X. Fuel cell systems for transportation：Status and trends. Journal of Power Sources，2008，177：167-176.

[24] Brunner D A，Marcks S，Bajpai M W，et al. Design and characterization of an electronically controlled variable flow rate ejector for fuel cell applications. International Journal of Hydrogen Energy，2012，37：4457-4466.

第7章
PEMFC低温环境应用技术

7.1 概述

目前，PEMFC技术的应用已广泛涉及多个领域，包括固定式电站、小型备用电源基站、便携式电源、车用动力源以及少数军用领域等。尤其近年来，PEMFC在新能源车用领域的应用发展迅速，随着国际、国内诸多整车企业（现代、丰田及上汽等）小批量产燃料电池车型的发布，以PEMFC驱动的新能源车辆已经进入商业化的前夜。

环境适应性是考察车用PEMFC性能及可靠性的重要指标之一。由于PEMFC环境友好，反应产物只有水，从而得到关注。然而也正因为产物水的生成，给PEMFC在低温环境下的应用带来了挑战。无保护策略的低温停车及启动，将不可避免地造成关键材料的损伤，导致PEMFC的快速衰减，严重影响车辆性能、可靠性以及使用寿命。适应低温环境的关键材料的开发、核心零部件的结构优化以及合理低温停车及启动策略的应用，对于提升车用PEMFC在低温环境的应用可行性至关重要。

经过众多科研、工程人员的研究，车用PEMFC在低温环境下的适应能力大大提升。目前，据国际领先车企数据，PEMFC的低温环境适应性已不再是车用PEMFC商业化发展的障碍。然而，我国的车用PEMFC低温应用技术，相比国际领先水平仍有一定差距。本章将对车用PEMFC低温环境的应用要求、衰减及对策以及技术发展现状进行描述及探讨。

7.2 PEMFC低温环境应用的技术挑战

性能、寿命、成本是决定PEMFC发展的三大核心指标，然而，对于车用

PEMFC，环境适应性也是决定其能否实现大规模商业化发展的重要因素。反应仅生成水，是 PEMFC 得到广泛关注的重要原因之一。然而，也恰恰是因为生成水这一固有特性，给 PEMFC 在低温环境下的应用带来了巨大的挑战。针对车用 PEMFC 开展 0℃ 以下保存与启动的研究工作具有重要的现实应用意义。

7.2.1 PEMFC 低温环境应用技术的研究意义

作为最有可能替代内燃机的终极车用动力来源之一，PEMFC 应具备低温环境的应用能力。能在 $-30℃$ 环境温度条件下存储、启动及正常运行，是车用 PEMFC 得以广泛应用的基础。PEMFC 在运行过程中，在输出电能的同时产生大量的热。因而，PEMFC 在低温环境下只要能够实现运行，通常可以维持自身的水热平衡，无须进行额外干预。低温环境主要对 PEMFC 在未达到正常运行状态的流转过程提出了考验，即 PEMFC 的低温停车、存储以及再次启动过程。长期以来，性能、寿命、成本被认为是决定 PEMFC 发展的三大核心指标，而低温环境适应性，则与 PEMFC 这三大核心指标紧密相关、密不可分。

（1）低温环境对 PEMFC 性能的影响

对于 PEMFC 而言，活化极化、欧姆极化及传质极化是决定其性能的三大主要因素。而低温环境对 PEMFC 的三种极化都将产生明显影响。

在活化极化方面，PEMFC 阴极氧还原反应是活化极化的主要来源。而氧还原反应速率与反应温度具有明显的强相关性，PEMFC 在低温启动过程中，将在一段时间内处于相对低温条件运行，其输出性能将明显低于正常启动过程，同时，为提升 PEMFC 自身温度，启动过程中的耗氢量也将明显提升，从而表现为 PEMFC 效率的明显降低。

在欧姆极化方面，质子交换膜的质子电导率是影响 PEMFC 欧姆极化的关键因素，而其质子电导率又与膜内水含量以及水的存在状态密切相关。研究表明[1]，低温环境下，膜内的水的状态可直观表现为结冰水与非结冰水两种形式，而膜内水的总含量越低，非结冰水的比例越高，冰点也就越低。为保证 PEMFC 可以无损存储及快速启动，通常需要将膜内水含量降低至较低水平，然而，这也必然造成 PEMFC 低温启动伊始处于较高的欧姆电阻水平，从而造成较低的性能输出。

在传质极化方面，气体扩散层及催化剂层的微孔结构是决定 PEMFC 传质能力的核心因素。PEMFC 低温环境下的启动过程中，倘若不能达到合理的水热管理状态，阴极侧反应生成的产物水存在着结冰的风险，势必造成反应传质通道的阻塞，从而导致传质极化的大幅升高。有研究表明[2]，一旦 PEMFC 在低温启

223

动过程中水热管理失当，阴极侧生成的水结冰将完全覆盖催化剂层的整个反应区域，导致电化学反应的停止，造成启动失败。

（2）低温环境对 PEMFC 寿命的影响

使用寿命达到 5000h 以上是车用 PEMFC 商业化发展的基本要求。据统计，在车用 PEMFC 全生命周期内，大约要进行接近 40000 次的启动停车过程。其中，大约有 1000～1500 次的启动停车过程将会处于低温环境。早期快速失效是车用 PEMFC 在低温环境应用时所面临的主要问题。

研究表明，低温停车存储及启动过程中的早期衰减，主要是因为缺乏恰当的水热管理策略，由此导致残留或生成的水结冰，进而对 PEMFC 核心材料及零部件结构造成破坏，导致 PEMFC 不可逆的衰减。主要集中于如下方面：

① 低温环境下水结冰、解冻循环所引起的质子交换膜、催化剂层以及气体扩散层的结构改变；

② 低温启动过程中，不均匀的水分布状态及部分结冰引起低局部反极以及高温热点的出现，导致催化剂腐蚀、失效以及膜的降解。

对 PEMFC 的核心材料、关键零部件结构以及低温启停过程控制策略进行研究，将有助于提升 PEMFC 的低温适应性，降低低温启停过程中的衰减。目前，相应的衰减机理及应对策略已经基本明确，相关问题已得到基本解决。

（3）低温环境对 PEMFC 成本的影响

成本问题到目前为止仍是燃料电池商业化发展的最大障碍。从应用角度来看，低温环境适应性要求同样造成了 PEMFC 成本的提升。第一，考虑低温环境应用对 PEMFC 性能及寿命的影响，必然要求 PEMFC 在材料方面进行升级，从而提升了 PEMFC 的材料成本；第二，低温环境应用对 PEMFC 的结构设计以及辅助系统提出了更高的要求，增加了 PEMFC 结构及辅助系统复杂程度，也就导致了 PEMFC 成本的提升；第三，低温停车及启动过程中，必不可少的额外水热处理过程增加了 PEMFC 系统的能量消耗，也就增加了车用 PEMFC 的使用成本。

总的来说，车用 PEMFC 的商业化发展离不开其低温环境适应能力的提升，充分了解车用 PEMFC 在低温环境下应用的技术要求，进而从材料体系、结构设计以及控制策略等方面进行针对性的研究，实现车用 PEMFC 的低温环境应用具有重要意义。

7.2.2　车用 PEMFC 低温环境应用的技术要求

在低温环境适应性方面，美国能源部（DOE）对车用 PEMFC 系统（按

80kW 净电输出功率系统核算）层面提出了较为明确的技术要求[3]，主要体现在如下方面：

① 最低适用温度要求：-40℃，在该环境温度下可以停车、存储并可实现辅助启动。

② 最低自启动温度要求：-30℃，在该环境温度下可以实现停车后的无辅助自启动。

③ 启动时效要求：-20℃启动至达到 50％额定功率输出用时少于 30s。

④ 启动能效要求：-20℃停车及启动至达到 50％额定功率输出全过程能量消耗不超过 5MJ。

上述仅为 DOE 对车用 PEMFC 系统低温启动相关方面提出的直接要求。可见，在低温启动方面，直接关注点主要是对低温的适应能力、低温启动时效性以及能效性方面。依据 DOE 的要求，燃料电池车基本可实现在世界范围内绝大多数地区低温环境下的正常使用，30s 的启动时间以及 5MJ 的能耗要求也具备较好的用户体验及经济性。单从上述指标来看，DOE 的要求并不苛刻，然而，不可忽视的是在 DOE 对燃料电池系统的技术要求中，上述技术要求是与其他常规要求同步存在的，即同时要满足 PEMFC 的寿命及成本等多方面指标。

在寿命方面，要同步满足 5000h 以上的使用寿命要求。据美国通用汽车公司的相关分析，燃料电池汽车在 5000h 以上的生命周期内，将至少经历 40000 次左右的启动停车过程，而其中约有 1000～1500 次将面临低温环境。根据其对车用 PEMFC 寿命的分析，假定忽略其他衰减因素，低温环境启动停车所带来的寿命衰减，总计不应超过 30mV（最大输出电流条件下），这也就意味着每次低温启动停车过程，所造成的额外性能衰减不应超过 20～30μV。

在成本方面，要同步满足不超过 40 美元/kW 的系统成本要求。由于 DOE 的指标要求均以规模化量产后的成本进行核算，在此不予详细讨论。但可以推断，在目前成本问题成为车用燃料电池系统商业化最大障碍的情况下，低温启动能力要求所带来的额外成本增加额度，将被极大限制。

7.3　PEMFC 低温环境应用的衰减机理及对策

低温环境应用对于车用 PEMFC 是不可回避的问题，众多致力于车用 PEM-FC 产品开发的相关企业及以 FCV 为潜在发展方向的各大车企，早在 2005 前后便已投入精力针对低温应用问题进行了广泛的研究。到目前，关于低温应用方面的专利、文章及研究报告基本覆盖了从材料到系统、从衰减机理到缓解策略的各方面，各大主流企业及机构纷纷宣布车用 PEMFC 在低温环境下应用的相关问题基本得到解决。

7.3.1 PEMFC 低温环境应用的核心问题及解决方向

水的存在是产生 PEMFC 低温应用问题的根源，如何针对不同的材料及结构体系进行恰当的水热管理策略设计便成为 PEMFC 低温环境应用的核心问题。由此，衍生出解决 PEMFC 低温应用问题的两个技术方向：其一，不断改善 PEM-FC 的材料及结构体系，提升产品在低温环境下的适应性；其二，针对性提出恰当的水热管理策略，提升产品低温应用能力，消除低温环境对产品带来的负面影响。

在材料及结构体系方面，首先，根据 DOE 的技术要求，从低温应用的适应能力（包括低温存储、启动能力以及低温使用寿命）来看，提高关键材料的低温耐受能力是解决问题的方向之一。即提高质子交换膜、催化剂、气体扩散层以及双极板等关键材料的低温适应能力，在大幅温度变化循环（$-40\sim80^\circ C$）条件下，不发生额外的性能衰减，并有一定的带少量水低温（$-40^\circ C$）存储能力。其次，从低温应用的时效性及能效性来看，要降低关键材料在低温停车状态下的热散失以及启动过程中的升温耗能。第一，要求降低双极板等在电堆中质量占比较高的关键部件使用材料的比热容，以降低升温能耗；第二，要求提升其热导率，以加速升温速率；第三，提升端板、封装材料及结构的保温能力，降低停车及启动过程中的热量散失。

在水热管理策略方面，对于 PEMFC 而言，燃料的化学能转换为电能的同时，不可避免伴有热量的产生以及产物水的生成。因而，水热管理策略一直以来都是 PEMFC 应用研究的关键技术之一。在低温环境下，根据材料及结构体系的不同，水热管理策略各异，但要解决的共同问题主要是如下两方面：

① 解决低温停车过程中残余水量的问题。将燃料电池内部残留水量控制在恰当的范围内，一来保证材料在残余水量下可承受低温环境而不损伤，二来保证材料所含水量足以在低温启动时可以正常工作。

② 解决低温启动过程中生成水结冰的问题。控制燃料电池产热及产水的速率，在启动过程中生成水大量结冰之前确保 PEMFC 温度升至 0°C 以上。

由此，低温环境下的水热管理策略主要包含低温停车策略以及低温启动策略两部分，两部分互为条件，相互依赖，缺一不可。

7.3.2　PEMFC 低温环境应用的衰减研究

对于 PEMFC 所应用的核心材料及结构而言，低温并非造成其衰减的直接因素，低温环境导致的残留水结冰才是其衰减的根源。无论是质子交换膜（简称质子膜）、催化剂层、气体扩散层，还是包含碳材料的双极板，均存在较多的微孔及界面，在低温条件下，当水残留在上述微孔及界面结构中，一旦结冰将引起体积增大（0℃液态水和冰的密度分别为 0.9998g/cm³ 和 0.9168g/cm³），进而导致孔结构的改变，以及界面的分层，造成材料破坏、结构失效，导致衰减。

（1）低温环境下的质子交换膜

质子交换膜作为 PEMFC 的核心材料，会直接影响到电池的性能与寿命，保证一定的基础含水量是保证质子交换膜的正常质子传导能力的基础。质子交换膜在低温条件下的应用研究主要集中于膜内水的存在状态，结冰水对膜的影响，以及提升低温条件下膜的质子传导能力等方面。

（2）低温条件下质子膜内水的存在状态

目前，在 PEMFC 中应用最为广泛的质子交换膜是全氟磺酸膜或全氟磺酸增强膜，而其中应用及研究最多的要数美国杜邦公司的 Nafion® 膜。膜内水的存在状态主要依赖于膜的微观结构。

理论上认为，Nafion® 膜内分为三个相区，即由碳氟骨架形成的晶相疏水区，由磺酸根及一定数量的水分子形成的亲水区，以及介于两个区域之间的界面过渡区。而处于膜内的水也相应被分为束缚水、弱束缚水以及自由水。通常认为膜内的束缚水是非结冰水，而自由水则是结冰水。实验研究表明，Nafion® 膜为多孔结构，压汞法测试得出饱和含水的 Nafion® 膜孔径分布于 1～100nm 范围内。而根据 Gibbon-Thomosn 公式[4]，微孔对存在于其中的水的冰点具有降低的作用，微孔尺寸越小，其中水的冰点将会越低，存在于 20nm 的微孔中水的冰点最大降幅可达 10℃。基于差示扫描量热技术（DSC）对 Nafion® 膜的研究也明显观测到膜内部分水的冰点降至 0℃以下（如图 7-1 所示）。

理论分析及实验测试，都可得出低于 0℃条件下，膜内同时存在部分结冰水以及部分非结冰水的结论。而根据两种研究方法，降低膜内自由水的含量或降低膜的孔径则是增加非结冰水比例的主要方向。进一步研究表明，膜内束缚水的含量比例与膜的酸度相关，而膜的孔径以及膜的酸度则均与膜的含水量直接相关。降低膜的含水量将有效提升膜的酸度并降低膜的孔径，从而提升膜内非结冰水的比例，即降低膜内水的冰点。

（3）结冰水对膜性能的影响

对于质子交换膜进行冰冻解冻循环，是研究结冰对膜性能影响的主要实验手

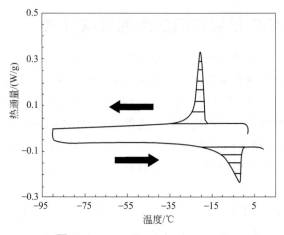

图 7-1　Nafion® 117 膜 DSC 谱图[1]

段。Mc Donald 对 Nafion® 112 膜进行了 385 次 −40～80℃的冰冻解冻实验循环，并对其组装成的电池性能表现进行评价，整个实验过程中，膜的含水量为 1.6%～3.4%。该实验研究表明，低含水量状态下的 Nafion® 膜，在经历较大温度范围（−40～80℃）的冰冻解冻循环后，性能无明显变化。对于湿态 Nafion® 膜的研究则表明，−10～30℃小范围温度波动下的冰冻解冻循环对膜的影响并不明显，而在经历−20℃低温冰冻解冻循环的膜表面，则发现了较为明显的裂痕，如图 7-2 所示。大连化学物理研究所在燃料电池低温应用方面的研究则表明，高含水量的 Nafion® 膜在经历少量次数（20 次）的冰冻解冻循环后，组装成电池，其性能依然可以得到保证。

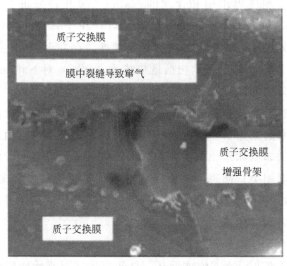

图 7-2　经历冰冻解冻循环后质子膜出现裂痕[5]

总的来说，质子膜材料对于低温环境具有较高的耐受性，尽管高含水量状态下，存在造成膜损伤的风险，但其基本性能依然能够得到保障。而为确保其使用寿命，则需控制其含水量处于适当的范围，低含水量更利于降低膜的损伤。

（4）低温条件下膜的质子电导率

保证质子膜具备基本的质子传导能力是 PEMFC 得以正常工作的基础。美国 Los Alamos 实验室总结了不同状态下的 Nafion® 膜在不同温度下的质子电导率的数据，如图 7-3 所示。采用有机溶剂浸渍的质子膜，其质子电导率（对数处理）与温度具有较为明显的线性关系，而饱和含水的质子膜尽管在 0℃ 以上时质子电导率明显高于其他状态，但在随温度降低的过程中，其质子电导率（对数处理）则出现了明显的拐点，导致其低温条件下电导率快速降低。研究认为，湿膜内水的结冰引起活化能的明显改变，从而导致质子电导率大幅下降，而无明显水结冰情况发生的其他状态的质子膜则无此现象。

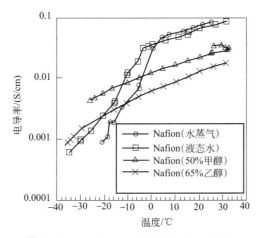

图 7-3 温度对 Nafion® 膜质子电导率的影响

低温启动过程中，保证质子膜的基础电导率，是成功实现电池启动的关键因素之一。为提升膜的电导率，一种方法是降低膜的厚度。由于膜的厚度与质子膜的电导率存在正相关关系，降低膜厚度成为提升质子膜基础电导率的直接方案，该方法在低温环境下同样有效。而质子膜减薄的最大弊端，便是导致机械强度的降低，尤其在低温应用环境，薄膜损伤对寿命的影响更大。为在减薄质子膜的同时，尽可能保证其机械强度，带有增强骨架的复合膜成为发展方向之一。提升膜电导率的另一种方法，便是在膜内添加可以提升电导率的物质。而在膜内添加杂多酸、固体超强酸等纳米无机颗粒的方法在低温环境下是否有效，尚需继续验证。

综上，针对低温环境质子交换膜的性能衰减，相应对策可以归结为如下两点：

① 控制膜水含量较低，可以有效规避膜内水结冰，从而降低低温环境对膜造成的损伤；

② 发展厚度更薄的增强型复合膜，有利于提升低温条件下膜的质子电导率，且不影响膜的机械性能。

(5) 低温环境下的催化剂层

催化剂层是 PEMFC 电化学反应发生的场所，是反应产物水与伴生热的来源。因而，催化剂层的衰减不仅发生于停车后的低温存储过程，而在低温启动过程中，一旦启动失败，催化剂层也将会是 PEMFC 中衰减最为严重的部分。由此，提升催化剂层的低温应用能力也是解决 PEMFC 低温适应性问题的关键。

通常，根据膜电极制备工艺不同，催化剂层分为两种：一种直接制备在质子膜上，此种电极称为 CCM；另一种则直接制备在气体扩散层上，此种电极称为 GDE。根据催化剂层制备工艺的不同，低温环境下导致其衰减的因素也各不相同，对于 GDE 型膜电极，气体扩散层的孔结构、亲疏水性都将成为催化剂层低温适应能力的影响因素。而 CCM 型催化剂层的低温适应能力则主要取决于自身制备工艺。而且，由于制备基底及工艺的不同，CCM 工艺制备的催化剂层相比 GDE 工艺，相对薄一些，某些研究表明，薄层催化剂层在低温环境应用时也较有优势。

Cho 等人采用异丙醇混合催化剂和 Nafion，喷涂在扩散层上，从而制备出 $0.4mg/cm^2$ 铂担量的电极，发现经过 4 次 $-10\sim80℃$ 的冰冻解冻循环后电池性能出现了明显衰减，如图 7-4 所示。用氮吸附方法和 BET 法分析发现，冰冻解冻后催化剂层中的大孔（>25nm）数目增加，小孔（<25nm）数目减少，平均孔径变大，比表面积变小，进而引起电化学活性面积和铂催化剂的利用率均随冰冻解冻循环次数的增加而减小。

Los Alamos 实验室采用 CCM 工艺，将催化剂浆料间接制备于质子交换膜上形成催化剂层。采用此种电极，进行 100 次 $-40\sim80℃$ 的冰冻解冻循环后，发现电池性能并没有明显衰减，如图 7-5 所示。可见，对催化剂层的制备工艺进行优化，可以明显改善催化剂层的低温适应能力。另一种提升催化剂层低温适应性的方法，则是降低催化剂层的水含量。降低水含量可以降低水结冰对催化剂层结构的破坏，从而减缓催化剂层的衰减，在此不予赘述。

(6) 低温环境下的气体扩散层

气体扩散层是 PEMFC 中孔空间最大的部件，也就意味着气体扩散层是

PEMFC 中容水量最大的部件。由于同时要满足产物水与反应气的传递，气体扩散层必须同时具备一定的亲水孔和一定的憎水孔。残存气体扩散层中的水结冰，将会对扩散层孔结构造成直接的物理损坏，也将改变其亲、憎水性。

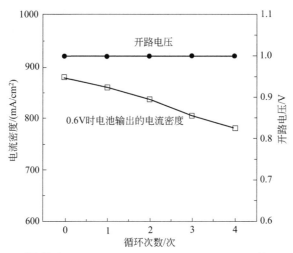

图 7-4　冰冻解冻循环对 GDE 型电极性能的影响 [6]

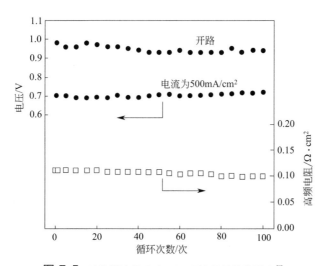

图 7-5　冰冻解冻循环对 CCM 型电极性能的影响 [7]

研究人员将电池经过 45 次 −40～80℃ 的冰冻解冻循环后，使用共焦激光显微照片发现气体扩散层材料在对应流道和凸台的边缘处出现了折断。另外，对冰冻解冻后扩散层表面的流场印纹进行憎水性测试，发现阴极侧的憎水性减小，认为水结冰使阴极侧扩散层变得稍微亲水。

231

7.4 PEMFC低温环境的应用策略

鉴于低温环境导致 PEMFC 启动失败及衰减的核心问题是水热管理问题，其衰减的主要原因也是残留水结冰导致的材料及结构破坏。因而，针对低温环境应用问题，主要解决方案集中在对电池内部水量以及温度的控制，主要包括：停车过程中的除水、停车后的保温、启动过程中的烧氢或辅热以及利用废热自启动等。

7.4.1 低温环境的停车策略

正确的停车策略是 PEMFC 实现低温启动的基础，主要停车策略如下：

① 停车后利用反应气进行平衡吹扫以去除多余的水，以减缓结冰造成的衰减。停车后的水处理，是低温启动成功的有效手段之一。其优点在于控制电堆内残留水量在较低水平，一来将有效降低水结冰对电堆造成的损伤，二来也可降低启动过程中为使结冰水融化而消耗的额外能源。其缺点则在于：第一，恰当的平衡水量范围狭窄，控制相对困难，残余水量过多将无法达到效果，而残余水量过低，膜电导率无法保证，低温启动难以实现；第二，在线去除多余水的手段较为单一，采用反应气吹扫则增加能耗，增加额外部件则增加系统成本。

② 降低端板及封装材料的热导率，或在电堆外增加保温材料或设计隔热结构。在低温环境下，通过改变材料绝热性进行电堆保温，是相对被动的解决方案。其优点在于不需耗能便可有效延长电堆在 0℃ 的保留时间，且有效降低启动过程中的热散失，降低能耗。其缺点在于额外的保温材料及结构设计增加了系统成本，且对于长时间停车的效果微乎其微。

③ 停车后对电堆进行辅热保温，维持电堆温度始终处于 0℃ 以上。该策略是在上一项停车策略基础上增加辅助加热，保证电堆温度始终处于 0℃ 以上。其优点在于彻底避免了电堆进入低温状态所带来的危害。其缺点也十分明显，需要增加相对复杂的温控及加热系统，且带来大量的额外能耗。

7.4.2 低温环境的启动策略

快速升温，即在燃料电池反应区域或传质通道被结冰覆盖或阻塞之前将燃料电池升温至 0℃ 以上，是低温启动策略成功的关键。主要的低温启动策略包括：

① 使用电能进行加热，对燃料电池电堆进行升温，以实现低温启动。利用二次电池储能对电堆进行加热或驱动空压机压缩产生高温气体加热电堆，是电能

辅热升温的两种主要方式。其共同优点在于可使电堆在温度升高至安全温度后再进行启动，规避低温启动风险。其共同缺点则是增加额外能耗。其中，采用二次电池对电堆进行加热，在混合动力车辆上非常容易实现，基本不需进行额外的系统调整，但其加热通常通过冷却液介质进行，其升温较慢，无法实现快速启动。而采用空压机压缩得到高温气体则相对容易且可快速实现，但由于空气的比热容过低，其提供给电堆的热量则相对有限。

② 通过燃烧部分氢气提供热量，对燃料电池电堆进行升温，以实现低温启动。在电堆低温启动过程中，将少量氢气与空气混合燃烧，可以快速提供大量的高品质热量，从而实现燃料电池的快速低温启动。其优点在于产热量大且迅速，符合快速低温启动要求。其缺点在于需要增加额外的氢气催化燃烧装置，增加系统复杂程度，且降低了燃料的经济性。

③ 利用电堆启动过程中的废热升温，完成低温启动。该策略不需任何辅助，完全利用电堆运行过程中内部极化所产生的热量实现自主升温，以完成低温启动。其优点在于不需任何系统调整，也不会产生额外能量消耗。其缺点在于实现快速启动的风险较大，为实现快速升温，势必拉低电堆输出电压，电堆内单池存在反极的风险。

7.4.3　低温启动技术专利发展及分布情况

以"FUEL CELL""FREEZE""HAW"作为关键词，在专利名称、摘要和权利要求内检索 1998～2018 年的专利申请，得到燃料电池低温启动相关专利申请趋势，如图 7-6 所示。

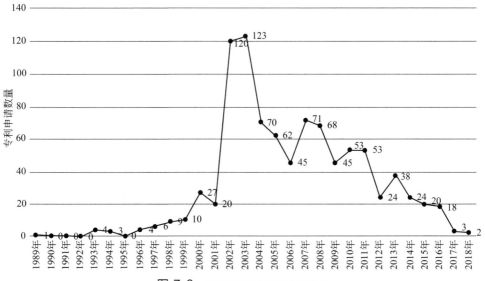

图 7-6　低温启动技术专利申请趋势

自 1989 年起，全球燃料电池行业对低温启动技术开始关注，相关专利逐渐变多，经过 14 年的时间，到 2003 年到达了申请数量的最高峰，自此之后整体专利申请数量开始下降，从 2017 年开始每年相关的专利申请数量已经近乎为 0。这也预示着自 2003 年开始，低温启动技术逐渐趋于成熟，截至目前，对于燃料电池行业来说，基本的低温启动问题已经解决。

分别检索美国、日本、韩国、德国、英国和中国的专利数据库，得到各国低温启动相关专利申请趋势情况，如图 7-7 所示。目前美国、日本和德国相关专利申请趋势较为一致：20 世纪 90 年代左右开始研究该领域，而到 2003 年达到专利申请的最高峰，后续仍有持续研究，虽年度数量有所波动，但整体申请数量呈下降趋势。甚至美国与日本的第二个专利申请高峰也保持着高度的一致性，均在 2008 年出现了一个新的申请数量的高峰。其中，美国专利的申请数量保持着全球第一，日本为第二。这两个国家也是全球燃料电池行业技术最为先进的国家。韩国专利发展要落后于美国、日本、德国，基本上是在 2000 年以后开始关注低温启动领域，在 2011 年达到了专利申请数量的最高峰，然后持续下降，近几年也基本无新的专利产生。与其他国家相比较，中国相关的专利申请数量仍然较少，但也有着和其他国家类似的趋势。中国专利的申请出现在 2006 年，逐渐到 2013 年达到了目前的最高点，之后专利数量开始下降，低温技术趋于成熟。但是相对于其他国家，中国整体的技术储备和积累时间仍然较短，整体专利数量依然远落后于其他国家。

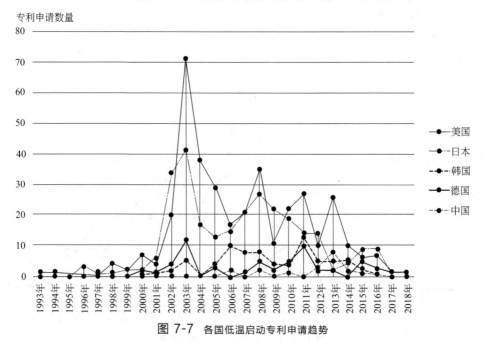

图 7-7　各国低温启动专利申请趋势

按照专利申请人的数量进行了分析，1989～2018 年的专利申请量排名前 15 位的申请人如图 7-8 所示。目前低温启动相关的专利数量最多的申请人为丰田公司，第二位和第三位分别为 UTC 公司和通用公司。其中整车企业有五家，分别为丰田、通用、日产、丰田和现代，其中日系企业占据了三个席位，在车用领域的技术储备较为充足。

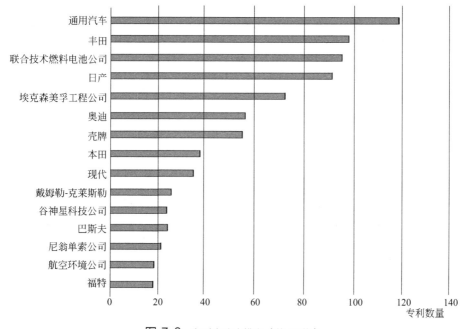

图 7-8　专利申请人排名（前 15 位）

IPC 分类是国际上通用的专利文献分类方法。IPC 采用了功能性和应用性相结合，以功能性为主、应用性为辅的分类原则。采用等级的形式，将技术内容注明部、分部、大类、小类、大组、小组，逐级分类形成完整的分类体系。依据某一种专利的国际分类，可以检索出本专利所属技术领域的信息。因此，我们通过分析专利都落在哪些 IPC 分类下，就可以大致了解该技术领域的专利分布信息。

由图 7-9 可知，低温启动专利基本集中在 H01M8/00 大组，表示燃料电池及其制造。其中，相关的技术多为辅助启动系统而设计，因此专利分布多集中在 H01M8/04 类，代表燃料电池的辅助装置或控制方法（例如用于压力控制的，用于流体循环的）以及燃料电池堆组装。而 02、24 小组分别对应燃料电池零部件以及燃料电池堆组装、把燃料电池组合成电池组，例如组合电池〔2〕，也是专利分布的主要分类。详细的 IPC 分类含义见表 7-1。

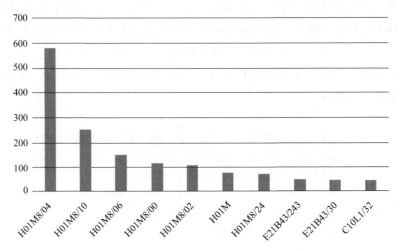

图 7-9　低温启动专利 IPC 分类排名

表 7-1　IPC 分类含义表

IPC 分类	定义
H01M8/04	辅助装置或方法,例如用于压力控制的,用于流体循环的
H01M8/10	固体电解质的燃料电池
H01M8/06	燃料电池与制造反应剂或处理残物装置的结合(再生燃料电池入 H01M8/18;生产反应剂本身见 B 或 C 部)〔2〕
H01M8/00	燃料电池及其制造〔2〕
H01M8/02	零部件(非活性部件的入 H01M2/00,电极的入 H01M4/00)〔2〕
H01M	用于直接转变化学能为电能的方法或装置,例如电池组(一般电化学的方法或装置入 C25)
H01M8/24	把燃料电池组合成电池组,例如组合电池〔2〕
E21B43/243	现场燃烧
E21B43/30	井的特殊布置,例如,使井的间距最佳化(生产辅助站入 E21B43/017)〔3〕
C10L1/32	由煤-油悬浮液或水乳液所组成

7.4.4　典型车企的技术现状

车用领域的燃料电池系统低温启动技术基本代表了整个行业的最高技术水平,根据企业的宣传和报道资料可知,行业内产业发展迅速、技术领先的车企如丰田、本田、日产、现代和通用等目前均可达到在−30℃下实现启动,但启动的技术路线选择不尽相同。目前的相关技术水平已经可以与传统汽车相近,可满足客户的现阶段需求。

(1) 丰田公司

丰田公司的车用燃料电池技术属于行业内的一流技术的主要代表,其推出的

Mirai 燃料电池汽车被认为是燃料电池汽车发展历史上的里程碑。目前其燃料电池汽车的电堆采用金属双极板，已经可以在－30℃下启动，启动时间也可控制在 30s。其低温相关专利共有 71 件，但绝大多数为日本专利。

（2）本田公司

本田公司的车用燃料电池技术也是行业内的一流技术的主要代表，它推出的最新版 Clarity 系列燃料电池汽车虽然晚于丰田的 Mirai，但其性能和技术先进性不亚于 Mirai，其燃料电池汽车的电堆也采用金属双极板，已经可以在－30℃下启动，启动时间也可控制在 30s。

（3）日产公司

日产公司在燃料电池技术方面的储备一直较为丰富和全面，目前虽然没有正式推出商业化的车型，但在低温启动方面的技术储备也有着深厚的基础。其在低温启动方面的专利有 57 件。而根据其宣传资料，其概念车的电堆也可以在－30℃下启动，启动时间也可控制在 30s。

（4）现代公司

现代公司的车用燃料电池技术相对于日系企业的燃料电池技术仍有一定的差距，它推出的 IX35 燃料电池汽车，虽然整体性能要低于 Mirai 和 Clarity，但其目前的交付量和使用效果也可以基本满足现有客户需求。根据目前报道可知，IX35 燃料电池汽车也可以在－30℃下启动。

参 考 文 献

［1］　Siu A，Schmeisser J，Holdcroft S. Effect of Water on the Low Temperature Conductivity of Polymer Electrolytes. J Phys Chem B，2006，110：6072-6080.

［2］　Hishinuma Y，Chikahisa T，Kagami F，et al. The Design and Performance of a PEFC at a Temperature Below Freezing. JSME International Journal Series B Fluids and Thermal Engineering，2004，47：235-241.

［3］　http：//www. eere. energy. gov/hydrogenandfuelcells/mypp/pdfs/fuel _ cells. pdf.

［4］　Sliwinska-Bartkowiak M，Dudziak G，Sikorski R，et al. Dielectric studies of freezing behavior in porous materials：Water and methanol in activated carbon fibres. Phys Chem Chem Phys，2001，3：1179-1184.

［5］　Meyers J P. Fundamental issues in subzero PEMFC startup and operation，2005.

［6］　Cho E，Ko J J，Ha H Y，et al. Characteristics of the PEMFC Repetitively Brought to Temperatures below 0℃. J Electrochem Soc，2003，150：A1667-A1670.

［7］　Xie J，More K L，Zawodzinski T A，et al. Porosimetry of MEAs Made by "Thin Film Decal" Method and Its Effect on Performance of PEFCs. J Electrochem Soc，2004，151：A1841-A1846.

索引